中国专利申请量增长的影响因素研究

Research on the Impact Factors of the Increase of Patent Application

刘 云/著

科学出版社

北 京

图书在版编目 (CIP) 数据

中国专利申请量增长的影响因素研究 / 刘云著. —北京：科学出版社，2018.11

ISBN 978-7-03-059170-8

①中… Ⅱ.①刘… Ⅲ.①专利申请 – 增长 – 影响因素 – 研究 – 中国 Ⅳ.① G306.3

中国版本图书馆 CIP 数据核字（2018）第 242079 号

责任编辑：杨婵娟 乔艳茹 / 责任校对：邹慧卿
责任印制：张欣秀 / 封面设计：无极书装
编辑部电话：010-64035853
E-mail:houjunlin@mail.sciencep.com

科 学 出 版 社 出版
北京东黄城根北街 16 号
邮政编码：100717
http://www.sciencep.com

北京凌奇印刷有限责任公司印刷
科学出版社发行 各地新华书店经销
*

2018 年 11 月第 一 版 开本：720×1000 1/16
2025 年 2 月第三次印刷 印张：22
字数：359 000
定价：128.00 元
（如有印装质量问题，我社负责调换）

前　言

　　当前，知识产权已经成为国家发展的战略性资源和国际竞争的核心要素，成为建设创新型国家的重要支撑和掌握发展主动权的关键。《国家中长期科学和技术发展规划纲要（2006—2020年）》《国家知识产权战略纲要》和《国民经济和社会发展第十三个五年规划纲要》都明确提出了我国知识产权的发展目标。经济的快速发展、科技投入的不断增长、宏观政策的调整与优化都为我国知识产权的创造、保护和运用提供了良好的发展基础。作为知识产权的核心内容，我国专利申请量自专利制度建立之初就保持了快速增长的势头，到2011年，我国已经成为世界排名第一的发明专利申请大国。

　　建设创新型国家，必须要实现从专利申请大国向专利质量强国的转变，实现这一转变需要明确我国专利申请量增长的影响因素及影响机制，在此基础上制定出更为有效的引导和激励专利质量提升的政策。实际上，作为市场经济的产物，专利受到宏观科技、经济、制度、政策、环境的影响，也受到产学研创新主体自身内在因素的影响。因此，有必要对专利申请量增长的影响因素开展系统性的定量和定性分析，这一方面有助于检验我国知识产权战略、制度、管理和政策对促进专利申请的效果，揭示专利申请量增长的主要影响因素及影响机制；另一方面有助于发现专利申请量增长中存在的问题及负面效应，为实现知识产权质量提升的战略导向、促进专利数量与质量的协调发展、提高专利质量等提供对策建议。

　　本书首先对1985年以来我国专利申请量增长的发展特征进行分析，明确我国专利申请总量特征、结构特征、地域特征及国际专利（包括 PCT 专利）申请量增长的特征。进而通过广泛的文献研究和专家咨询，将影响我国专利申请量增长的因素进行分类。这些因素主要包括科技经济影响因素、政策环境影响因素、创新主体动机因素三个方面。在此基础上，根据不同影响因素的特点，选用不同的研究方法开展研究。

（1）采用灰色关联分析、多元线性回归的方法对经济发展水平、科技经费投入、科技人员投入、技术交易和技术引进、高技术产品国际贸易及国际直接投资等影响因素的研究表明，多数科技经济指标对不同类型、地区、行业的专利申请量影响存在不同的最优滞后期，例如，国内生产总值（GDP）、研究与开发（R&D）人员全时当量及全国科技活动人员数对发明专利和实用新型专利申请量的影响存在 2 年的滞后期。R&D 经费、R&D 人员全时当量对各类专利申请量增长的影响均较为明显，而 GDP 的影响则十分有限。基于多元线性回归模型对我国专利申请量的预测结果表明，在未来 3～5 年我国专利申请量仍将保持持续稳定的增长态势。

（2）通过政策调研、案头研究、统计分析、非参数检验和案例研究等方法的综合运用，对我国专利申请量增长的政策与环境影响因素进行分析。结果表明，专利制度对专利申请量增长的影响是根本性的、长期的，每一次专利法的修改对专利申请量增长都产生了广泛而深远的影响；专利资助政策已经成为各地区鼓励专利申请的最普遍、最基本、最直接的政策工具，对于发明专利、高等院校专利申请的促进作用显著；高新技术企业认定、知识产权试点示范工程、国家科技计划知识产权管理、专利权质押融资、专利代理机构、专利审查管理、专利保护环境等因素都对我国专利申请量增长产生了较为积极的影响。同时，本书还结合专利申请量增长与专利质量提升协调发展的需要，对上述影响因素存在的问题进行分析。

（3）内因是事物发展变化的根本原因。文献研究及华为、中兴、清华大学和中国科学院大连化学物理研究所等的案例分析的结果表明，创新主体基于不同的动机，采用不同的激励措施来鼓励职务发明。例如，企业专利申请的动机可以概括为市场化动机、非市场化动机和战略性动机三类。

（4）本书选取 7 个代表性地区针对企业、高校和科研机构以及地方知识产权管理部门组织了大样本的问卷调查。调查结果表明，近年来，我国专利申请量增长的原因主要在于政府、企业、高校和科研机构对专利重视程度的提高。重视专利不等同于专利意识的提升，政府重视专利体现在把专利情况列入考核指标，通过各种创新政策引导和鼓励创新主体积极参与专利申请。在这种情况下，很多企业、高校和科研机构等创新主体对专利的重视体现在完成上级规定的专利数量指标，以及争取政策扶持和政府计划项目等，这些创新主体往往缺乏对专利战略、专利保护和应用的考虑。为了实现专利申请量增长的数量指标，各创新主体通过加大创新投入、获取更多外部资源、加强知识产权管理及设置"一奖两酬"制度等方式，鼓励和促进发明创造及专利申请。当然，对于大部分创新主体而言，专利申请的质量也有了一定的提升。

近年来，我国专利创造持续较快增长，企业发明专利增长显著，科技投入的专利产出效率稳步提高。但是与国际水平相比，我国专利产出能力虽然有明显提高，但人均产出指标仍然较低，专利申请的结构性问题仍比较突出，有效专利持有量少、专利质量不高等问题仍然存在，企业掌握关键核心技术专利情况与国外的差距十分明显。在我国知识产权事业发展工作从重数量向重质量和效益转变的关键时期，我国专利申请量增长也进入了新的发展阶段，全社会专利意识的觉醒与提升成为专利申请量增长的根基，科技体制改革成为专利申请量持续增长的助推器，科技重大专项和战略性新兴产业成为专利申请量增长的新源泉。最后，本书从九个方面提出了推进我国专利申请量与质量协调发展的政策建议：①推进专利制度改革，聚焦发明专利的保护和应用；②以专利质量为导向，提升专利资助政策的效果与效率；③建立对国家重大科技专项和科技计划项目的知识产权审议和评估机制；④改进高新技术企业的知识产权认定标准；⑤加大对企业高管专利战略运用能力的培训；⑥鼓励和支持产学研建立专利战略联盟；⑦培育高水平的专利代理机构和人才；⑧完善标准、创新机制，提高专利审查质量和效率；⑨加强专利保护、加大执法力度。

刘　云

2018 年 5 月

目　录

前言　i

第1章◆绪论　001

1.1　研究背景与意义　001

1.2　国内外研究现状　005

第2章◆我国专利申请量增长的发展特征分析　019

2.1　我国专利申请量增长的总体特征　019

2.2　国内职务与非职务专利申请的特征　027

2.3　国内职务专利申请按机构类型和地区的分布特征　032

2.4　专利申请的授权特征　037

第3章◆专利申请量增长的科技经济影响因素实证分析　042

3.1　科技经济影响因素理论分析及特征指标确定　042

3.2　研究方法　048

3.3　宏观层面专利申请量影响因素的实证研究　053

3.4　中观层面专利申请量影响因素的实证研究　060

3.5　我国专利申请量预测研究　082

第4章◆我国专利申请量增长的政策与环境影响因素分析　086

4.1　专利制度改革对专利申请量增长的影响　086

4.2　专利资助政策对专利申请量增长的影响　096

4.3 高新技术企业认定对专利申请量增长的影响　111

4.4 知识产权试点示范工作对专利申请量增长的影响　122

4.5 国家科技计划知识产权管理对专利申请量增长的影响　131

4.6 专利权质押融资对专利申请量增长的影响　142

4.7 专利中介服务体系建设对专利申请量增长的影响　147

4.8 专利保护环境对专利申请量增长的影响　152

4.9 本章小结　155

第5章◆专利申请量增长的创新主体动机与影响因素分析　158

5.1 企业专利申请的动机与影响因素分析　158

5.2 高校和科研机构专利申请的动机与影响因素分析　173

5.3 本章小结　185

第6章◆专利申请量增长的影响因素问卷调查分析　187

6.1 调查问卷设计与实施　187

6.2 企业专利申请量增长的影响因素调查分析　190

6.3 高校和科研机构专利申请量增长的影响因素调查分析　221

6.4 知识产权管理部门关于专利申请量增长的影响因素调查分析　250

6.5 本章小结　276

第7章◆推进我国专利申请量与专利质量协调发展的政策建议　278

7.1 我国专利申请量增长的主要特点　279

7.2 我国专利申请量持续增长的环境与动力　282

7.3 我国专利申请进入新的发展阶段　284

7.4 促进专利申请量与专利质量协调发展的战略思路　285

7.5 促进专利申请量与专利质量协调发展的政策建议　288

参考文献　296

附录　308

附录1 企业专利申请量增长影响因素调查问卷　308

附录2 高校、科研机构专利申请量增长影响因素调查问卷　319

附录3 地方知识产权管理部门专利申请量增长影响因素调查问卷　331

第1章

绪　论

1.1　研究背景与意义

随着知识经济和经济全球化的深化发展，知识产权的地位和作用日益显著，知识产权已经成为国家发展的战略性资源和国际竞争的核心要素，成为建设创新型国家的重要支撑和掌握发展主动权的关键。

近 20 多年来，中国国内专利申请数量持续大幅增加。根据世界知识产权组织（WIPO）报告，1995 ~ 2007 年中国每百万人口居民专利申请数量几乎增长了 13 倍。至 2007 年底，中国国内专利申请数已超过韩国，仅次于日本和美国，进入专利申请大国行列。中国国内专利申请和向国外专利申请增长更加显著，国内专利申请总量从 1999 年的 11 万件增加到了 2014 年的 221 万件，年均增长 22.14%，其中，国内发明专利申请年均增长 30.03%，高于外国同期在华专利申请总量增长率（12.94%）和发明专利申请增长率（12.71%）。中国的专利合作协定（Patent Cooperation Treaty，PCT）专利申请由 2000 年的 781 件增加到 2015 年的 29 817 件，位居世界第三位，年均增长 27.48%，增幅居世界首位，占世界 PCT 专利申请总量的份额从 2000 年的 0.84% 上升到 2015 年的 13.74%。中国国内专利申请持续高增长的态势，引起了国内外学者的高度关注。一方面，由于专利通常被认为是技术变迁和创新的一个重要指标（Griliches，1991），中国专利申请的快速增长表明中国正在从技术跟随者向技术领导者转变，并反映出中国正在追赶西方国家的良好状况；另一方面，中国仍被认为是知识产权弱保护的国家（Zhao and Chen，2006），从 Park（2008）提出的专利权指标看，中国还远落后于主要发达国家，在知识产权制度国际融合日益增强的时代背景下，并不清楚专利申请的快速增长是否反映了中国创新者的创新行为和战略，或如何影响了中国企业的创新能力和竞争力。因此，针对中国专利申请增长的相关研究成为近年来国内外经济、管理学界的研究热点之一（Hu and Jefferson，2009；Li，2012）。

自 1985 年中国开始实施《中华人民共和国专利法》（简称《专利法》）以来，中国专利申请年增长率超过 15%，不仅表现为国内专利申请量快速增长，而且外国专利申请驱动明显。自 1992 年首次修改《专利法》以来，专利申请年增长率超过 22%。由于对实用新型和外观设计专利放松限制以及缺乏严格的审查和有效的法律保护，2000 年，中国进行了第二次《专利法》修改，当年国内和国外的发明专利申请年增长率达到 23%。目前，学术界关于中国专利申请快速增长的原因分析主要有以下几种观点（Li，2012）：①中国专利申请快速增长发生在知识产权保护仍然较弱、法律制度还不健全的环境下，中国专利制度对专利申请的激励是不足的，这与专利申请快速增长是不协调的。中国两次《专利法》的修改扩大了专利保护的范围，包括引入新的机制来加强专利权的保护，并且推进中国专利法与国际规范相衔接。然而，中国的法律制度，特别是在执行机制和规范方面还需要改进，与更有效地保护私人财产权的目标还有很大的差距。②中国的研发强度，即 R&D 占 GDP 的比重，20 世纪 90 年代后期有显著增长，2000 年达到 1%，2004 年提高到 1.2%，达到了中低收入国家的水平，一种解释是中国 R&D 强度的提高是专利申请快速增长的一个重要原因。③过去 20 年，外商直接投资（FDI）给中国的产业和区域带来了技术，为大量企业提供了更多创新和模仿的机会，专利申请的机会也迅速增加。随着外商在中国制造活动的拓展和深化，需要加强知识产权保护，而利用法律武器实施知识产权战略，为中国企业提供了示范。因此，除了中国《专利法》修改和研发强度提高，第三个可能的解释原因就是 FDI 的快速增加促进了专利申请。④产业之间的差异导致"复杂的"和"离散的"产品产业的专利申请情况不同，前者开发新产品和新工艺相对于后者而言，具有深厚的专利基础。复杂产品产业中的企业构建知识产权保护体系是为了在许可谈判中获得竞争优势。中国产业在朝着更加复杂的产业结构转型过程中会产生更多的专利。⑤自 20 世纪 90 年代中期开始，中国政府加速国有企业的所有制改造，确定私有产权的法律地位，进一步明晰中国企业的产权。非国有企业的增加、竞争加剧及对包括知识产权在内的产权的明晰同样促进了中国专利申请的增长。

上述观点在一定程度上反映了 2004 年之前中国专利申请增长的某些宏观层面的原因。但是，自 2005 年以来，中国专利申请进入了持续高增长的轨道，特别是国内发明专利申请和国际 PCT 专利申请表现更加突出，相反，外国在华专利申请包括发明专利申请增长却明显减弱。这一现象发生在近年来中国知识产权制度以及创新政策和环境的重大变化的背景下，有着复杂的影响因素和动力机制，如何破解这一现象，发现积极因素和存在的问题，为促进中国专利申请持续、高质量地增长提出政策建议，是本书研究的出发点。

2006 年，国务院颁布实施《国家中长期科学和技术发展规划纲要（2006—2020 年）》，确立了"增强自主创新能力，建设创新型国家"的发展战略，将拥有自主知识产权列入创新型国家建设的重要目标之一，出台了一系列增强自主创新能力的政策措施。2008 年，国务院颁布实施《国家知识产权战略纲要》，全面推进知识产权的创造、运用、保护和管理，国家知识产权局协同有关部委实施了一系列的知识产权推进计划，各地方政府和有关部门也出台了本地方和本部门的知识产权战略及政策，实施知识产权推进计划，为鼓励专利申请，促进知识产权创造、运用和保护，各地方政府还出台了专利资助和奖励政策，为专利申请和保护提供了良好的政策环境。从宏观科技投入和经济指标来看，全国 R&D 经费支出从 2004 年的 1966.3 亿元增加到 2014 年的 13 015.6 亿元，年均增长 20.8%；R&D 经费支出占 GDP 的比例从 2004 年的 1.23% 提高到 2014 年的 2.05%；高技术产品出口保持高速增长，2005 ～ 2014 年年均增长 13.1%；中国对外直接投资呈高速增长态势，2005 ～ 2015 年年均增长 25.4%，远高于同期外商在华直接投资年均增长率（5.7%）。R&D 投入、高技术产品出口、对外直接投资的持续高增长，为中国专利申请持续高增长提供了重要的创新来源和市场动力。

然而，我国在快速成为专利大国的同时，并没有明显证据表明专利质量同步提高。一方面，我国企业在高技术领域核心专利上的劣势并没有根本转变（李小丽，2009）；另一方面，我国企业在参与国际竞争过程中，在专利领域被动挨打的地位也没有根本转变（田力普，2009）。单纯提升专利数量并不能带来市场竞争力的同步提高。专利数量在达到一定的储备之后，关键在于提高专利质量。目前，从发明专利比重、发明专利分布领域、企业持有专利数量、专利维持期限、专利实施价值等因素考察，我国专利质量不容乐观[①]。在专利申请高增长的背后，如果存在大量低质量或"垃圾专利"申请，不仅将造成社会创新资源的浪费，而且会降低创新效率，阻碍科技进步，破坏市场竞争秩序，影响中国专利的国际声誉，从而背离自主创新战略的初衷。这一问题已引起政府的高度关注，2007 年 4 月，国家知识产权局时任局长田力普在接受中国政府网专访时强调指出要"进一步提高知识产权质量 实现专利质量与数量协调提升"[②]，明确了在知识产权领域开始确立"质量优先，兼顾数量"的科学发展导向，《国家知识产权战略纲要》也明确把提高知识产权质量摆在优先发展的地位。

我国专利申请量的持续快速增长与经济的持续快速发展及自主创新能力的提高密切相关，现在，我国的专利申请总量和国际专利申请量已进入世界前列，表明我国的追赶速度正在加快，与国际先进水平的差距正在缩小，但是，发达国家知识产权占据垄断优势地位的局面还没有从根本上得到改变，中国要进入创新型国家行列，必须要实现从专利申请大国向专利质量强国的转变，特别是要在关键核心技术和引领未来发展的新技术方面占据知识产权的主导地位。

影响我国专利申请量增长的因素有很多，从宏观角度看，影响因素有经济发展水平、科技投入状况、知识产权保护意识、知识产权制度（《专利法》修改）、知识产权管理、知识产权保护环境、知识产权服务体系、知识产权投融资

---

①② 参见《知识产权局局长田力普谈加强知识产权能力建设》，http://www.gov.cn/zxft/ft12/content_592457.htm。

环境、国际投资与贸易环境、政府科技计划知识产权管理、科技成果转化与产业化环境、鼓励专利申请的资助政策等；从微观角度看，影响因素有企业知识产权战略与管理水平、企业 R&D 投入水平、企业技术创新能力、企业跨国投资与经营能力、企业知识产权的激励机制、高校和科研机构知识产权管理水平、高校和科研机构知识产权评价导向、高校和科研机构知识产权激励机制等。那么，我国专利申请量持续快速增长的主要影响因素有哪些？其影响程度如何？影响机制是什么？今后能否继续促进专利申请量的快速增长？在促进专利申请量快速增长的同时，对提高专利质量有何积极的或负面的影响？如何能保持专利申请量与专利质量的协调发展？回答上述问题，有必要深入开展我国专利申请量增长的影响因素研究。

1.2 国内外研究现状

1.2.1 关于专利申请量的影响因素研究

专利申请量作为国家或区域创新的一项重要产出指标，受到科技、经济、社会及知识产权制度等诸多因素的影响。涉及 R&D 投入对专利申请量影响的文献较多，Griliches（1979）将 R&D 投入称作"知识资本"，认为其对专利产出具有非常重要的作用。Pakes 和 Griliches（1980）采用 121 家美国企业在 1968～1975 年的专利申请量和 R&D 投入数据，分析企业专利数据与当前及滞后的 R&D 投入的相关关系。Hall 等（1983）、Hausman 等（1984）及 Hall 等（1986）采用固定效应泊松模型和固定效应负二项式模型，对 1968～1974 年 128 家企业 R&D 投入与专利产出的关系进行研究，发现 R&D 投入与专利产出之间存在显著的相关性，并且其作用具有滞后效应。Kondo（1995）研究了 R&D 投入与专利产出之间的关系，指出 R&D 投入对专利产出有明显的作用。Kondo（1999）基于 1970～1980 年的数据分析了日本工业 R&D 投入对专利产出的影响，表明其作用是显著的。Arnold（2006）则通过对 1953～1998 年美国专利申请数量、公共 R&D 投入、非公共 R&D 投入及企业利润 4 个指标进行线性回归分析，发现非公共 R&D 投入的增长及企业利润的增长影响着专利的增长。由于溢出效应的存在，许多学者也研究了 FDI 对专利申请的影响。Cheung 和 Lin（2004）通过对中国三类专利数据分析发现，滞后一期的 FDI 对专利申请有稳健的正向影响，特别是对外观设计等创新性较小的专利，FDI 的溢出效应最为显著。Hu 和 Jefferson（2009）通过构建专利产出函数对 FDI 与专利申请的关系进行分析，证实了 FDI 和专利制度变化对市场经济环境下中国企业专利行为的深刻影响。地区的知识存量、经济的富裕程度、第二产业与第三产业的比值等影响因素对专利申请的增长也存在影响（Leveque and Ménière，2006）。Baesu 等（2015）采用面板数据分析方法，通过对 1994～2011 年的数据进行分析，发现高技术领域的员工数量对专利数量的影响是积极的，而人均 R&D 经费支出的影响是消极的。其他因素，如教育经费支出、政府 R&D 经费支出、经济发展和科学与技术领域员工数量和专家的水平都对高技术领域的研发表现没有太大影响。

近年来，国内学者针对我国专利申请量的影响因素开展了多角度的研究。孙婷婷和唐五湘（2003）分析了 3 类专利申请量与科研机构 R&D 经费支出、高等院校 R&D 经费支出及企业 R&D 经费支出之间的关系，结果表明，专利申请量与科研机构 R&D 经费支出和高等院校 R&D 经费支出不存在显著的相关关系，而企业 R&D 经费支出对专利申请量具有显著的影响。毛昊等（2008）选取我国各地区 1998～2005 年 R&D 投入和职务发明专利数据，对 R&D 投入强度与职务发明专利产出效率的关系进行分析，研究发现，尽管较多的 R&D 投入可使地区职务发明专利的总量增加，但地区的 R&D 投入强度与职务发明专利产出效率之间未呈现出显著的正比例变化趋势。同时，有学者对不同来源和支出类型的 R&D 经费与专利申请量间的关系进行了研究。谢炜和葛中全（2005）发现作为科研单位 R&D 经费支出主要来源的政府资金对专利申请产出影响不大，国外资金是专利申请产出的主要决定因素，基础研究经费支出对专利申请产生重要影响。朱月仙和方曙（2007）对部分研发大国 1999～2003 年 R&D 经费支出及 PCT 专利申请进行多元回归分析，发现专利申请量与 R&D 经费支出之间存在显著的正相关关系。朱平芳和徐伟民（2005）运用零膨胀泊松回归法，对上海市大中型工业企业专利产出数据和 R&D 经费支出数据的滞后机制进行了定量研究，发现 R&D 经费支出与专利产出的滞后机制表现为 2 ～ 6 期的滞后结构，呈现出 5 年中的倒 U 形分布，且影响效果在第三年达到最大值。徐凯和高山行（2006）利用泊松分布研究中国高校 1993 ～ 2003 年地区层面专利和 R&D 之间的关系，研究发现高校 R&D 经费支出与专利申请量之间在滞后的 3 期中呈现出显著的正相关关系。徐明（2016）采用产业专利申请量变化率与 R&D 人员全时当量变化率、R&D 经费总量变化率、R&D 项目总量变化率的比值作为弹性计算方法，按产业年均专利申请规模划分产业类型并进行对比研究。结果表明，低规模和高规模专利产出的产业中专利申请量受 R&D 人员全时当量的影响最为明显；中规模专利产出的产业中专利申请量受 R&D 经费总量的影响最为明显。

除了 R&D 经费支出外，R&D 人员因素也受到关注。李玉清等（2005）研究了高校 R&D 经费支出和 R&D 人员数量对专利产出的影响，发现 R&D 经费支出与高校专利申请量存在显著相关性，R&D 人员数对高校专利申请量没有影响，但 R&D 人员的质量对包括专利申请量在内的高校技术转移产出具有正向影响。沈涤清（2008）认为专利申请与 R&D 人员中科学家与工程师的数量以及 R&D 投入有着密切的关系，在考虑了时间滞后性的影响后得出影响发明专利申请量的主要因素是 R&D 投入。李慧等（2010）选取 2000 ～ 2005 年的制造业 29 个行业的数据，对发明专利申请量、R&D 经费内部支出和 R&D 人员/科技活动人员数建立回归模型进行分析，认为我国制造业 R&D 经费对专利产出产生了一定的作用，并且技术密集程度高的行业 R&D 经费投入产出弹性系数较高，但是 R&D 人员投入效果不明显。

针对 FDI 对我国专利申请量的影响，薄文广等（2005）运用全国及东、中、西部的面板数据，定量评估了 FDI 对我国专利申请量的影响，结论表明，FDI 对外观设计专利申请量影响最大，而对发明专利申请量影响最小，对东部地区专利申请量的影响要强于西部地区。闫金秋和董瑾（2007）则利用北京、上海、广东 3 个地区 1998 ～ 2004 年 3 种专利申请情况的面板数据建立回归模型，发现内外资资本、内资人员对专利申请总量有积极影响。刘星和赵红（2009）运用 30 个省（自治区、直辖市）1998 ～ 2006 年的数据进行回归分析，研究发现，FDI 对我国专利申请总量存在显著的正面溢出效应，而对发明专利申请量没有显著影响，对其他专利申请量则存在明显的正面溢出效应。

此外，有学者对技术交易、研发机构、经济发展水平等对专利申请量的影响进行了研究。吴玮（2010）对我国 1986～2005 年专利申请与经济增长的季度数据进行长期均衡与短期动态关系的研究，结果发现，专利申请与中国经济增长之间存在显著的长期双向因果关系，但从短期看两者关系不明显。郝鹏飞等（2011）选取全国高等学校 1991～2008 年专利申请量与科技人员、科技经费、科技机构、科技项目和科技成果及技术转让等因素的数据，运用灰色关联分析法分析高校专利申请量的影响因素，研究发现，R&D 人员和研发项目等因素对专利申请量的影响具有明显的滞后效应。张英（2013）以经典经济学理论为基础，从专利的视角，致力于考察专利与经济发展之间的关系，综合采用文献研究、统计分析、实证检验和案例分析等方法，力图全面揭示二者之间互相作用的内在机制。

关于影响专利申请量增长的定性因素，国内外学者从知识产权意识、专利政策、专利制度、管理因素、服务体系、投融资因素等方面进行了初步研究。Li（2009）指出《专利法》修改有利于专利持有者获得更多的专利授权，是中国专利增长的重要原因。徐晟和徐媛（2009）对区域专利申请活动及其驱动因素进行了分析，认为区域专利申请的驱动因素包括区域专利发展的基础和环境、外在动力和内在动力。刘珊（2009）结合软件专利和软件技术创新的特点，对影响企业软件专利申请行为的内外部因素进行了定性分析，认为其中内部因素包括产品种类、企业规模、专利意识，外部因素包括法律环境、政策环境。谭晓（2010）对社会因素与专利产出相关性进行研究，提出影响专利产出的社会因素包括社会环境和运行机制两个方面。梁津娣等（2010）分析了 6 次重大经济危机或金融危机期间各主要国家专利申请量状况及近期金融危机下我国专利申请的特点。周茜等（2014）从新的视角深入剖析 R&D 投入到专利申请的过程，引入研发效率和专利倾向效应，运用自回归分布滞后（ARDL）模型，验证形成两种效应的制度因素（即 FDI、进口贸易、技术市场活跃度和知识产权保护力度），对中国企业专利申请量的影响，同时基于此框架验证中国知识产权制度所发挥的作用。Wang（2015）从省域层面研究了专利促进政策对专利产出的影响，提出专利促进政策对区域实用专利活动的发展有很大的促进作用。

1.2.2　关于专利资助政策及其效应研究

自 20 世纪 90 年代末以来，中国有 30 个省（自治区、直辖市）先后实施了专利资助政策，为专利申请者提供专利申请、审查、授权等费用的财政资助，由此引发了关于专利资助政策及其效应的研究。国外对专利资助政策研究较少，主要关注专利制度和相关政策。Zucker 等（1998）、Friedman 和 Silberman（2003）认为政府资助额度对高校的专利产出和专利实施具有重要的正向影响。Ouellette 和 Larrimore（2015）提出了促进创新的专利政策等，即专利政策制定者应将三分之一精力用于专利政策的一致性和局部控制，其余力量集中用于专利政策多样化，具体问题具体分析。

国内学者对中国专利资助政策的功能定位、特征及存在的问题进行了较多分析。王锋（2003）指出，政府对专利费用的资助能够降低当地居民申请和维持专利的成本，有助于提高专利意识和专利申请量，从而提高社会福利水平。江镇华和秘凤华（2004）分析总结了全国各地专利资助政策的特点，认为专利资助政策的初衷是好的，也取得了一些效果，但是仍存在重数量、轻质量，资助范围过宽等问题。姜胜建（2006）提出了关于加强综合集成和制度创新，积极构建专利托管中心等专利公共服务平台的建议。文家春和朱雪忠（2007）、文家春（2008a，2008b）分析了政府资助专利费用对我国专利制度的积极效应与消极效应，探讨了专利费用对社会福利的影响机理，在案例分析的基础上，对地方政府资助专利费用引发"垃圾专利"的成因进行了讨论。此外，地方政府专利资助政策各有特点，引发了国内学者的较多关注。姚颉靖和彭辉（2011）以 2007 年中国 30 个省（自治区、直辖市）数据为样本，采用灰色关联分析法对专利资助政策的功能进行了定量分析，结果表明，专利资助政策对 R&D 投入热情、社会文明发展、专利申请数量和专利质量均具有比较显著的影响。管煜武（2008）基于专利价值对上海专利资助政策效应进行了分析，结果显示，该政策提高了上海的专利实力，但导致外观设计专利与发明专利的比例失调，专利价值没有得到相应的提升。张钦红和骆建文（2009）以上海市专利资助政策为研究对象，用非参数统计法分析了该政策对专利申请数量和质量的影响，结果表明，上海市的专利资助政策对发明专利和实用新型专利申请量具有明显的提升作用，而对外观设计专利申请量的提升并无统计意义上的作用，同时该资助政策对各类专利的质量却存在着一定的消极影响。郭俊华和杨晓颖（2010）同样对上海市专利资助政策进行了评估，结果表明，该政策整体绩效尚好，但还存在专利质量难以保证、重复资助难以预防、专项资助设定有失公平、对申请国外发明专利的资助力度不足、专项资助初审的质量不高、政策的易理解性和便利性不足等问题。李伟（2010）、李伟和夏向阳（2011）对宁波专利资助政策及其绩效进行分析，认为专利资助政策促进了实用新型、外观设计专利保持较高增长，但没有明显改变宁波科技创新含量不高的局面。此外，徐金辉（2010）、张红漫等（2011）还对河南、江苏等省的专利资助政策进行了类似研究。也有学者对专利资助政策的负面影响给予关注，马忠法（2008，2009）认为我国不当专利资助政策在现实中导致专利申请弄虚作假现象严重、"垃圾专利"较多，这在源头上为专利技术转化制造了障碍，在一定程度上不利于创新型国家的建设。

此外，Gupta（2013）讨论了专利制度的公平性、专利是否有效及专利政策究竟是在促进创新还是在阻碍创新等问题。通过实证分析，他认为一些专利政策作用有限，需要对专利技术标准进行扩展和改进。徐棣枫和陈瑶（2013）认为专利促进政策应从偏重"数量"激励转向以"质"为核。以往专利促进政策存在着阶段性定位不清、超前与滞后并存、忽视市场机制功能、存在不合理的计划性思维，以及开放程度不高、过度倾斜保护等方面的问题。谢黎等（2014）以我国24个地区数据为样本，采用灰色关联分析法对专利资助政策与问题专利的关联性进行了定量分析。研究结果表明，专利资助政策的实施时间、修改次数、最高资助金额等专利资助政策度量指标与问题专利显著相关，专利资助政策一定程度上促进了问题专利的形成。唐恒等（2015）基于宏观专利结构和微观专利质量两个维度建立专利资助政策下的专利质量评价指标体系，以江苏省为例，通过采用层次分析法和熵权法动态研究新修改的江苏省专利资助政策对专利质量的影响情况，研究发现，在2011年新修改专利资助政策后，整体专利质量评价指数呈上升状态，专利结构进一步优化。朱雪忠和周璐（2015）应用熵理论分析我国已实施的专利产生政策的合理性，并针对我国目前通过加大审查资源投入力度、加强审查管理仍无法解决的专利质量整体不高及专利授权时滞延长等问题，提出政策实现机理上的建议。

1.2.3　关于专利制度与专利质量的相关研究

专利制度是知识产权制度的核心，对于保护和激励创新具有重要意义。国内外关于最优专利制度的探讨比较丰富，其中关于专利制度变革对专利申请和专利质量的影响研究形成较多的文献。Hall 和 Harhoff（2004）指出，专利授权后审查制度有利于获得第三方特别是竞争者的技术信息，对于提升整个专利制度的效率和效益有明显作用，可以促进专利产出。Kortum 和 Lerner（1999）研究了美国 20 世纪 80 年代专利法律环境的变化，提出友好法庭（friendly court）假设，尽管研究结果拒绝了此假设，但是随后有学者如 Hall 和 Harhoff（2004）重新审视了拒绝假设的问题，找到了支持此假设的一些证据。Song（2006）的研究发现，上述假设可以作为韩国 20 世纪 90 年代专利申请增长的有力解释。可见，很多研究都支持立法变革对专利申请增长具有重要意义这一观点。Sakakibara 和 Branstetter（2001）对日本 1988 年专利制度改革后专利保护力度增强是否导致企业更多技术创新问题进行了实证研究，结果表明，专利保护范围拓宽后，对企业 R&D 投入和创新产出的影响不明显。在 Park（2008）的专利指数（patent index）中，中国在 1995 年名列第 69 位，2005 年，此排名提高到第 34 位。这一变化体现了中国专利保护力度的较大提升，结合中国专利增长的趋势，进而支持了友好法庭的假设。Abrams 和 Wagner（2013）研究了《美国发明法案》（America Invents Act）在专利优先级规则方面的变革及其影响，研究显示，《美国发明法案》在专利优先级规则方面将美国传统的先发明体系转变为先申请体系，变革之后，个人发明家专利的分享明显下降，但这种变革并没有显现出对专利质量的显著影响。

国内学者结合《专利法》修改对专利申请的影响开展了初步研究。关于专利制度，吴欣望和石杰（2007）、叶静怡和宋芳（2006）研究了我国两次《专利法》修改对专利产出的影响，发现第一次修改《专利法》（1992 年）虽然延长了专利保护期限，但专利保护力度加强并未对创新活动显示出有效的激励作用；加入世界贸易组织（WTO）后专利保护的强化使专利申请量有了大幅度提高，第二次《专利法》修改（2000 年）显著促进了技术密集型行业的技术创新活动。黎峰（2006）研究发现，专利保护程度对我国专利产出具有明显的促进作用，专利保护程度每提高 1%，将使我国专利产出提高 0.93%。叶静怡和宋芳（2006）采用时间序列数据和动态面板数据检验我国《专利法》修改引发的技术创新激励效应，发现以产权变革为主要特征的第二次《专利法》修改，显著促进了企业的专利申请，且外资企业存在显著的正向效应。程永顺（2009）以保护专利权为视角分析了《专利法》第三次修改的不足之处，发现我国《专利法》实施20多年（截止到 2009 年）以来，外国企业在我国申请了大量发明专利，且维持专利权有效的期限比较长，而我国企业及个人申请的发明专利数量虽然每年都在增长，但数量还不够多，且维持有效年限较短。谭龙和刘云（2014）通过对按照不同分类标准划分的专利申请量增长速度在三次《专利法》修改前后变化趋势一致性的判断，对专利制度变革促进专利申请量增长的假设进行了验证，得出当时并无证据表明以《专利法》修改为代表的专利制度变革对中国专利申请量增长产生明显、一致的影响的结论。詹映（2015）分析了中国《专利法》第四次修改的焦点及争议，认为当前中国在专利保护上确实存在"举证难、周期长、成本高、赔偿低、效果差"等问题，专利制度对自主创新的激励作用未能得以充分、有效地发挥，这势必会对专利申请产生负面影响，同时会影响专利的数量和质量，因此，提出我国《专利法》修改应当以解决中国专利保护实践中存在的问题为导向，从实际需求出发，并且立法者应坚持以社会公共利益最大化为旨归，避免为团体利益、部门利益所左右。

关于专利质量问题的研究一直是热点，尤其是近年来，国际范围内专利数量的快速增加与专利质量普遍下降之间的矛盾引起学者们的广泛关注。国外学者更多地侧重于专利申请系统及评审程序的设计与改进对专利质量提高的作用，van Potlelsberghe de la Potterie（2011）从经济对专利系统的作用角度创造性地通过法律准则和准则操作设计的两个梯度的分析方法来比较欧洲、美国、日本的专利审查质量。Hall 和 Harhoff（2004）等将授权后审查程序模型运用到欧洲专利局的反对程序系统中，以提高专利质量、揭示被忽略的现有技术、减少后续认证程序。Sorek（2011）运用迭代模型（OLG 模型）分析专利所有权在其生命周期内所存在的异质性是如何影响提升专利质量的政策的。Mulder 和 Visser（2013）等研究了《欧洲专利公约》（European Patent Convention，EPC）和专利法条例中关于申请日期要求的相关规定，研究表明，二者的结合虽然导致申请程序更加复杂，给欧洲专利局及专利代理人带来了更大的压力，但实践中由于使用的可能性很小而并未产生很大的影响，所以建议可以适当简化EPC实施条例中申请日期的相关要求。

国内学者更多关注导致专利质量问题的原因与对策分析。高山行和郭华涛（2002）运用Schankerman和Pakes的专利评估模型，对中国的专利质量与欧洲国家的专利质量进行比较，提出利用专利维持时间和维持费用估计专利质量分布的方法。程良友和汤珊芬（2006，2007）分析了我国专利质量存在的问题，并提出建议。袁晓东和刘珍兰（2011）从问题专利角度出发，指出专利质量问题的实质是大量问题专利的存在导致大量专利效力不确定及其引发的有关问题，认为专利审查是解决专利效力问题的关键，建议进一步加大审查投入力度。樊耀峰和崔越（2011）从专利申请人或者专利权人、专利代理人、社会公众等不同侧面对"垃圾专利"进行分析，给出了鉴定标准，分析了"垃圾专利"的产生原因，提供了若干减少"垃圾专利"的措施。郑永平等（2009）针对专利质量主体问题，结合近年来高校科研项目中专利状态的变化，提出加强与企业的合作、增强教师的责任心、加强专利代理人的审核等措施和建议。谢兵（2008）通过对江西汇仁集团进行案例研究，提出可从强化企业专利意识、构建合理的研发体系、培养造就高水平专利人员队伍、建立科学的激励制度、加强企业间合作等五个方面提升企业专利质量的建议。刘洋和郭剑（2012）针对我国专利质量状况与影响因素问题，基于问卷调查获取的样本数据，分析了社会公众对专利质量的评价状况，调查结果显示，降低专利质量的主要因素是：技术创新能力不足；专利申请与绩效和待遇挂钩，政府和单位考核重数量不重质量；专利申请过多，审查人员没有足够的时间和精力进行足够细致的审查。刘毕贝（2013）基于专利制度本质，对专利质量的含义进行了界定和解释，有助于建立一个相对合理、规范、严谨的研究体系构架。

1.2.4 关于专利申请主体行为及其影响因素研究

企业、高校及科研机构作为专利申请的主体，其专利申请的动机及影响因素存在一定的差异，从微观角度分析其动机及影响因素对于改进专利制度和相关政策具有重要的参考价值。Cohen等（2000）关于企业专利申请动机的研究成果具有代表性，其对美国制造业 1478 个企业进行问卷调查，发现企业申请专利的目的远远超出了促进专利产品商业化和专利许可获利的范围，除了防止别人模仿以外，最明显的动机还有专利拦截、利用专利作为筹码进行谈判、防止侵权案件发生、作为内部研发业绩的衡量指标、提高公司声誉等。Harabi（1995）对瑞士制造企业的调查与 Arundel 和 Kabla（1998）对意大利、英国和德国企业的专利申请动机调查结果类似，发现专利除了可以阻止新产品被模仿和保护专利许可收入等传统目的以外，还可以促使企业达到或保持与竞争对手的谈判地位、进入外国市场、防止第三方侵权诉讼、破坏竞争者研发或新产品开发，以及评估 R&D 人员绩效等战略目的。在影响企业专利申请动机的因素方面，国外学者对创新类型、行业特征、企业规模、法律体制的不同导致企业专利申请动机的差异问题进行了分析。Cohen 等（2000）研究发现创新类型（产品创新、工艺创新）不同，企业申请专利的动机不同。Arundel 等（1995）的实证研究显示，计算机和电信行业提出谈判和阻止第三方侵权是最重要的动机，比保护专利不被模仿还重要。Cohen 等（2002）指出增强企业声誉动机和企业规模呈显著负相关。Holgersson（2013）经过实证研究得出，虽然中小企业比大型企业的专利倾向和专利竞争力低，但是对于中小企业来说，专利资源可用于吸引客户和风险投资，这对于企业的生存来说至关重要，因此，即使在专利起到的技术保护作用较弱的情况下，专利依然能发挥重要的作用。

国内学者关于企业专利申请动机的研究多是对国外已有研究成果的总结和分析。牟莉莉等（2009）总结和分析国外专利保护动机的演变趋势和主要影响因素。也有少数学者从博弈论的角度对企业专利获取决策的一般动因和决策机制进行研究，并讨论了专利联盟中企业的专利获取决策问题（任声策，2007）。樊耀峰和崔越（2011）发现少数企业为获得高新技术企业认定，从而享受相应的税收优惠政策，或为获取地方政府的专利申请资助费用而申请专利。毛昊等（2014）基于国家知识产权局开展的年度中国专利调查数据，考察了中国企业近年来专利申请中非实施专利申请动机的具体情况，研究发现中国企业开始呈现多样化的非实施专利申请特征，"进入专利池与标准""塑造企业形象""用于交叉许可"等特点与国际发展趋同。王钦和高山行（2015）则研究了近十年来企业专利申请动机的战略性变化，证实了企业专利申请中存在的竞争阻碍、声誉和交换三种战略性动机，以及行业和企业规模的差异性影响，发现政府直接干预可能对专利保护产生"挤出效应"，并因此对企业技术保护动机产生消极影响。关于企业专利申请影响因素，国外学者主要从市场力量、技术机会、创新战略、企业战略导向等方面对企业专利申请影响因素进行研究。Schumpeter（1942）研究发现企业的市场力量越大，企业创新的动力就越大，也就会促使其申请专利。Duguet 和 Kabla（1998）、Nielsen（1999）指出企业的市场力量和专利申请行为之间存在的正相关关系，是效率效应相对于替代效应而言占据优势的结果。Crepon 等（1996）认为市场机会对企业的专利申请行为有明显的正向影响，但 Duguet 和 Kabla（1998）、Crepon 等（1998）、Cassiman 等（2000）并没有发现它们之间有明显的影响作用。关于技术机会与专利申请关系的研究，Crepon 等（1996，1998）、Brouwer 和 Kleinknecht（1999）认为企业在高技术行业，其专利申请就会较多，而 Duguet 和 Kabla（1998）、Baldwin 等（2002）、Carine 和 van Pottelsberghe de la Potterie（2006）的研究并没有发现技术机会和企业专利申请行为之间有明显的相关关系。在创新战略的影响作用方面，国外学者从研发活动的方式和创新类型方面对其进行了研究，其中 Brouwer 和 Kleinknecht（1999）、van Ophem 等（2001）发现，企业选择研发合作对其专利申请行为有正向影响，主要原因是需求效应和新奇效应。Arundel 和 Kabla（1998）认为企业对过程创新成果较少采取专利形式进行保护，而更倾向于申请专利来保护产品创新。企业战略导向包括企业家（创新）导向和市场导向（Berthon and Hulbert，1999），Darroch 等（2005）认为企业家导向和企业的专利申请行为之间存在正相关关系。Blazsek 和 Escribano（2016）则指出市场竞争程度的增加能促进企业创新和专利申请，从而推动企业更好地利用其研发活动的成果。

国内学者结合企业主体的特点，对影响企业专利申请行为的多种因素进行分析。舒成利和高山行（2008）认为，专利申请行为是企业技术竞争中的重要战略决策，主要受到传统因素、专利制度因素、创新障碍、创新战略、企业战略导向等五个方面因素的影响。杨中楷和孙玉涛（2008）等通过定量分析发现，外国在华专利申请受到我国专利保护水平、市场吸引力，以及该国总体技术水平、在华直接投资规模等因素的影响，外国在华专利申请与两国之间的距离没有直接的相关关系。徐明华（2008）通过对浙江企业的实证调查分析指出，专利保护的加强增强了企业的专利意识，促进了企业的专利活动。张国平和周俊（2010）对苏州84家高新技术企业和出口导向型企业进行问卷调查，实证分析了苏州企业专利申请的影响因素，主要包括：企业家的支持和参与、高素质研发人员、充足的资金保障、企业的承诺意识、产学研合作或企业间合作、企业对政府支持性政策的利用程度。李伟（2011）从内外部影响因素入手，构建了企业专利能力影响因素模型，并运用结构方程模型对宁波、杭州的问卷调查进行验证，结果表明，企业内部影响因素包括企业人力资源配置水平、企业家素质、企业规模、企业创新能力和企业学习能力；外部影响因素包括区域经济增长、专利制度和政策促进，以及知识产权文化塑造。袁健红和刘晶晶（2014）通过将企业特征划分为资源基础特征、技术创新战略特征和知识基础特征三个维度，研究企业特征对专利申请决策的影响，结果显示，行业地位、研发强度、产品创新和创新成果的通用性会通过市场保护动机、技术交换动机和阻止动机间接影响企业的专利申请决策，而企业规模和工艺创新类型对其不影响，此外，声誉动机在企业特征和专利申请决策之间不存在中介作用。在高校和科研机构专利申请动机及影响因素研究方面，樊耀峰和崔越（2011）指出，部分高校和科研院所将专利数量作为重要的考核指标，将专利申请或授权专利作为教师申报职称或奖励、项目结题或申报课题的硬性条件。程良友和汤珊芬（2006）发现许多高校都出台了专利申请的资助和奖励政策，这也成为科研人员申请专利的动机之一。唐恒（2001）的研究表明，影响高校专利申请的因素主要有意识、激励、效益、法律保护力度、管理体系、自身发展等。王兆丁等（2002）的研究表明，制约高校专利申请的因素主要是我国高校传统的科研成果管理体制不健全、某些高校教师的价值取向存在偏差、专利服务机构不健全和服务水平低，以及经费短缺、专利保护不力和专利实施难等。郭秋梅（2004）指出高校科技投入与高校特别是重点高校专利申请数量之间存在严重的不对称性。李玉清等（2005）对专利申请数量与高校课题数量、科研经费及人力资源等科技投入的关系进行分析，结果表明，申请专利数与科研经费存在显著相关性。郝鹏飞等（2011）的研究表明科技人员、科技经费、科技项目对高校专利申请量的影响有明显的滞后效应。傅利英和张晓东（2011）的研究表明，促使我国高校专利申请量增长的动力因素包括科技经费与科研成果产出的增长、地方政府的政策导向、高校人员考核体系的导向；制约因素包括专利申请缺乏市场化评估、专利申请中存在不纯动机、对有价值的科技成果的挖掘和保护不够、政府资金大幅度投入的效益不明显等。谭龙等（2012）认为以《中华人民共和国科学技术进步法》（2007 年修订）为主要代表的中国"拜杜法案"体系对高校专利申请增长产生了积极影响，但这种影响在较长时期内才能显现出来，并表现出一定的区域差异。

综上所述，我们认为国内外相关研究现状和最新进展有以下特点。

（1）关于专利申请量影响因素的分析，大多数文献主要从 R&D 经费投入、R&D 人员投入、FDI 等单一的指标角度分析其与专利产出之间的关系，很少从经济发展水平、科技经费和人员投入、高技术产品进出口、外商在华直接投资和中国对外直接投资、区域创新能力、技术进步等多个维度综合考察科技、经济、市场、投资、创新等因素对专利产出的影响，并且分析的时间序列多局限于 2005 年之前，对于"十一五"以来中国创新环境重大变化下的专利申请高增长现象缺乏解释。关于创新政策、专利制度、专利管理等宏观政策、制度和管理因素对专利产出的影响缺乏系统性的研究工作。

（2）关于专利资助政策及其效应的研究，主要针对中国各有关地区实施的专利资助政策展开。大多数研究认为专利资助政策促进了专利申请量的增长，但对专利质量提升的影响存在一定的争议，有学者认为专利资助政策导致专利质量降低，也有学者对此持否定态度。关键是如何看待和测度专利质量的问题尚未解决，需要结合各地区专利资助政策的演进开展深入的实证研究，以得出较为客观的结论。此外，针对典型地区专利资助政策的效应研究也有待深化。

（3）关于专利制度和专利质量的研究，国外学者关注专利制度和专利审查管理改革对专利申请和专利质量的影响，侧重于探究如何促进专利制度的优化和提高专利质量。国内学者的相关研究尚处于起步阶段，侧重于分析《专利法》修改和知识产权保护程度对专利申请的影响，而对于专利质量问题则侧重于定性讨论"问题专利"和"垃圾专利"的成因及对策，尚没有系统性地开展关于促进专利申请数量与质量协调发展的机制、制度设计及相关实证研究。

（4）关于专利申请主体行为及其影响因素研究，国内外学者针对企业层面的研究形成了较多文献，他们大多关注专利战略的运用、获取竞争优势、提防或阻止竞争者等动机，以及市场力量、技术机会、创新战略、外部环境等影响因素，而针对高校和科研机构的专利申请情况，近年来国内学者开展的研究工作较少。存在的不足表现为：针对中国企业、高校和科研机构专利申请的内部动机和外部影响因素的指标设计不够全面，未充分考虑近年来中国创新环境、产学研创新能力和知识产权制度的重大变化，基于大样本的实证调查研究比较薄弱，对国家知识产权局"非正常专利申请行为"样本分析存在空白，因此，难以准确判断现阶段产学研创新主体专利申请动机、行为及影响因素的主要特征，也就难以揭示存在的问题及其成因。

因此，本书研究有助于深化我国专利申请量增长的影响因素的理论和实证研究，为优化我国相关创新政策和知识产权政策、提高国家创新体系的效率、促进专利申请质量与数量的协调发展提供政策依据。

第2章

我国专利申请量增长的发展特征分析

2.1 我国专利申请量增长的总体特征

2.1.1 我国专利申请总量持续快速增长，发明专利申请量居世界前列

自 1985 年我国首次受理专利申请至 2014 年，我国国家知识产权局受理的三种专利申请总量持续增长，由 1985 年的 1.44 万件增加到了 2014 年的 236.12 万件，年均增长 19.23%（图 2.1）。专利申请量突破 10 万件，历经了 11 年的时间（1985 ～ 1996 年）；专利申请量突破 50 万件，又历经了 10 年时间（1996 ～ 2006 年）；而专利申请量突破 100 万件，仅间隔了 4 年时间（2006 ～ 2010 年）；专利申请量突破 150 万件，仅间隔 1 年时间（2010 ～ 2011 年）；专利申请量突破 200 万件，也仅间隔 1 年时间（2011 ～ 2012 年）。可见，我国专利申请量呈现出加速增长态势。

近十几年来，我国国家知识产权局受理的三种专利申请总量的增长进入快速发展轨道，由 2000 年的 17.1 万件增加到了 2014 年的 236.12 万件，年均增长 20.63%，其增长幅度居世界首位，其中，发明、实用新型、外观设计三种专利申请量年均增长分别为 23.1%、20.4% 和 19.8%。特别是自"十一五"以来，国内

三种专利申请量保持快速增长态势，而国外在华三种专利申请量年均增长明显下滑，2006～2014年，国内三种专利申请量年均增长21.89%，国外在华三种专利申请量年均增长率仅为5.74%（图2.2）。可见，近年来我国专利申请量持续快速增长主要是由国内专利申请量的高速增长所推动的，这表明我国自主创新能力正在显著增强。

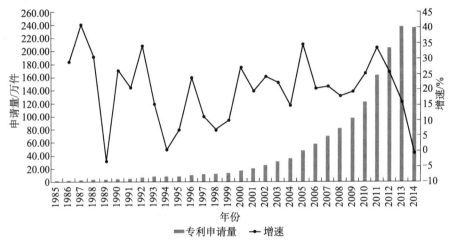

图2.1　1985～2014年我国专利申请总量增长情况

资料来源：国家知识产权局专利数据库

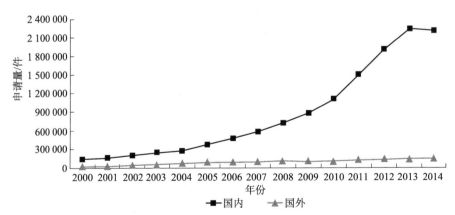

图2.2　2000～2014年国内和国外在华专利申请量比较

　　WIPO公布的统计数据显示，与美国、日本、欧盟等知识产权大国或组织相比，我国发明专利申请总量增长迅猛。2010年，我国发明专利申请量超过了

日本，居世界第二位；2011 年，我国发明专利申请量超过了美国，居世界首位
（图 2.3、表 2.1）。WIPO 监控的专利申请量的变化情况表明，创新热点地区正从
北美洲和欧洲向亚洲转移。

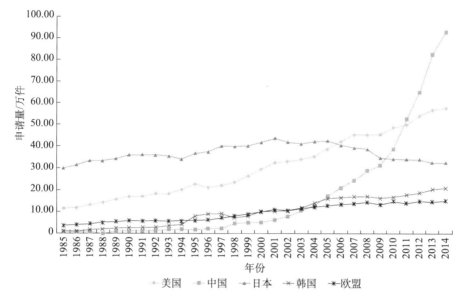

图 2.3　1985 ～ 2014 年中国与传统知识产权大国（地区）发明专利申请量比较

资料来源：WIPO

表 2.1　我国发明专利申请量在世界的排名情况

年份	申请量排名
1985 ～ 1991	6
1992 ～ 1993	7
1994	6
1995 ～ 1996	7
1997	6
1998 ～ 2003	5
2004	4
2005 ～ 2009	3
2010	2
2011 ～ 2015	1

资料来源：WIPO

2.1.2 发明专利申请量增长较快，但国内发明专利申请量所占比例仍较低

2000～2015 年，我国的发明、实用新型、外观设计三种专利申请量年均增长率分别为 23.96%、21.69% 和 20.35%，发明专利申请量增长较快（图2.4、图 2.5）。2003 年，国内发明专利申请量（约 5.7 万件）首次超过外国在华发明专利申请量（约 4.9 万件）（图 2.6），此后，这一优势不断扩大。2015 年，国内发明专利申请量是外国在华发明专利申请量的 7.25 倍，这表明中国国内发明创造的知识产权保护活动日趋活跃。

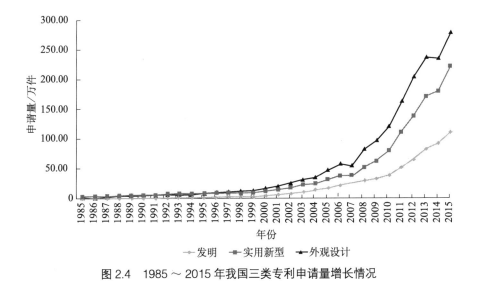

图 2.4 1985～2015 年我国三类专利申请量增长情况

从发明专利申请量占专利申请总量的比例看，2001～2015 年，尽管国内发明专利申请量占国内三类专利申请总量的比重提升较快，从 2001 年的18.12% 提高到 2015 年的 36.68%（图 2.7、图 2.8），但与国外在华发明专利申请量所占比重相比，仍处于较低水平，国外在华发明专利申请比例自 1997年以后一直保持在 84% 以上。此外，我国国内发明专利申请平均权利要求项数、说明书和附图页数分别只有 6 项和 8 页，而国外在华发明专利申请的平均权利要求项数、说明书和附图页数分别为 16 项和 28 页，这表明国内发明专利的保护范围和技术复杂程度与国外相比仍然存在较大差距。可见，国内创新的水平总体上还处于较低水平。

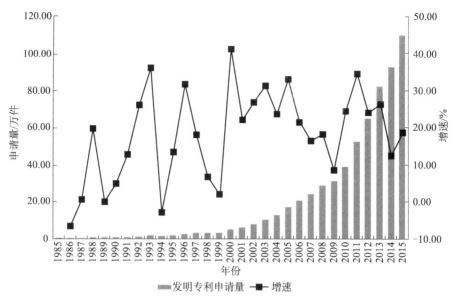

图 2.5　1985～2015 年我国发明专利申请量增长情况

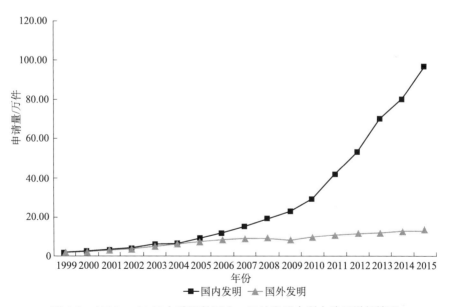

图 2.6　1999～2015 年我国的国内、国外发明专利申请量增长情况

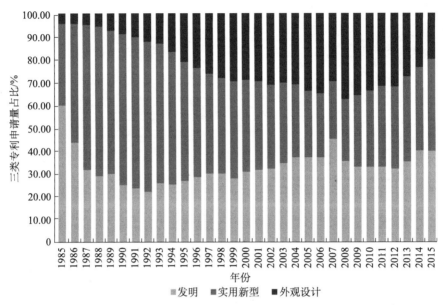

图 2.7　1985～2015 年我国三类专利申请量所占比例

资料来源：国家知识产权局专利数据库

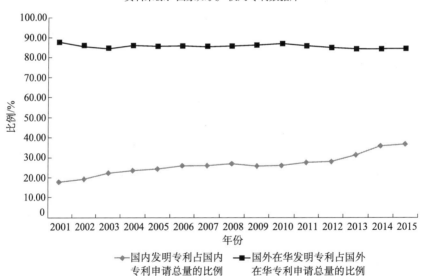

图 2.8　2001～2015 年国内外发明专利占专利申请总量的比例

2.1.3　中国 PCT 专利申请量持续增长，截至 2015 年已位居世界第三

PCT 专利申请量是衡量一个国家创新能力和国际竞争力的重要指标。自

1994 年成为 PCT 缔约国之后，随着国家和企业对创新投资的持续增长以及企业参与国际市场竞争的不断发展，我国越来越重视在国际市场保护创新产品，PCT专利申请量有了长足的发展，由 1994 年的 103 件，增加到了 2015 年的 29 817 件，位居世界第 3 位，占世界 PCT 专利申请总量的比例由 2000 年的 0.84% 增长到了 2015 年的 13.74%，已赶超德国（图 2.9、图 2.10）。

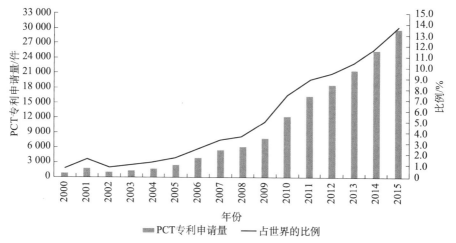

图 2.9　2000 ~ 2015 年中国 PCT 专利申请量及占世界 PCT 专利申请总量的比例

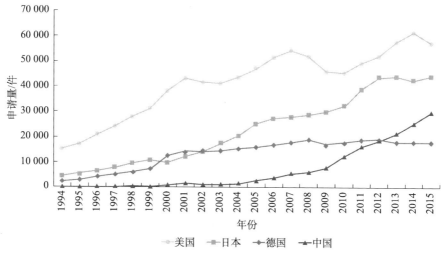

图 2.10　1994 ~ 2015 年中国与世界主要国家 PCT 专利申请量比较

资料来源：WIPO

到"十五"末期的 2005 年，我国 PCT 专利申请量已达 2503 件。进入

"十一五"时期，更是一年一个台阶大步迈进。2007年我国提交的PCT专利申请量为5455件，进入全球第8位；2008年我国PCT专利申请量首次突破6000件大关，达6119件，成为全球第7名。2008年6月5日，国务院颁布实施的《国家知识产权战略纲要》中明确提出，支持企业等市场主体在境外获得知识产权。2010年，也就是《国家知识产权战略纲要》出台后的第二年，我国PCT专利申请量首次突破万件大关，全年提交12 300件，同比增长55.8%，增速居世界各主要国家之首，年度申请量排名升至全球第5位；2015年，我国的PCT专利申请量达29 817件，相比2000年增长了约37倍。

近年来，中国PCT专利申请量增长明显，2017年，中国PCT专利申请量达4.8882万件，跃居全球第二。中国和韩国的PCT专利申请量所占比重逐年提高，这标志着东亚、东北亚地区正涌现出以中国、韩国为代表的创新中心，这将有助于改变世界专利竞争的格局。

2.1.4　中国本国居民专利申请量与GDP和R&D投入的比值位居世界前列

本国居民专利申请量与国家GDP水平及R&D投入存在很强的关联。韩国和日本的"本国居民专利申请量/GDP"的比值最高，分列世界前两位，中国名列第3位（根据《世界知识产权指标报告》，2004～2007年，中国排名分别位居第17、9、5、4位，2011年之后上升为世界第3位）（图2.11）。

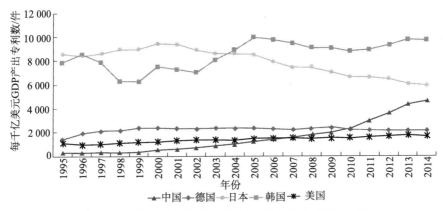

图2.11　世界主要国家本国居民专利申请量与GDP比值

韩国和日本的"本国居民专利申请量/R&D 投入"比值最高,分列世界前两名,自 2006 年开始,德国和中国分列第 3、4(或第 4、3)位(根据《世界知识产权指标报告》,2004 ~ 2006 年,中国排名分别列第 11、7、4 位)。另外,R&D 投入越大的国家,如美国和中国,其本国居民专利申请量相应也越高。2014 年,中国、日本和韩国三国每单位 GDP 和 R&D 经费支出的本国居民专利申请量高于多数工业化国家(图 2.12)。

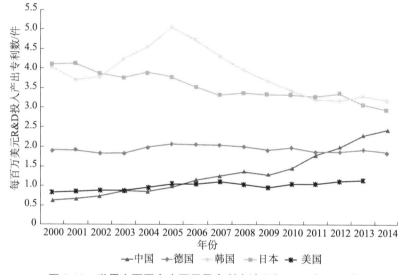

图 2.12 世界主要国家本国居民专利申请量与 R&D 投入比值

2.2 国内职务与非职务专利申请的特征

2.2.1 国内职务和非职务专利申请结构有所改善,但仍需大幅度提高国内职务专利申请所占比例

长期以来,国内专利申请以非职务专利申请占较大比例,而国外在华专利申请一直以职务专利申请为主。尽管自 1994 年以来,国内职务专利申请的增长速度开始高于非职务专利申请的增长速度,但是,历经了 23 年的发展,直到 2008 年,国内职务专利申请量(36.44 万件)才首次超过非职务专利申请量(35.28

万件），这表明我国国内专利申请人结构不合理的问题直到近年来才有所改善，2014 年，国内职务专利申请量占 71.2%，与国外在华职务专利申请量一直保持在 95%（1997 年至今）以上的状况相比，仍存在较大差距。因此，促进我国国内职务专利申请量所占比例的提高还是相当艰巨的任务（图 2.13、图 2.14）。

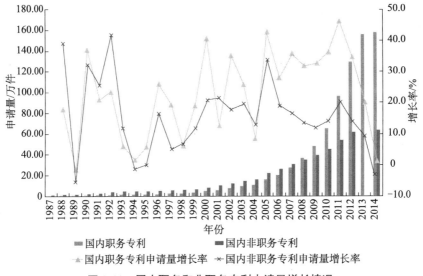

图 2.13　国内职务和非职务专利申请量增长情况

资料来源：国家知识产权局专利数据库

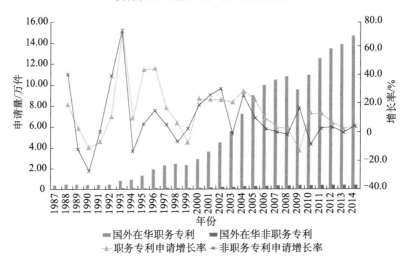

图 2.14　国外在华职务和非职务专利申请量增长情况

资料来源：国家知识产权局专利数据库

2.2.2 国内职务发明专利申请比重显著提高，但申请结构仍需进一步改善

从国内职务专利申请的结构演变情况看，1987 年实用新型专利申请比重最大，发明专利申请次之，1987 ～ 1998 年，发明、实用新型专利申请比重逐渐减小，外观设计专利申请比重逐渐提高；1999 ～ 2010 年，发明专利申请比重显著提高，外观设计专利申请比重逐渐减小，实用新型专利申请比重相对稳定；至2010 年，三种专利申请比重相对均衡，实用新型专利申请比重略高于发明专利申请比重，外观设计专利申请比重最小。自 2011 年开始，实用新型和发明专利申请比重均又有所回升，外观设计专利申请比重有逐年减小的趋势。但是，与国外在华职务发明专利申请比重在 95% 左右的水平相比，国内职务发明专利申请比重仍然很低（图 2.15、图 2.16）。

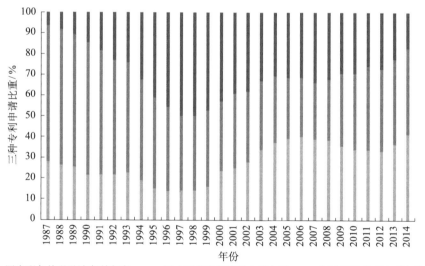

图 2.15 国内职务发明、实用新型、外观设计专利申请的分布情况

资料来源：国家知识产权局专利数据库

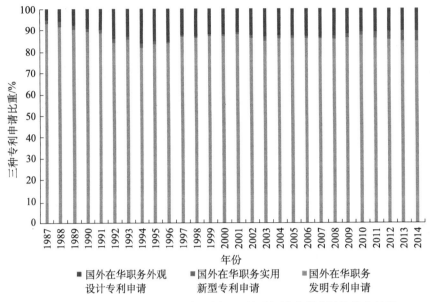

图 2.16　国外在华职务发明、实用新型、外观设计专利申请的分布情况

资料来源：国家知识产权局专利数据库

2.2.3　国内非职务发明专利申请比重保持在较低水平，外观设计专利申请比重显著提高，与国外非职务专利申请结构相比也有较大差距

从国内非职务专利申请的结构演变情况看，发明专利申请比重保持在较低水平（10%～20%），且相对稳定。1987年，实用新型申请的比重最大，达到80%，1987～2008年，实用新型专利申请比重逐渐减小，外观设计专利申请比重逐渐增大，2009年以来，实用新型专利申请的比重略微增大，外观设计专利的比重略微减小，至2014年，外观设计专利申请比重为43.5%，实用新型专利申请比重为32.5%，发明专利申请比重为24.0%。与国外在华非职务专利申请结构相比，国内非职务发明专利申请比重差距很大（图2.17、图2.18）。

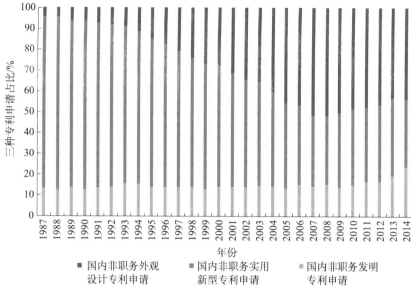

图 2.17　国内非职务发明、实用新型、外观设计专利申请的分布情况

资料来源：国家知识产权局专利数据库

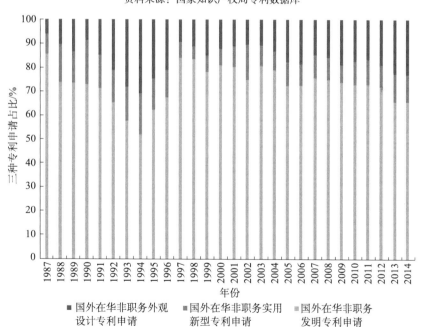

图 2.18　国外在华非职务发明、实用新型、外观设计专利申请的分布情况

资料来源：国家知识产权局专利数据库

2.3 国内职务专利申请按机构类型和地区的分布特征

2.3.1 国内职务专利申请中企业申请量所占比重占绝对优势，企业和高校专利申请量增长较快

1987～1994 年，国内职务专利申请中，企业所占比例还没有表现出明显优势，尽管高校和科研机构专利申请所占比重相对下降，但机关团体的专利申请比重明显提高；自 1994 年以后，国内职务专利申请中企业所占比重迅速提高，并占据绝对优势，机关团体的专利申请比重明显下降，科研机构专利申请比重持续下降，高校专利申请比重自 2000 年以后在波动中上升。自 2004 年以后，企业和高校的专利申请增长率都保持在 30% 以上（图 2.19、图 2.20）。

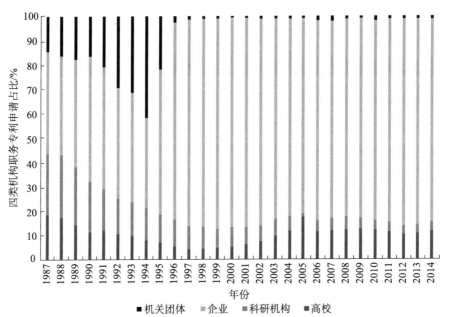

图 2.19　1987～2014 年四类机构专利申请情况

资料来源：国家知识产权局专利数据库

上述现象表明，随着我国专利制度的逐渐完善，市场经济体制的逐步确立，企业对知识产权的认识在逐步提高，至2014年，企业专利申请的比重保持在80%以上，这与企业作为技术创新主体地位的不断加强和市场竞争的发展需要密切相关。高校专利申请比重自2000年以后在波动中上升，这与国家加大对高校研发经费投入以及促进高校科技成果转化和产业化的政策导向密切相关。

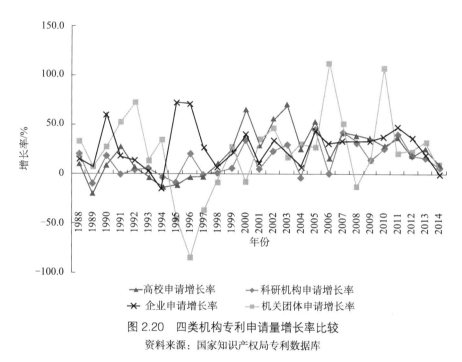

图2.20　四类机构专利申请量增长率比较

资料来源：国家知识产权局专利数据库

2.3.2　我国产学研发明专利申请所占比重均有明显提高，企业发明专利申请比重尚有较大提升空间

2000年以前，高校专利申请中发明专利申请所占比重在40%～60%，科研机构专利申请中发明专利申请所占比重在30%～50%，而企业专利申请中发明专利申请所占比重在10%～20%，三者发明专利申请比重都处于较低水平。2000年以后，三者发明专利申请比重均显著提高，2014年，高校和科研机构发明专利申请比重提高到65%左右，企业发明专利申请比重超过30%

（图 2.21）。这表明我国产学研创新主体的自主创新能力都有了较大的提高，相比而言，企业发明专利申请比重仍处于较低水平，随着我国企业自主创新能力的不断提高，未来企业发明专利申请比重还有较大的提升空间。

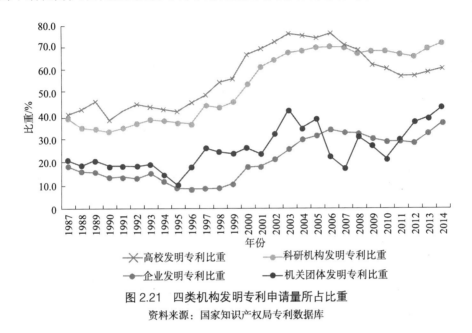

图 2.21　四类机构发明专利申请量所占比重

资料来源：国家知识产权局专利数据库

2.3.3　我国职务专利申请主要分布在东部经济发达地区，少数中部地区职务专利申请量增加明显，而大多数东部地区（除北京外）职务发明专利申请所占比重并不占明显优势

2014 年各地区职务专利申请情况中，职务专利申请总量排名前 10 位的地区是江苏、广东、浙江、山东、北京、安徽、四川、上海、天津、河南（图 2.22）。2015 年专利申请量排名前 10 位的地区，除河南从第 10 位降到第 13 位，天津从第 9 位降到第 11 位，重庆上升至第 9 位，福建上升至第 10 位，其他地区排名顺序无变化（图 2.23）。我国排名前 10 位的地区中 7 个位于中国东部地区，排名后 10 位的城市中 6 个位于西部，这与创新能力较强的地区多集中在东部地区的实际情况是相符的。

按职务发明专利申请量排序，2015 年排名前 10 位的地区是江苏、广东、北京、山东、安徽、浙江、上海、四川、重庆、广西。其中有 6 个属于东部地区，后 10 位中有 6 个属于西部地区，这与各地区经济发展水平和创新能力密切相关（图 2.24）。

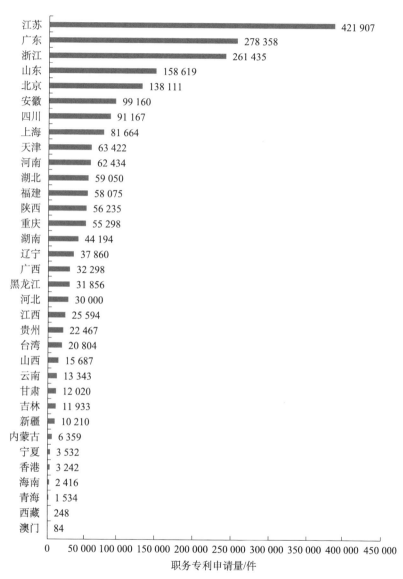

图 2.22　2014 年各地区职务专利申请量

从职务发明专利申请量所占比重看，2015 年，广西以 70.49% 跃居第 1 位，其次是宁夏、北京、安徽、台湾、上海、辽宁、山东、青海、黑龙江。重庆以 41.95% 居于第 11 位，江苏、广东、浙江等职务发明专利申请量排名前10位的地区在这项排名中跌出前10，而西部地区的宁夏、青海则分别位于第2、9位，这一方面与西部地区本身专利申请总量较少有关，另一方面说明我国主要地区职务发明专利申请量比重仍较低。

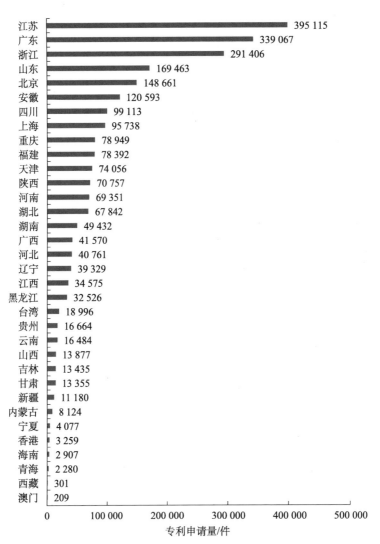

图 2.23　2015 年各地区职务专利申请量

资料来源：国家知识产权局专利数据库

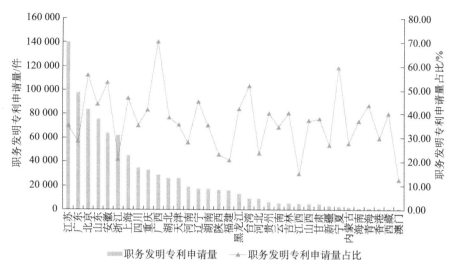

图 2.24　2015 年职务发明专利申请量的地区分布情况

资料来源：国家知识产权局专利数据库

2.4 专利申请的授权特征

2.4.1 专利授权量持续快速增长，专利授权率保持在 60% 左右

1985 ～ 2014 年我国国内专利授权总量保持稳定增长趋势（图 2.25）。其中 1993 年国内专利授权量增至 62 127 件，显著高于 1994 年专利授权量；2013 年 国内专利授权量为 1 313 000 件，稍高于 2014 年专利授权量。1985 年以来，专 利授权量持续快速增长，至 2014 年，专利授权量达到 1 302 687 件，专利授权率 在 60% 左右浮动，而 1985 年专利授权率仅为 1.0%；1986 ～ 1990 年，专利授权 率显著提高，1991 年以后专利授权率大致保持在 40% ～ 60%，其中，1993 年、 1999 年的专利授权率分别达到 80.40%、74.61% 的峰值。

2.4.2 发明、实用新型、外观设计专利授权量持续增长，发明专利授权率保持在 30% 左右，明显低于实用新型和外观设计专利的授权率（70% 左右）

1985 ～ 1999 年，发明专利授权量保持在较低水平，2000 年以后，发明专利授权量显著增加，至 2014 年，发明专利授权量高达 23.32 万件，较 2004 年的 4.94 万件增长了近 4 倍。从发明专利的授权率看，1985 ～ 1990 年，发明专利授权率逐年显著提高，1991 ～ 1997 年，发明专利授权率整体下滑，1997 ～ 2009 年，发明专利授权率显著攀升，至 2009 年达到峰值 40.1%，随后逐渐下降，2013 ～ 2014 年约为 25%（图 2.26）。

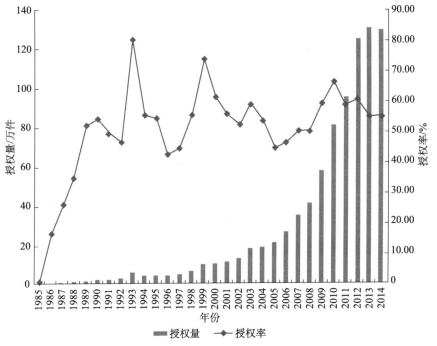

图 2.25　1985 ～ 2014 年我国国内专利授权量情况
资料来源：国家知识产权局专利数据库

　　1985 ～ 2014 年实用新型专利授权情况与发明专利授权情况类似，可分为四个阶段：1985 ～ 1993 年，实用新型专利授权量逐年稳定增加，1994 ～ 1996 年，实用新型专利授权量逐年减少，1997 年以后，实用新型专利授权量逐年增加，至 2014 年，实用新型专利授权量达到 70.79 万件。近年来，实用新型专利授权率略有上升，总体保持在 70% 左右，2014 年达到了 81.51%（图 2.27）。

　　1985 ～ 1994 年，外观设计专利授权量维持在较低水平；1995 年，外观设计专利授权量突破 1 万件；此后逐渐显著增加，至 2012 年，外观设计专利授权量达到最大值 46.69 万件；随后两年授权量有所下降，2014 年共有 36.16 万件外观设计专利获得授权。总体来说，外观设计专利授权率在 50% ～ 80% 波动（图 2.28）。

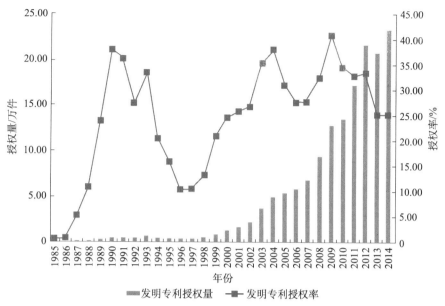

图 2.26　1985 ～ 2014 年发明专利授权情况

资料来源：国家知识产权局专利数据库

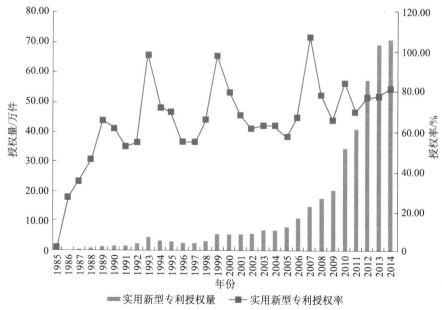

图 2.27　1985 ～ 2014 年实用新型专利授权情况

资料来源：国家知识产权局专利数据库

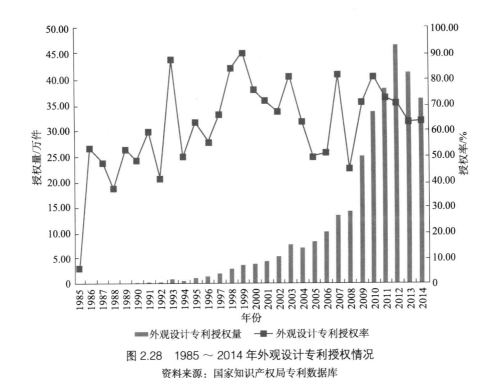

图 2.28　1985 ～ 2014 年外观设计专利授权情况
资料来源：国家知识产权局专利数据库

2.4.3　授权专利中的外观设计专利所占比重提高明显，而发明专利所占比重仍然较低

从授权专利的三类专利结构演变情况（图 2.29）看，在 1999 年之前的大多数年份，授权发明专利所占比例保持在较低水平（8% ～ 16%），授权实用新型专利所占比例尽管呈收缩趋势，但仍保持较大优势（50% ～ 80%），授权外观设计专利所占比重明显逐渐提高（10% ～ 45%）。2000 年之后，授权的发明、实用新型和外观设计专利的比例结构大体保持稳定，至 2014 年，授权的发明、实用新型和外观设计专利所占比例分别为 18%、54%、28%，可见，授权的发明专利所占比重仍然较低。

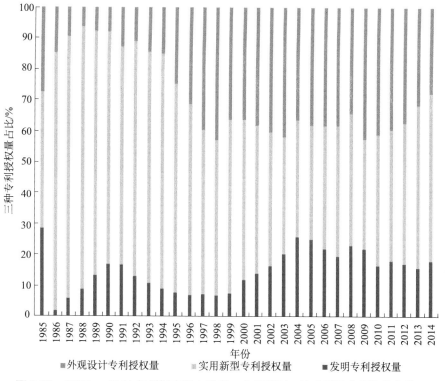

图 2.29　1985 ～ 2014 年授权专利中发明、实用新型、外观设计专利的分布情况

资料来源：国家知识产权局专利数据库

第3章

专利申请量增长的科技经济影响因素
实证分析

影响专利申请量增长的因素是复杂、多元的，从宏观科技经济影响因素看，主要涉及经济发展水平、科技经费投入、科技人员投入、技术交易和技术引进、高技术产品国际贸易及国际直接投资等方面。目前，国内学者对我国专利申请的影响因素开展了较多的研究工作，但大多数研究具有时间或影响因素选择上的局限性，难以给出我国专利申请量持续快速增长的深层次原因。为此，本书课题组在对相关研究广泛调研的基础上，研究确定各类影响因素及其特征指标，对我国专利申请量进行宏观、中观两个层面的影响因素实证分析，并对我国未来专利申请发展趋势开展预测研究，研究的主要目的是在宏观和中观两个层面揭示各影响因素的特征指标与专利申请量的相关程度，并通过预测研究，为国家知识产权局的专利申请量预测工作提供方法支持和实证依据。

3.1 科技经济影响因素理论分析及特征指标确定

3.1.1 科技经济影响因素理论分析

专利申请量特别是发明专利申请量在一定程度上反映了一国的创新活跃程

度和知识产权保护程度，与一国的经济、科技发展状况有着密切的联系。对专利申请量产生影响的宏观科技经济影响因素主要涉及经济发展水平、科技经费投入、科技人员投入、技术交易和技术引进、高技术产品国际贸易及国际直接投资等六个方面。下面我们对这六个方面的影响因素进行初步的理论阐释。

1. 经济发展水平

从世界各国和地区经济与专利的关系可以看出，凡是经济比较发达的地区，其专利发展水平也相对较高，专利和经济是相互制约、相互促进的，发达的经济会促使社会增加对专利的需求，也为专利的发展提供资金及转化平台，反之，专利也会激励和保护技术创新，促进经济发展。众多学者从不同角度利用GDP、人均GDP及城镇居民可支配收入指标来研究经济发展水平与专利申请之间的关系（郑瑶，2010；毛昊等，2008；冯晓青，2008；阮敏，2009；李娟等，2010）。吴玮（2010）通过协整分析研究了我国1986～2005年专利申请与经济增长的季度数据之间的关系。可以看出，经济发展水平是专利发展最基本的影响因素。

2. 科技经费投入

科技经费投入是我国对创新活动进行支持的重要手段，其直接表现形式为科技经费总支出和R&D经费支出。有很多研究表明，科技经费投入对专利的产出具有重要的溢出效应，一个区域的科技经费投入越多，该区域专利的产出就越多。已有研究主要是从政府、企业与高校三个科技经费筹集与支出主体的角度，分析不同行为主体投入与支出对专利申请量的影响大小。

政府科技投入在专利申请活动中发挥着重要的作用。Arnold（2006）通过对1953～1998年美国专利申请数量、公共R&D投入、非公共R&D投入及企业利润四个指标进行线性回归，发现非公共R&D投入及企业利润的发展影响着专利的发展。毛昊等（2008）对我国1998～2005年各地区R&D投入和职务发明专利数据进行分析发现，尽管较多的科技投入可使地区职务发明专利的总量增加，但地区的科技投入强度与产出效率之间并未呈现出显著的正比例变化趋势。此外，也有学者对不同来源和支出类型的R&D经费与专利申请量的关系进行了研究。

在发达国家，企业在研发和创新活动中都起着主导作用，中国在1999年开展大规模的研究院所改制之后，中国企业在创新活动中的主导作用也明显增强。一般而言，企业越重视研发活动的投入，以专利为表现的技术创新就越多，专利申请量也就越多，企业的投入可以利用企业科技活动经费筹集、企业 R&D 经费支出来衡量。Pakes 和 Griliches（1980）采用121家美国企业8年的专利申请量和 R&D 经费支出数据，分析了企业专利数据与当前及滞后的 R&D 经费支出的相关关系；Hall 等（1983）、Hausman 等（1984）及 Hall 等（1986）采用固定效应泊松模型和固定效应负二项式模型，对1968～1974年128家企业 R&D 与专利产出的关系进行研究，发现 R&D 经费投入与专利产出之间存在显著的相关性，并且其作用具有滞后效应；Kortum（1993）、Kondo（1995）研究了 R&D 经费与专利产出之间的关系，指出 R&D 经费投入对专利产出有明显的作用；Kondo（1999）基于1970～1980年的数据分析了日本工业 R&D 经费投入对专利产出的影响；孙婷婷和唐五湘（2003）等通过研究专利申请量与 R&D 经费支出之间的关系，认为企业的 R&D 经费支出对专利申请量具有显著的影响；朱平芳和徐伟民（2005）运用零膨胀泊松回归方法，对上海市大中型工业行业专利产出数据和 R&D 经费支出数据的滞后机制进行了定量研究，发现 R&D 经费支出与专利产出的滞后机制表现为2～6期的滞后结构，呈现出5年中的倒 U 形分布，且影响效果在第三年达到最大值。其他的研究也从不同角度说明了企业作为专利申请的主体，其 R&D 投入对于专利申请增长的明显意义（王庆元等，2010；戴建军，2007；刘丽萍和王雅林，2011）。

高校在我国科技创新体系中占有重要地位，专利是高校科技创新活动的一个重要成果产出，与高校的科技投入息息相关。从现有的文献来看，郭秋梅和刘莉（2005）在10年的各类高校专利统计数据分析的基础上，对重点院校和一般院校的科技投入与专利申请量做了对比分析，阐述了我国高校当前专利发展的现状，重点论述我国高校特别是重点院校科技地位、科技投入与专利申请的数量与质量的不对称性，分析高校专利管理中存在的主要问题。李玉清等（2005）研究了高校 R&D 经费支出和科研人员投入对专利产出的影响，发现 R&D 经费与高校专利申请量存在显著的相关性，而科研人员数对高校专利申请量没有影响，但科研人员的质量对包括专利申请量在内的高校技术转移产出具有正向影响。徐凯和高山行（2006）利用泊松分布研究中国高校 1993 ～ 2003 年地区层面专利和研发之间的关系，研究发现，高校 R&D 经费支出与专利申请量之间在滞后的 3 期中呈现出显著的正相关关系。徐凯和高山行（2006）关于高校 R&D 经费支出与专利申请的相关关系的研究指出，中国高校 R&D 经费支出与专利申请量的直接关系非常弱，R&D 经费支出对专利申请的促进效果并不明显。

3. 科技人员投入

技术创新主要还是依赖于创新队伍的素质和能力，一个地区从事研发人员数量的增多，有利于新思想的产生，相应的科技成果产出可能就越多，专利申请活动就越活跃。李玉清等（2005）研究了高校 R&D 经费支出和科研人员投入对专利产出的影响，发现 R&D 经费与高校专利申请量存在者显著相关性，科研人员数对高校专利申请量没有影响，但科研人员的质量对包括专利申请量在内的高校技术转移产出具有正向影响。沈涤清（2008）认为专利申请与研发人员中科学家与工程师的数量及 R&D 投入有着密切的关系。李慧等（2010）选取 2000 ～ 2005 年的制造业 29 个行业的数据，对发明专利申请数、R&D 经费内部支出和研发人员/科技活动人员数建立回归模型进行分析，认为我国制造业 R&D 经费对专利产出产生了一定的作用，并且技术密集程度高的行业经费投入产出的弹性系数较高，但是 R&D 人员投入效果不明显。

4. 技术交易和技术引进

国内的技术交易和技术引进活动通过建立技术、知识与人才的流动机制，促进本地的创新活动，同时还引入地区以外的研发活动，从而促进专利发明、专利申请、专利产业化等一系列活动的产生，加快创新成果的扩散与应用，提高专利申请量。本书选用技术开发合同成交额、技术转让合同成交额、技术咨询合同成交额、技术服务合同成交额及由四者构成的全国技术市场合同成交额，以及国外技术引进合同成交额来表示技术交易和技术引进因素。

5. 高技术产品国际贸易

高技术产品国际贸易通过引进国外先进设备、技术及人才，为企业提供更多创新的机会与获取信息的方式，促进一系列以专利产出为代表的消化、吸收、创新、集成创新活动的产生。国内相关研究表明，专利申请量对我国高技术产品进出口有一定的拉动作用（王玉洁，2010；魏龙和李丽娟，2005；宋青，2011）。关于高技术产品国际贸易对专利申请影响的研究还很少见，但是其对我国引进国外先进设备、技术及人才，继而开展消化吸收创新、集成创新等以专利产出为代表的创新活动具有重要意义。因此，高技术产品国际贸易也是影响专利申请量增长的重要因素。

6. 国际直接投资

外商在华直接投资有助于促进跨国公司在华的专利申请，同时对国内企业的专利申请既有溢出效应，也有挤出效应。我国企业对外直接投资通过在工业发达、技术先进的国家或地区收购企业或购买股份，直接经营或参与经营管理，吸收其中的先进技术，学习有效管理的经验和方法，有助于提高国家的整体技术水平，从而间接影响我国专利申请量；而大部分 FDI 则是通过结合技术许可转让、管理甚至销售能力的组合型投资来促进专利的产生。Cheung 和 Lin（2004）通过分析中国三类专利数据发现，滞后一期的 FDI 对专利申请都有稳健的正向影响，特别是对外观设计等创新性较小的专利，FDI 的溢出效应最显著。Hu 和 Jefferson（2009）通过构建专利产出函数对 FDI 与专利申请的关系进行分析，证实了 FDI 和专利制度变化对经济转型环境下中国企业专利行为的深刻影响。

3.1.2　科技经济影响因素的特征指标确定

本章从宏观与中观两个层面对我国专利申请量影响因素进行研究，宏观层面主要是针对国内发明专利申请量和实用新型专利申请量的研究，中观层面则涉及地区专利申请量、大中型工业企业专利申请量、高技术企业专利申请量及高等院校专利申请量等的研究。研究的主要过程是选取合适的影响因素特征指标后，通过特征指标与专利申请量之间的定量分析，以揭示特征指标与不同类型专利申请量之间的相关程度。

我们将影响专利申请量增长的因素分为经济发展水平、科技经费投入、科技人员投入、技术交易和技术引进、高技术产品国际贸易及国际直接投资等六个方面，以这六个影响因素为基础，根据系统性、客观性、可行性原则，依据《中国科技统计年鉴》提供的官方科技经济统计指标和数据，确定国内发明专利申请量和实用新型专利申请量、地区专利申请量、大中型工业企业专利申请量、高技术产业专利申请量、高等院校专利申请量增长的影响因素及其特征指标，如表 3.1～表3.4 所示。

表 3.1　各地区专利申请量增长影响因素及其特征指标

影响因素	特征指标
经济发展水平	GDP
科技人员投入	R&D 人员全时当量
科技经费投入	R&D 经费内部支出
技术交易和技术引进	国外技术引进合同成交额
	技术市场合同成交额

表 3.2　国内发明专利申请量和实用新型专利申请量增长影响因素及其特征指标

影响因素	特征指标
经济发展水平	GDP
	人均 GDP
科技经费投入	全国科技活动经费支出
	全国 R&D 经费支出
	全国科技活动经费筹集
科技人员投入	全国科技活动人员
	全国 R&D 人员全时当量
技术交易和技术引进	全国技术市场合同成交额
	技术开发合同成交额
	技术转让合同成交额
	技术咨询合同成交额
	技术服务合同成交额
	国外技术引进合同成交额
高技术产品国际贸易	高技术产品进口额
	高技术产品出口额
国际直接投资	外商直接投资
	中国对外直接投资

表3.3　高等院校专利申请量增长影响因素及其特征指标

影响因素	特征指标
科技人员投入	科技活动人员
	R&D 全时人员
	R&D 机构人员
科技经费投入	学校科技（R&D）经费内部支出
	课题支出经费
	基础支出经费
	应用支出经费
	试验发展支出经费
技术交易和技术引进	技术转让合同额
其他	R&D 机构数
	专著
	学术论文

表3.4　大中型工业企业及高技术产业专利申请量增长影响因素及其特征指标

影响因素	特征指标
科技人员投入	R&D 人员全时当量
科技经费投入	R&D 经费内部支出
	新产品开发经费支出
技术交易和技术引进	技术改造经费支出
	技术引进经费支出
	消化吸收经费支出
	购买国内技术经费支出

3.2　研究方法

本章的研究目的是确定特征指标与不同类型专利申请量的相关程度，在此过程中主要用到两种定量分析方法：灰色关联分析法和多元线性回归法。首先利用灰色关联分析法研究确定不同特征指标对专利申请量影响的滞后期，然后采用多元线性回归法研究确定不同特征指标与专利申请量的相关程度。另外，我们还采用多指标动态综合评价法对我国 1996～2008 年大中型工业企业分行业的专利申请活动进行动态评价，并针对结论给出相关政策建议。

3.2.1 灰色关联分析法

所谓灰色关联分析，就是对系统因素进行分析，是对一个系统发展变化态势的定量比较和反映，是通过灰色关联度来分析和确定系统因素间的影响程度或因素对系统主行为的贡献度的一种方法。灰色关联分析的基本思想是，根据序列曲线几何形状的相似程度来判断其关联程度，曲线越接近，相应序列之间关联度越高，灰色关联度就越大，反之就越小。

运用灰色关联分析法分析因素之间相互关联程度的步骤（$i=1, 2, \cdots, n$）如下。

1. 确定系统特征行为序列 X_0、相关因素行为序列 X_i

$$X_0 = (x_0(1), x_0(2), \cdots, x_0(n)), X_i = (x_i(1), x_i(2), \cdots, x_i(n))$$

2. 计算始点零化像

$$X_0^0 = (x_0^0(1), x_0^0(2), \cdots, x_0^0(n)), \quad X_i^0 = (x_i^0(1), x_i^0(2), \cdots, x_i^0(n))$$

3. 计算 $|s_0|$、$|s_i - s_0|$

$$|s_0| = \left| \sum_{k=2}^{n-1} x_0^0(k) + \frac{1}{2} x_0^0(n) \right|, \quad |s_i| = \left| \sum_{k=2}^{n-1} x_i^0(k) + \frac{1}{2} x_i^0(n) \right|$$

$$|s_i - s_0| = \left| \sum_{k=2}^{n-1} (x_i^0(k) - x_0^0(k)) + \frac{1}{2} (x_i^0(n) - x_0^0(n)) \right|$$

4. 计算灰色关联度（H）

$$H = \frac{1 + |s_0| + |s_i|}{1 + |s_0| + |s_i| + |s_i - s_0|}$$

3.2.2 多元线性回归法

假定被解释变量 Y 与多个解释变量 $X_1, X_2, \cdots, X_k$ 之间具有线性关系，是解释变量的多元线性函数，这称为多元线性回归模型，即

$$Y = \beta_0 + \beta_1 X_1 + \beta_2 X_2 + \cdots + \beta_k X_k + u$$

其中，Y 为被解释变量，X_j（$j=1, 2, \cdots, k$）为 k 个解释变量，β_j（$j=1, 2, \cdots, k$）为 k 个未知参数，β_0 为常数项，u 为随机误差项。

被解释变量 Y 的期望值与解释变量 $X_1, X_2, \cdots, X_k$ 的线性回归方程为

$$E(Y) = \beta_0 + \beta_1 X_1 + \beta_2 X_2 + \cdots + \beta_k X_k$$

这称为多元总体线性回归方程，简称总体回归方程。

对于 n 组观测值 $Y_i, X_{1i}, X_{2i}, \cdots, X_{ki}$（$i=1, 2, \cdots, n$），其方程组形式为

$Y_i = \beta_0 + \beta_1 X_{1i} + \beta_2 X_{2i} + \cdots + \beta_k X_{ki} + u_i$（$i=1, 2, \cdots, n$），即

$$\begin{cases} Y_1 = \beta_0 + \beta_1 X_{11} + \beta_2 X_{21} + \cdots + \beta_k X_{k1} + u_1 \\ Y_2 = \beta_0 + \beta_1 X_{12} + \beta_2 X_{22} + \cdots + \beta_k X_{k2} + u_2 \\ \cdots\cdots\cdots\cdots \\ Y_n = \beta_0 + \beta_1 X_{1n} + \beta_2 X_{2n} + \cdots + \beta_k X_{kn} + u_n \end{cases}$$

其矩阵形式为

$$\begin{bmatrix} Y_1 \\ Y_2 \\ \vdots \\ Y_n \end{bmatrix} = \begin{bmatrix} 1 & X_{11} & X_{21} & \cdots & X_{k1} \\ 1 & X_{12} & X_{22} & \cdots & X_{k2} \\ \vdots & \vdots & \vdots & & \vdots \\ 1 & X_{1n} & X_{2n} & \cdots & X_{kn} \end{bmatrix} \begin{bmatrix} \beta_0 \\ \beta_1 \\ \beta_2 \\ \vdots \\ \beta_k \end{bmatrix} + \begin{bmatrix} u_1 \\ u_2 \\ \vdots \\ u_n \end{bmatrix}$$

即

$$Y = X\beta + u$$

其中，$Y_{n \times 1}$ 为被解释变量的观测值向量；$X_{n \times (k+1)}$ 为解释变量的观测值矩阵；$\beta_{(k+1) \times 1}$ 为总体回归参数向量；$u_{n \times 1}$ 为随机误差项向量，总体回归方程表示为 $E(Y) = X\beta$。

多元线性回归模型包含多个解释变量，多个解释变量同时对被解释变量 Y 产生作用，若要考察其中一个解释变量对 Y 的影响，就必须假设其他解释变量保持不变。因此，多元线性回归模型中的回归系数为偏回归系数，反映了当模型中的其他变量不变时，其中一个解释变量对因变量 Y 的均值的影响。

由于参数 $\beta_0, \beta_1, \beta_2, \cdots, \beta_k$ 都是未知的，可以利用样本观测（$X_{1i}, X_{2i}, \cdots, X_{ki}$, Y_i）对它们进行估计。若计算得到的参数估计值为 $\hat{\beta}_0, \hat{\beta}_1, \hat{\beta}_2, \cdots, \hat{\beta}_k$，用参数估计值替代总体回归函数的未知参数 $\beta_0, \beta_1, \beta_2, \cdots, \beta_k$，则得多元线性样本回归方程 $\hat{Y}_i = \hat{\beta}_0 + \hat{\beta}_1 X_{1i} + \hat{\beta}_2 X_{2i} + \cdots + \hat{\beta}_k X_{ki}$。其中 $\hat{\beta}_j$（$j=1, 2, \cdots, k$）为参数估计值，$\hat{Y}_i$（$i=1, 2, \cdots, n$）为 Y_i 的样本回归值或样本拟合值、样本估计值。

多元线性样本回归方程的矩阵表达形式为 $\hat{Y} = X\hat{\beta}$，其中 $\hat{Y}_{n \times 1}$ 为被解释变量样本观测值向量 Y 的 $n \times 1$ 阶拟合值列向量；$X_{n \times (k+1)}$ 为解释变量 X 的 $n \times (k+1)$ 阶

样本观测矩阵；$\widehat{\beta}_{(k+1)\times 1}$ 为未知参数向量 β 的（$k+1$）×1 阶估计值列向量，由样本回归方程得到的被解释变量估计值 $\widehat{Y}_i$（i=1, 2, …, n）与实际观测值 Y_i 之间的偏差称为残差 e_i：

$$e_i = Y_i - \widehat{Y}_i = Y_i - (\widehat{\beta}_0 + \widehat{\beta}_1 X_{1i} + \widehat{\beta}_2 X_{2i} + \cdots + \widehat{\beta}_k X_{ki})$$

3.2.3　多指标动态综合评价法

综合评价是指对被评价对象进行的客观、公正、合理的全面评价，是科学决策领域的一个重要分支，多指标动态综合评价则是指建立 m 个评价指标 $x_1, x_2, \cdots, x_m$，并确定与 x_j 相对应的权重系数 ω_j，使得 $\omega_j > 0$ 且 $\omega_1 + \omega_2 + \cdots + \omega_m = 1$，对 n 个被评价对象 $s_1, s_2, \cdots, s_n$ 的运行状况进行排序或分类。很显然，在观测数据 $\{x_{ij}\}$ 给定的情况下，权重系数 ω_j 的选择决定了被评价对象 $s_1, s_2, \cdots, s_n$ 评价结果的合理性，因此如何确定权重系数成为评价问题的关键。

对于多指标动态综合评价问题的权重，已有很多解决方法。然而现实生活中，许多问题面临着大量按时间序列排列的平面数据表序列，这样的一组按时间顺序排放的平面数据表序列被称为时序立体数据表，由此引出了关于时序立体数据表的综合评价，这种在静态评价基础上加入时间因素的综合评价就称为动态综合评价。本章将会对我国 2005 ～ 2009 年大中型工业企业分行业专利申请活动进行动态评价，为此本书尝试构建二次求取权重的动态综合评价方法。

设有 n 个被评价对象 $s_1, s_2, \cdots, s_n$，有 m 个评价指标 $x_1, x_2, \cdots, x_m$，且按时间序列 $t_1, t_2, \cdots, t_r$ 获得原始数据，$\{x_{ij}(t_k)\}$ 构成一个数据集。充分合理地挖掘 $\{x_{ij}(t_k)\}$ 中的信息，确定权重系数 ω_j（j=1, 2, …, m），对 $s_1, s_2, \cdots, s_n$ 进行客观的评价，为此我们通过以下四步来进行。

（1）假设在以下讨论中评价指标 $x_1, x_2, \cdots, x_m$ 均为极大型指标，为了消除指标之间不同量纲和量纲单位的影响，需要对各指标进行一致化、无量纲处理，此过程采用 $x'_{ij}(t_k) = \dfrac{x_{ij}(t_k) - x_{ij}^{\min}(t_k)}{x_{ij}^{\max}(t_k) - x_{ij}^{\min}(t_k)}$ 对原始数据进行无量纲处理，其中 i=1, 2, …, n；j=1, 2, …, m；k=1, 2, …, r。

（2）然后利用均方差来确定各年的权重系数。该方法的基本原理为：若 x_j 对所有被评价对象均无差别，则 x_j 指标对所有最终的决策与排序不起作用，这样的评价指标令其权重系数为 0；反之，若 x_j 能使所有决策方案的属性值有较大差异，这样的指标对于最终决策将起到较大作用，应当赋予较大的权重。也就是说，各指标权重系数的大小取决于该指标中各被评价对象值的相对离散程度，各被评价对象在某一指标下属性值的离散程度越大，该指标的权重系数就越大，反之，则越小。选用均方差的大小反映该指标的重要程度，计算步骤如下

$$E(X_j(t_k)) = \frac{1}{n}\sum_{i=1}^{n}(x'_{ij}(t_k))$$

$$R'_{jk} = R'(X_j(t_k)) = \sqrt{\frac{1}{n}\sum_{i=1}^{n}(x_{ij}(t_k)) - E(X_j(t_k))^2}$$

$$R_{jk} = \frac{R'(X_j(t_k))}{\sum_{j=1}^{m}R'(X_j(t_k))}$$

（3）在确定不同年份各指标的权重之后，希望最终计算出的整体权重能够尽可能多地体现出各指标之间的差异，因此在计算出不同年份各指标的权重系数的基础上，若第 k 年各指标权重系数相差不大，则认为第 k 年所计算出的指标权重对整体权重的作用较小，反之，则认为作用较大。因此，仍以均方差的大小来反映各年份指标权重对整体权重的影响作用，计算步骤如下：

$$\overline{R}_k = \frac{1}{m}\sum_{j=1}^{m}R_{jk}$$

$$\lambda_k = \sqrt{\frac{1}{m}\sum_{j=1}^{m}(R_{jk} - \overline{R}_k)^2}$$

从而得出整体权重系数为

$$\omega_j = \sum_{k=1}^{r}\frac{\lambda_k}{\sum_{k=1}^{r}\lambda_k}\cdot R_{jk} \quad (j=1, 2, \cdots, m; \ k=1, 2, \cdots, r)$$

以 ω_j 作为指标的最终权重值，此时 $\omega_j \in [0, 1]$，且 $\sum_{k=1}^{r}\omega_j = 1$，$\omega_j$ 越大则说明该指标对最终评价结果的影响越大，反之，则越小。

（4）最终选用。以 $y_{ik} = \omega_1 \cdot x_{i1}(t_k) + \omega_2 \cdot x_{i2}(t_k) + \cdots + \omega_m \cdot x_{im}(t_k)$（$i$=1, 2, $\cdots$, n；j=1, 2, $\cdots$, m；k=1, 2, $\cdots$, r）来计算第 k 年综合评价值。

3.3　宏观层面专利申请量影响因素的实证研究

3.3.1　数据来源

本节主要针对我国 1991 ～ 2010 年的国内发明专利申请量、国内实用新型专利申请量影响因素开展实证研究，在研究过程中为了表述方便，给出我国国内发明和实用新型专利申请量影响因素特征指标代码，如表 3.5 所示。

表 3.5　国内发明和实用新型专利申请量影响因素特征指标及指标代码

影响因素	特征指标	指标代码
经济发展水平	GDP/亿元	x_1
	人均 GDP/元	x_2
科技经费投入	全国科技活动经费支出/万元	x_3
	全国 R&D 经费支出/亿元	x_4
	全国科技活动经费筹集/万元	x_5
科技人员投入	全国科技活动人员/人	x_6
	全国 R&D 人员全时当量/万人年	x_7
技术交易和技术引进	全国技术市场合同成交额/万元	x_8
	技术开发合同成交额/万元	x_9
	技术转让合同成交额/万元	x_{10}
	技术咨询合同成交额/万元	x_{11}
	技术服务合同成交额/万元	x_{12}
	国外技术引进合同成交额/万美元	x_{13}
高技术产品国际贸易	高技术产品进口额/亿万美元	x_{14}
	高技术产品出口额/亿万美元	x_{15}
国际直接投资	外商直接投资/亿美元	x_{16}
	中国对外直接投资/亿美元	x_{17}

实证研究中的数据来源情况如下：

（1）国内发明专利申请量、国内实用新型专利申请量：1992～2011年《中国科技统计年鉴》。

（2）经济发展水平和国际直接投资影响因素中的4个特征指标：1992～2011年《中国统计年鉴》。

（3）科技经费投入、科技人员投入、技术交易和技术引进、高技术产品国际贸易等四类影响因素中的全部特征指标：1992～2011年《中国科技统计年鉴》。

3.3.2　国内发明专利申请量影响因素的实证分析

首先利用灰色关联分析法计算出各指标对国内发明专利申请量影响的最优滞后期，然后利用各指标的相关系数剔除部分指标后，采用逐步回归的方法，得出国内发明专利申请量的关键影响因素，并对结论进行分析。

1. 国内发明专利申请量影响因素的灰色关联分析

本书对各个特征指标与国内发明专利申请量分别进行无滞后期、滞后1期、滞后2期、滞后3期及滞后4期的灰色关联分析并计算得出其灰色关联度。在某一特征指标的计算结果中，无滞后期对应的灰色关联度最大，说明该指标与当年国内发明专利申请量具有较强的相关性，滞后1期对应的灰色关联度最大，则说明该指标对国内发明专利申请量的影响具有1年的滞后效应，由此得出的结果如表3.6所示。

表 3.6　国内发明专利申请量与各个特征指标之间的灰色关联度

特征指标	无滞后期	滞后 1 期	滞后 2 期	滞后 3 期	滞后 4 期
GDP/亿元	0.6682	0.7047	0.7216	0.6821	0.6449
人均 GDP/元	0.6509	0.6845	0.7008	0.6658	0.6326
全国科技活动经费支出/万元	0.9801	0.9593	0.9563	0.9183	0.8095
全国 R&D 经费支出/亿元	0.8874	0.8511	0.8569	0.9751	0.8833
全国科技活动经费筹集/万元	0.9747	0.9628	0.9580	0.9182	0.8106
全国科技活动人员/人	0.5832	0.6037	0.6155	0.5981	0.5807
全国 R&D 人员全时当量/万人年	0.5950	0.6156	0.6257	0.6044	0.5843

续表

特征指标	无滞后期	滞后 1 期	滞后 2 期	滞后 3 期	滞后 4 期
全国技术市场合同成交额/万元	0.8944	0.8469	0.8412	0.9429	0.9217
技术开发合同成交额/万元	0.8659	0.8262	0.8249	0.9259	0.9346
技术转让合同成交额/万元	0.8428	0.7922	0.7833	0.8640	0.9758
技术咨询合同成交额/万元	0.9870	0.9186	0.8842	0.9683	0.9226
技术服务合同成交额/万元	0.9369	0.8894	0.8849	0.9973	0.8662
国外技术引进合同成交额/万美元	0.7510	0.8163	0.8518	0.7929	0.7362
高技术产品进口额/亿万美元	0.8566	0.8101	0.8066	0.9118	0.9315
高技术产品出口额/亿万美元	0.6016	0.5905	0.5926	0.6311	0.6968
外商直接投资/亿美元	0.8677	0.7981	0.7747	0.8346	0.9160
中国对外直接投资/亿美元	0.8683	0.8599	0.9146	0.8911	0.7633

表 3.6 的结果显示：

（1）经济发展水平因素中的各项特征指标及科技人员投入因素中的各项特征指标对国内发明专利申请量的影响均具有 2 年的滞后效应。

（2）科技经费投入因素中只有全国 R&D 经费支出指标对国内发明专利申请量的影响有滞后，且滞后期为 3 年。

（3）技术交易和技术引进、高技术产品国际贸易和国际直接投资三类因素的各项特征指标对国内发明专利申请量的滞后效应较为显著，大多数特征指标的滞后期为 2 年以上。

2. 国内发明专利申请量影响因素的多元线性回归分析

确定各类影响因素特征指标对国内发明专利申请量影响的最优滞后期，在进行多元线性回归分析之前，本书计算了带有滞后效应的各影响因素特征指标之间的相关性系数，并以 0.99 作为阈值，最终选取 $x_{1(-2)}$、$x_{4(-3)}$、$x_{7(-2)}$、$x_{10(-4)}$、x_{11}、$x_{13(-2)}$、$x_{15(-4)}$、$x_{16(-4)}$、$x_{17(-2)}$ 等 9 个指标作为自变量，采用 EViews6.0 软件对上述指标与国内发明专利申请总量 Y_1 进行多元线性回归分析，回归分析结果如表 3.7 所示。

表 3.7　国内发明专利申请量回归分析结果

Dependent Variable：Y_1

Method：Leas. Squares

Date：09/12/12　Time：22：19

Sample（adjusted）：19942010

Included observations：17 after adjustments

Variable	Coefficient	Std. Error	t-Statistic	Prob.
$x_{4(-3)}$	87.281 35	1.570 436	55.577 78	0.000 0
$x_{13(-2)}$	−0.011 535	0.001 461	−7.895 570	0.000 0
R^2	0.997 441	Mean dependent var.		81 062.59
Adjusted R^2	0.997 271	S.D.dependent var.		87 779.16
S.E. of regression	4 585.669	Akaike info. criterion		19.809 39
Sum squared resid	3.15×10^8	Schwarz criterion		19.907 42
Log likelihood	−166.379 8	Hannan-Quinn criter.		19.819 13
Durbin-Watson stat.	1.571 409			

根据计算结果，得出多元线性回归模型：

$$Y_1 = 87.281\ 35 \cdot x_{4(-3)} - 0.011\ 535 \cdot x_{13(-2)}$$

$$（55.577\ 78）\qquad（-7.895\ 570）$$

可以看到，在多元线性回归模型中，调整后的 R^2=0.997 271，说明这两个关键特征指标可以解释约 99.7% 的国内发明专利申请量的变动情况，拟合效果非常好，1.54 < DW ≈ 1.57 < 2.46，其残差序列不相关，利用模型对 2000 ～ 2010 年国内发明专利申请量进行预测后得到预测图，如图 3.1 所示。

图 3.1 中，0 < MAPE ≈ 4.677<5，TIC ≈ 0.016，BP ≈ 0.014，VP ≈ 0.047，CP ≈ 0.939，预测效果十分理想，故该模型中的两个特征指标较好地解释了国内发明专利的申请情况。我们可以得出如下结果：①全国 R&D 经费支出与国内发明专利申请量呈现出显著的正相关关系，表明全国 R&D 经费支出是影响国内发明专利申请量增长的关键正向影响指标；②国外技术引进合同成交额与国内发明专利申请量负相关，其相关系数较小，表明国外技术引进合同成交额是影响国内发明专利申请量增长的关键负向影响指标。

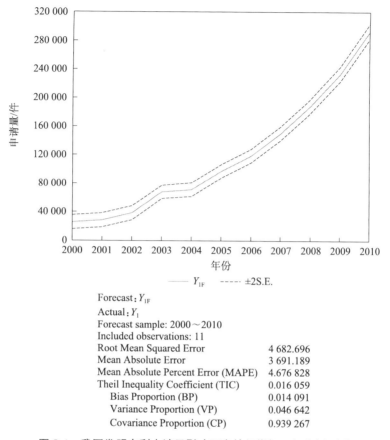

Forecast：Y_{1F}
Actual：Y_1
Forecast sample: 2000～2010
Included observations: 11

Root Mean Squared Error	4 682.696
Mean Absolute Error	3 691.189
Mean Absolute Percent Error (MAPE)	4.676 828
Theil Inequality Coefficient (TIC)	0.016 059
Bias Proportion (BP)	0.014 091
Variance Proportion (VP)	0.046 642
Covariance Proportion (CP)	0.939 267

图 3.1 我国发明专利申请量影响因素特征指标回归分析预测

3.3.3 国内实用新型专利申请量影响因素的实证分析

设定我国国内实用新型专利申请量代码为 Y_2，与国内发明专利分析过程相同，首先通过灰色关联分析确定各个特征指标对国内实用新型专利申请量影响的滞后期，再利用软件 EViews6.0 对多个特征指标及国内实用新型专利申请量进行多元线性回归分析。

1. 国内实用新型专利申请量影响因素的灰色关联分析

通过灰色关联分析，得出各个特征指标与国内实用新型专利申请量之间的灰色关联度，如表 3.8 所示。

表 3.8　国内实用新型专利申请量与各特征指标之间的灰色关联度

特征指标	无滞后期	滞后 1 期	滞后 2 期	滞后 3 期	滞后 4 期
GDP/亿元	0.9579	0.9521	0.9661	0.9630	0.9012
人均 GDP/元	0.9107	0.9983	0.9858	0.9216	0.8672
全国科技活动经费支出/万元	0.6913	0.6701	0.6886	0.7351	0.7917
全国 R&D 经费支出/亿元	0.6423	0.6300	0.6475	0.6869	0.7355
全国科技活动经费筹集/万元	0.6935	0.6714	0.6893	0.7351	0.7907
全国科技活动人员/人	0.5832	0.6037	0.6155	0.5981	0.5807
全国 R&D 人员全时当量/万人年	0.5950	0.6156	0.6257	0.6044	0.5843
全国技术市场合同成交额/万元	0.6449	0.6285	0.6410	0.6742	0.7141
技术开发合同成交额/万元	0.6344	0.6208	0.6343	0.6675	0.7077
技术转让合同成交额/万元	0.6259	0.6082	0.6171	0.6432	0.6718
技术咨询合同成交额/万元	0.6886	0.6550	0.6588	0.6842	0.7136
技术服务合同成交额/万元	0.6605	0.6442	0.6591	0.6977	0.7466
国外技术引进合同成交额/万美元	0.8659	0.7927	0.7936	0.8357	0.8822
高技术产品进口额/亿万美元	0.6310	0.6148	0.6267	0.6620	0.7092
高技术产品出口额/亿万美元	0.5373	0.5335	0.5383	0.5516	0.5711
外商直接投资/亿美元	0.6351	0.6104	0.6135	0.6316	0.6502
中国对外直接投资/亿美元	0.6353	0.6332	0.6713	0.7514	0.8429

表 3.8 显示，除经济发展水平和科技人员投入因素中的特征指标外，其余影响因素的特征指标对国内实用新型专利申请量的影响均具有较长的滞后效应，滞后期均为 4 年。

2. 国内实用新型专利申请量影响因素的多元线性回归分析

本书选用 $x_{7(-2)}$、$x_{9(-4)}$、$x_{10(-4)}$、$x_{11(-4)}$、$x_{13(-4)}$、$x_{15(-4)}$、$x_{16(-4)}$、$x_{17(-4)}$ 等特征指标与国内实用新型专利申请总量进行多元线性回归分析，回归分析结果如表 3.9 所示。

表3.9 国内实用新型专利申请量回归分析结果

Dependent Variable：Y_2

Method：Leas. Squares

Date：09/11/12 Time：18：24

Sample（adjusted）：19952010

Included observations：16 after adjustments

Variable	Coefficient	Std. Error	t-Statistic	Prob.
$x_{7(-2)}$	194.772 1	76.766 30	2.537 208	0.027 6
$x_{9(-4)}$	0.018 140	0.003 798	4.776 606	0.000 6
$x_{13(-4)}$	0.016 345	0.004 025	4.061 090	0.001 9
$x_{15(-4)}$	39.383 50	9.334 751	4.219 020	0.001 4
$x_{17(-4)}$	422.408 1	73.210 21	5.769 798	0.000 1
R^2	0.996 983	Mean dependent var.		133 034.6
Adjusted R^2	0.995 885	S.D.dependent var.		103 774.6
S.E.of regression	6 656.682	Akaike info. criterion		20.694 94
Sum squared resid	4.87×10^8	Schwarz criterion		20.936 37
Log likelihood	−160.559 5	Hannan-Quinn criter.		20.707 30
Durbin-Watson stat.	2.066 919			

根据计算结果，得出多元线性回归模型：

$$Y_2 = 194.7721 \cdot x_{7(-2)} + 0.018\,140 \cdot x_{9(-4)} + 0.016\,345 \cdot x_{13(-4)}$$

$$(2.537\,208) \qquad (4.776\,606) \qquad (4.061\,090)$$

$$+39.383\,50 \cdot x_{15(-4)} + 422.4081 \cdot x_{17(-4)}$$

$$(4.219\,020) \qquad (5.769\,798)$$

在多元线性回归模型中，Adjusted R^2=0.995 885，即这5个特征指标可以解释约99.6%的国内实用新型专利申请量的变动情况，拟合效果非常好，1.99<DW≈2.067<2.01，其残差序列不相干，利用模型对2000～2010年国内实用新型专利申请量进行预测后得到的预测图如图3.2所示。

可以看出，在图3.2中，0<MAPE≈2.08<5，TIC≈0.010，BP≈0.003，VP≈0.003，CP≈0.994，预测效果十分理想，故该模型中的特征指标较好地解释了国内实用新型专利的申请情况。

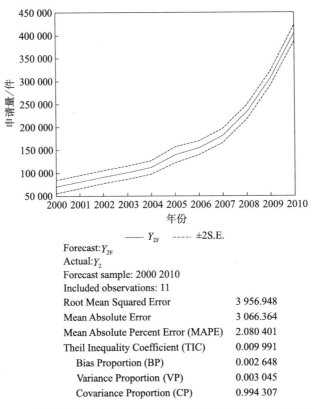

Forecast: Y_{2F}
Actual: Y_2
Forecast sample: 2000 2010
Included observations: 11

Root Mean Squared Error	3 956.948
Mean Absolute Error	3 066.364
Mean Absolute Percent Error (MAPE)	2.080 401
Theil Inequality Coefficient (TIC)	0.009 991
Bias Proportion (BP)	0.002 648
Variance Proportion (VP)	0.003 045
Covariance Proportion (CP)	0.994 307

图 3.2　我国实用新型专利申请量及其影响因素回归分析拟合残差

得出的结论如下：

全国 R&D 人员全时当量、技术开发合同成交额、国外技术引进合同成交额、高技术产品出口额以及中国对外直接投资等特征指标与国内实用新型专利申请量均呈正相关关系。按相关系数的大小排序，对国内实用新型专利申请量产生正向影响的关键指标依次是：中国对外直接投资、全国 R&D 人员全时当量、高技术产品出口额、技术开发合同成交额、国外技术引进合同成交金额。

3.4　中观层面专利申请量影响因素的实证研究

3.4.1　数据来源

本节是针对中观层面的专利申请量影响因素进行的实证研究，主要涉及各地区专利申请量影响因素分析、大中型工业企业专利申请量影响因素分析、高技术产业专利申请量影响因素分析以及教育部直属高等院校专利申请量影响因素分析。

数据来源情况：

（1）各地区专利申请量及其特征指标：2002 ～ 2011 年《中国科技统计年鉴》。

（2）大中型工业企业专利申请量及其特征指标：1997 ～ 2011 年《中国科技统计年鉴》。

（3）高技术产业分行业专利申请量及其特征指标：2002 ～ 2011 年《中国高技术产业统计年鉴》。

（4）教育部直属高等学校专利申请量及其特征指标：1994 ～ 2010 年《高等学校科技统计资料汇编》。

3.4.2 各地区专利申请量影响因素分析

我国各地区经济发展不平衡，本书将我国各省（自治区、直辖市）（不含港澳台）分为东、中、西部三大地区，并针对各地区的专利申请量进行分析，其中东部地区包括北京、天津、河北、辽宁、上海、江苏、浙江、福建、山东、广东、海南等 11 个省（直辖市），中部地区包括黑龙江、吉林、山西、安徽、江西、河南、湖北、湖南等 8 个省，西部地区包括内蒙古、广西、重庆、四川、贵州、云南、西藏、陕西、甘肃、青海、宁夏、新疆等 12 个省（自治区、直辖市）。为了表述方便，用 x_1、x_2、x_3、x_4 和 x_5 分别表示各地区的 GDP、R&D 人员全时当量、R&D 经费内部支出、国外技术引进合同成交额、技术市场合同成交额，用 Y_1 和 Y_2 分别表示各地区的发明专利申请量及实用新型专利申请量。

1. 各地区专利申请量影响因素的灰色关联分析

通过灰色关联分析，本书得出东、中、西部地区发明专利申请量、实用新型专利申请量与影响因素特征指标之间的灰色关联度，如表 3.10 ～表 3.12 所示。

表 3.10 我国东部地区发明、实用新型专利申请量与特征指标之间的灰色关联度

特征指标	发明专利申请量				实用新型专利申请量			
	无滞后期	滞后 1 期	滞后 2 期	滞后 3 期	无滞后期	滞后 1 期	滞后 2 期	滞后 3 期
GDP	0.6177	0.6434	0.6921	0.7043	0.7255	0.7544	0.7774	0.7681
R&D 人员全时当量	0.6905	0.7165	0.7715	0.7721	0.8649	0.8841	0.892	0.8571
R&D 经费内部支出	0.7463	0.767	0.8195	0.8048	0.9718	0.9736	0.9613	0.9000
国外技术引进合同成交额	0.9649	0.9469	0.8468	0.8491	0.7807	0.7519	0.7402	0.766
技术市场合同成交额	0.7624	0.7907	0.8567	0.8467	0.9974	0.9847	0.9853	0.9549

表 3.11 我国中部地区发明、实用新型专利申请量与特征指标之间的灰色关联度

特征指标	发明专利申请量				实用新型专利申请量			
	无滞后期	滞后 1 期	滞后 2 期	滞后 3 期	无滞后期	滞后 1 期	滞后 2 期	滞后 3 期
GDP	0.6819	0.7057	0.7474	0.7365	0.7991	0.8098	0.8303	0.8119
R&D 人员全时当量	0.7374	0.7556	0.7946	0.7735	0.8904	0.8849	0.8933	0.8607
R&D 经费内部支出	0.9793	0.9711	0.9932	0.9204	0.8171	0.8523	0.8796	0.9509
国外技术引进合同成交额	0.9989	0.9544	0.908	0.9823	0.8046	0.8017	0.8056	0.8657
技术市场合同成交额	0.753	0.772	0.8122	0.7854	0.916	0.9097	0.9168	0.8764

表 3.12 我国西部地区发明、实用新型专利申请量与特征指标之间的灰色关联度

特征指标	发明专利申请量				实用新型专利申请量			
	无滞后期	滞后 1 期	滞后 2 期	滞后 3 期	无滞后期	滞后 1 期	滞后 2 期	滞后 3 期
GDP	0.6692	0.7004	0.7385	0.7268	0.8003	0.7916	0.8126	0.7768
R&D 人员全时当量	0.6894	0.72	0.7576	0.742	0.8361	0.8202	0.8377	0.7953
R&D 经费内部支出	0.8534	0.8728	0.9005	0.8514	0.8986	0.9607	0.9761	0.9288
国外技术引进合同成交额	0.8893	0.8794	0.8956	0.8489	0.8618	0.9527	0.9821	0.9258
技术市场合同成交额	0.7484	0.7741	0.8133	0.792	0.9408	0.8989	0.9106	0.8563

对表 3.10～表 3.12 进行总结，得出结论如下：

（1）GDP 对各地区发明和实用新型专利申请量的影响有 2～3 年的滞后期。

（2）R&D 人员全时当量仅对东部地区发明专利申请量的影响有 3 年的滞后期，对其余地区发明和实用新型专利申请量影响的滞后期均为 2 年。

（3）R&D 经费内部支出对各地区发明专利申请量影响的滞后期均为 2 年。

（4）国外技术引进合同成交额对西部地区发明专利申请量的影响具有 2 年的滞后期，而对其余地区的发明专利申请量的影响则无滞后期。

（5）技术市场合同成交额对各地区实用新型专利申请量影响的滞后期均小于对发明专利申请量影响的滞后期。

2. 各地区专利申请量影响因素的多元线性回归分析

对东、中、西部地区发明专利申请量、实用新型专利申请量与上述 5 个特征指标之间分别采用 EViews6.0 进行多元线性回归分析，得出各类专利申请量的回归结果，如下。

各地区发明专利申请量回归结果：

$$Y_1（东部）=-0.478\,448 \cdot x_{1(-3)} +0.008\,597 \cdot x_{3(-2)} +0.013\,366 \cdot x_4$$
$$（0.064\,823）\qquad（0.000\,123）\qquad（0.002\,814）$$

$$Y_1（中部）=0.005\,152 \cdot x_{3(-2)}$$
$$（9.23 \times 10^{-5}）$$

$$Y_1（西部）=-0.043\,786 \cdot x_{2(-2)} +0.007\,834 \cdot x_{3(-2)}$$
$$（0.009\,215）\qquad（0.000\,65）$$

其拟合度分别为 99.929%、98.951% 和 97.850%，拟合效果非常好。

各地区实用新型专利申请量回归结果：

$$Y_2（东部）=27\,510.35+0.007\,608 \cdot x_{3(-1)} -0.035\,279 \cdot x_4$$
$$（9680.867）\qquad（0.000\,314）\qquad（0.008\,587）$$

$$Y_2（中部）=0.010\,859 \cdot x_{3(-3)}$$
$$（0.000\,345）$$

$$Y_2（西部）=-1.021\,307 \cdot x_{2(-2)} +0.168\,824 \cdot x_{4(-2)} +0.015\,572 \cdot x_5$$
$$（0.166\,744）\qquad（0.042\,427）\qquad（0.001\,983）$$

综合分析得出如下结论：

（1）就东部地区而言，R&D 经费内部支出、国外技术引进合同成交额这两个特征指标与发明专利申请量均显著正相关，并且后者的相关系数大于前者的相关系数；而对于实用新型专利申请量而言，前者与其显著正相关，后者与其显著负相关。另外 GDP 与发明专利申请量呈负相关关系。

（2）R&D 经费内部支出是与我国中部地区发明专利及实用新型专利申请量显著正相关的唯一特征指标。

（3）R&D 经费内部支出与西部地区发明专利申请量显著相关，而 R&D 人员全时当量与西部地区发明和实用新型专利申请量之间均呈负相关关系，另外，国外技术引进合同成交额和技术市场合同成交额与我国西部地区实用新型专利申请量呈正相关关系，且前者的相关系数大于后者。

3.4.3　大中型工业企业专利申请量影响因素分析

企业在我国专利申请过程中发挥着越来越重要的作用，大中型企业相对于小企业而言有着更加丰富的创新资源，同时抵抗风险的能力也较强，故其专利申请的数量远多于小企业。官方统计仅提供了大中型企业专利申请数据，本小节选择大中型工业企业作为研究对象。在研究过程中为了表述方便，用 x_1、x_2、x_3、x_4、x_5、x_6、x_7 分别表示 R&D 人员全时当量、R&D 经费内部支出、新产品开发经费支出、技术改造经费支出、技术引进经费支出、消化吸收经费支出、购买国内技术经费支出指标，大中型工业企业专利申请量用 Y 表示。

1. 大中型工业企业专利申请量影响因素的灰色关联分析

通过灰色关联分析，得出大中型工业企业专利申请量与特征指标之间的灰色关联度，如表 3.13 所示。

表 3.13　我国大中型工业企业专利申请量与特征指标之间的灰色关联度

滞后期	R&D 人员全时当量	R&D 经费内部支出	新产品开发经费支出	技术改造经费支出	技术引进经费支出	消化吸收经费支出	购买国内技术经费支出
无滞后期	0.5791	0.8413	0.7921	0.5191	0.5161	0.7505	0.5710
滞后 1 期	0.5800	0.8199	0.7729	0.5216	0.5172	0.7425	0.5684

滞后期	R&D人员全时当量	R&D经费内部支出	新产品开发经费支出	技术改造经费支出	技术引进经费支出	消化吸收经费支出	购买国内技术经费支出
滞后2期	0.5728	0.7674	0.7255	0.5220	0.5168	0.7086	0.5757
滞后3期	0.5768	0.7569	0.7123	0.5258	0.5194	0.7045	0.5747
滞后4期	0.6064	0.8367	0.7744	0.5377	0.5282	0.7720	0.5555

表3.13显示，R&D经费内部支出和新产品开发经费支出等针对创新活动的直接投入对大中型工业企业专利申请量的影响无滞后期，而科技人员投入、技术交易和技术引进这两类影响因素对应的特征指标对于专利申请量的影响具有较长的滞后期。

2. 大中型工业企业专利申请量影响因素的多元线性回归分析

在EViews6.0中对特征指标与我国大中型工业企业专利申请总量进行多元线性回归后得出模型如下

$$Y = 784.6219 \cdot x_{1(-4)} + 29.293\,34 \cdot x_2 - 0.003\,342 \cdot x_3 - 83.471\,57 \cdot x_{4(-4)}$$
$$(322.678\,4) \qquad (6.561\,431) \quad (0.000\,303) \quad (21.964\,73)$$
$$+ 236.8746 \cdot x_{5(-4)} + 1039.207 \cdot x_{6(-4)} - 9.581\,947 \cdot x_{7(-2)}$$
$$(75.799\,449) \qquad (247.939\,3) \qquad (3.074\,417)$$

在多元线性回归模型中，$R^2 \approx 0.996$，说明这7个关键影响因素可以解释约99.6%的专利申请量的变动情况，拟合效果非常好。

通过多元线性回归分析，得出结论如下：

（1）R&D人员全时当量、R&D经费内部支出、技术引进经费支出及消化吸收经费支出与我国大中型工业企业专利申请量显著正相关，按相关系数的大小排序，关键影响指标分别是：消化吸收经费支出、R&D人员全时当量、技术引进经费支出、R&D经费内部支出。

（2）新产品开发经费支出、技术改造经费支出及购买国内技术经费支出等3个特征指标与我国大中型工业企业专利申请量呈负相关关系，但其相关系数较小。

3. 分行业大中型工业企业专利申请动态评价

在前面分析的基础上，我们以大中型工业企业作为研究对象，将专利申请量作为专利申请活动的度量，将科技活动经费内部支出、新产品开发经费支出、技术改造经费支出、技术引进经费支出、消化吸收经费支出和购买国内技术经费支出等 6 类经费指标作为专利科技经费支出的替代因素，选取 1996 ～ 2008 年 33 个行业共 91 组数据进行动态分析，数据来源于 2005 ～ 2009 年的《中国科技统计年鉴》，其行业、科技经费支出及专利申请量代码如表 3.14 所示。

表 3.14　我国大中型工业企业所属行业及专利投入产出指标代码

指标名称	代码	指标名称	代码	指标名称	代码
煤炭开采和洗选业	h_1	文教体育用品制造业	h_{16}	通信设备、计算机及其他电子设备制造业	h_{31}
石油和天然气开采业	h_2	石油加工、炼焦及核燃料加工业	h_{17}	仪器仪表及文化、办公用机械制造业	h_{32}
有色金属矿采选业	h_3	化学原料及化学制品制造业	h_{18}	工艺品及其他制造业	h_{33}
非金属矿采选业	h_4	医药制造业	h_{19}	电力、热力的生产和供应业	h_{34}
农副食品加工业	h_5	化学纤维制造业	h_{20}	燃气生产和供应业	h_{35}
食品制造业	h_6	橡胶制品业	h_{21}	水的生产和供应业	h_{36}
饮料制造业	h_7	塑料制品业	h_{22}	企业数	x_1
烟草制品业	h_8	非金属矿物制品业	h_{23}	新产品开发项目数	x_2
纺织业	h_9	黑色金属冶炼及压延加工业	h_{24}	科技活动人员	x_3
纺织服装、鞋、帽制造业	h_{10}	有色金属冶炼及压延加工业	h_{25}	科技活动经费内部支出	x_4
皮革、毛皮、羽毛（绒）及其制品业	h_{11}	金属制品业	h_{26}	技术引进经费支出/万元	x_5
木材加工及木、竹、藤、棕、草制品业	h_{12}	通用设备制造业	h_{27}	消化吸收经费支出/万元	x_6
家具制造业	h_{13}	专用设备制造业	h_{28}	购买国内技术经费支出/万元	x_7
造纸及纸制品业	h_{14}	交通运输设备制造业	h_{29}	技术改造经费支出/万元	x_8
印刷业和记录媒介的复制	h_{15}	电气机械及器材制造业	h_{30}	专利申请量	z

　　利用多指标动态综合评价法对我国分行业大中型工业企业专利申请状况进行分析，得出我国大中型工业企业各类经济投入指标历年权重，如表 3.15 所示。

表 3.15　我国大中型工业企业各类经济投入指标历年权重及最终权重

年份	指标权重					
1996	0.1877	0.1865	0.1595	0.1862	0.1598	0.1203
1997	0.1686	0.1613	0.1375	0.1629	0.1903	0.1795
1998	0.1858	0.1737	0.1520	0.1597	0.1672	0.1615
1999	0.1801	0.1616	0.1497	0.1436	0.1745	0.1905
2000	0.1727	0.1660	0.1532	0.1924	0.1617	0.1540
2001	0.1796	0.1747	0.1727	0.1628	0.1554	0.1547
2002	0.1849	0.1743	0.1521	0.1698	0.1525	0.1664
2003	0.1576	0.1470	0.1621	0.1388	0.2201	0.1744
2004	0.1751	0.1610	0.1371	0.1537	0.1758	0.1974
2005	0.2048	0.1794	0.1443	0.1757	0.1489	0.1469
2006	0.1878	0.1674	0.1328	0.1829	0.1940	0.1350
2007	0.1966	0.1758	0.1350	0.1598	0.1986	0.1343
2008	0.2017	0.1675	0.1376	0.1337	0.1709	0.1887
最终权重	0.1842	0.1686	0.1466	0.1622	0.1782	0.1602

利用公式 $y_{ik}=\omega_1 \cdot x_{i1}(t_k)+\omega_2 \cdot x_{i2}(t_k)+\cdots+\omega_m \cdot x_{im}(t_k)$ 来计算第 k 年行业 i 的科技投入综合值，其中 $i=1,2,\cdots,n$；$k=1,2,\cdots,r$。同时假设 z_{ik}（$i=1,2,\cdots,n$；$k=1,2,\cdots,r$）是第 k 年行业 i 的专利申请量，我们利用 $u_i=\dfrac{z_{ik}}{y_{ik}}$（$i=1,2,\cdots,n$；$k=1,2,\cdots,r$）来表示第 k 年行业 i 与专利相关的科技经费投入产出效率，简称投入产出率，从而得出 1996～2008 年共 13 年我国大中型企业 33 个行业投入产出率，如表 3.16 所示。

表 3.16　我国 1996～2008 年分行业大中型工业企业投入产出率

行业	投入产出率					
	1996 年	1997 年	1998 年	1999 年	2000 年	2001 年
煤炭开采和洗选业	22.418	5.437	0.979	0.979	0.775	0.764
石油和天然气开采业	7.272	7.771	2.241	2.241	2.744	4.770
农副食品加工业	0.425	0.310	0.623	0.623	0.824	1.094
食品制造业	9.002	18.102	5.519	5.519	6.759	8.429
饮料制造业	0.774	0.305	1.552	1.552	1.298	3.077

续表

行业	投入产出率					
	1996 年	1997 年	1998 年	1999 年	2000 年	2001 年
烟草制品业	0.922	3.573	0.147	0.147	0.258	0.218
纺织业	0.542	0.794	0.308	0.308	0.244	0.926
纺织服装、鞋、帽制造业	0.247	0.212	0.903	0.903	1.753	2.543
皮革、毛皮、羽毛（绒）及其制品业	0.459	2.585	0.089	0.089	1.123	1.932
木材加工及木、竹、藤、棕、草制品业	0.196	0	1.258	1.258	0.368	0.986
家具制造业	0.025	0.013	2.371	2.371	7.557	9.964
造纸及纸制品业	28.271	28.317	0.504	0.504	0.199	0.374
印刷业和记录媒介的复制	0	0.070	0.234	0.234	0.964	0.989
文教体育用品制造业	3.308	3.557	19.270	19.270	48.525	58.716
石油加工、炼焦及核燃料加工业	2.507	1.429	0.373	0.373	0.543	0.722
化学原料及化学制品制造业	2.674	1.833	0.386	0.386	0.805	1.029
医药制造业	1.444	1.185	0.595	0.595	0.792	1.840
化学纤维制造业	0.161	0.049	0.119	0.119	0.340	0.154
橡胶制品业	0.296	0.177	0.534	0.534	1.267	1.738
塑料制品业	2.483	1.692	0.733	0.733	1.010	1.602
非金属矿物制品业	0.493	0.386	1.339	1.339	1.482	1.444
黑色金属冶炼及压延加工业	0.829	0.521	0.419	0.419	0.356	0.485
有色金属冶炼及压延加工业	2.849	2.254	0.749	0.749	0.274	0.520
金属制品业	0.255	0.213	1.954	1.954	2.630	2.292
通用设备制造业	10.718	2.340	0.897	0.897	1.386	1.718
专用设备制造业	4.080	1.714	3.000	3.000	2.546	2.623
交通运输设备制造业	2.618	1.815	0.339	0.339	0.532	1.000
电气机械及器材制造业	3.487	3.598	1.833	1.833	1.835	1.578
通信设备、计算机及其他电子设备制造业	1.626	0.788	0.992	0.992	0.970	1.355
仪器仪表及文化、办公用机械制造业	0.237	0.139	1.855	1.855	3.276	4.427
工艺品及其他制造业	0.054	0.142	2.083	2.083	18.233	43.174
电力、热力的生产和供应业	0.960	1.481	0.281	0.281	0.152	0.189
水的生产和供应业	0.006	0.012	0	0	0	0

续表

行业	投入产出率						
	2002 年	2003 年	2004 年	2005 年	2006 年	2007 年	2008 年
煤炭开采和洗选业	0.485	0.201	0.144	0.177	0.138	0.138	0.037
石油和天然气开采业	2.245	1.220	2.352	1.659	0.968	0.968	0.445
农副食品加工业	0.636	0.286	1.021	0.267	0.202	0.202	0.138
食品制造业	5.481	1.337	2.186	2.166	0.921	0.921	0.252
饮料制造业	1.893	1.486	2.052	1.478	0.632	0.632	0.196
烟草制品业	0.185	0.198	0.057	0.432	0.412	0.412	0.085
纺织业	0.817	0.348	0.444	1.138	1.565	1.565	0.376
纺织服装、鞋、帽制造业	1.544	0.245	0.648	1.739	1.043	1.043	0.302
皮革、毛皮、羽毛（绒）及其制品业	0.537	0.376	1.267	0.926	0.876	0.876	0.436
木材加工及木、竹、藤、棕、草制品业	0.621	0	0.605	0.610	1.054	1.054	0.191
家具制造业	15.666	78.729	3.933	4.900	8.626	8.626	2.348
造纸及纸制品业	0.146	0.291	0.139	0.174	0.128	0.128	0.061
印刷业和记录媒介的复制	0.608	1.038	0.855	0.490	0.322	0.322	0.106
文教体育用品制造业	33.569	11.341	16.234	34.136	14.548	14.548	3.863
石油加工、炼焦及核燃料加工业	0.549	0.604	0.156	0.354	0.090	0.090	0.338
化学原料及化学制品制造业	0.624	0.368	0.543	0.587	0.237	0.237	0.736
医药制造业	1.158	0.645	1.038	1.600	0.801	0.801	1.340
化学纤维制造业	0.084	0.146	0.149	0.261	0.272	0.272	0.510
橡胶制品业	0.948	0.390	0.407	0.519	0.237	0.237	0.723
塑料制品业	3.664	0.763	0.944	1.002	0.992	0.992	1.434
非金属矿物制品业	0.765	0.557	1.625	1.771	0.876	0.876	1.396
黑色金属冶炼及压延加工业	0.303	0.285	0.172	0.132	0.123	0.123	0.411
有色金属冶炼及压延加工业	0.675	0.567	0.346	0.708	0.384	0.384	1.136
金属制品业	2.578	1.359	3.533	3.384	0.751	0.751	1.980
通用设备制造业	0.944	0.596	1.505	1.382	0.716	0.716	1.210
专用设备制造业	1.578	0.953	1.665	1.763	1.030	1.030	1.483
交通运输设备制造业	1.032	0.814	0.908	0.906	0.751	0.751	1.064
电气机械及器材制造业	1.578	1.870	2.942	2.637	1.299	1.299	1.694

续表

行业	投入产出率						
	2002年	2003年	2004年	2005年	2006年	2007年	2008年
通信设备、计算机及其他电子设备制造业	1.387	1.390	1.321	1.393	1.575	1.575	1.621
仪器仪表及文化、办公用机械制造业	3.673	1.174	4.249	1.529	1.267	1.267	2.397
工艺品及其他制造业	12.380	4.704	4.798	2.277	2.815	2.815	3.106
电力、热力的生产和供应业	0.572	0.227	0.234	0.321	0.257	0.257	1.534
水的生产和供应业	0	13.529	0	0	0	0	0

利用表 3.16 的计算结果，将我国 1996～2008 年分行业大中型工业企业的投入产出率进行排序，结果如表 3.17 所示。

表 3.17 我国大中型工业企业分行业投入产出率排序

行业	投入产出率排名												
	1996年	1997年	1998年	1999年	2000年	2001年	2002年	2003年	2004年	2005年	2006年	2007年	2008年
h_1	2	4	5	14	22	9	28	30	30	30	29	29	32
h_2	5	3	3	5	6	29	8	10	7	10	12	12	19
h_3	23	22	21	19	19	15	21	26	16	28	20	28	28
h_4	4	2	2	2	4	30	4	9	8	6	4	13	25
h_5	19	23	20	10	13	27	9	6	9	13	15	20	26
h_6	17	6	13	30	29	4	30	31	32	25	27	21	30
h_7	20	18	27	27	30	10	18	24	23	16	13	5	22
h_8	26	25	28	15	10	25	12	28	20	9	17	9	24
h_9	22	8	10	32	15	23	27	22	14	18	16	14	20
h_{10}	28	33	23	12	25	11	23	33	21	21	5	8	27
h_{11}	31	31	31	4	3	33	2	1	4	2	2	2	4
h_{12}	1	1	7	22	31	5	31	25	31	31	32	30	31
h_{13}	33	29	33	29	18	12	24	12	19	24	23	23	29
h_{14}	8	7	17	1	1	32	1	3	1	1	1	1	1
h_{15}	12	16	14	25	23	8	26	17	28	26	31	32	23
h_{16}	10	11	9	24	20	14	22	23	22	22	24	26	16
h_{17}	15	17	16	20	21	22	14	16	15	11	14	16	12

行业	投入产出率排名												
	1996年	1997年	1998年	1999年	2000年	2001年	2002年	2003年	2004年	2005年	2006年	2007年	2008年
h_{18}	29	30	30	31	27	2	32	32	29	29	25	24	18
h_{19}	24	26	22	21	14	21	16	21	24	23	26	27	17
h_{20}	13	14	15	18	16	19	6	15	17	17	18	11	10
h_{21}	21	21	25	11	11	17	19	20	11	7	10	15	11
h_{22}	18	20	19	23	26	6	29	27	27	32	30	31	21
h_{23}	9	10	4	17	28	7	20	19	25	20	22	22	14
h_{24}	25	24	24	7	7	24	7	8	5	3	6	17	5
h_{25}	3	9	1	16	12	20	17	18	12	15	21	19	13
h_{26}	6	13	6	3	8	26	10	13	10	8	11	10	9
h_{27}	11	12	12	26	24	13	15	14	18	19	19	18	15
h_{28}	7	5	8	4	9	18	11	5	6	4	8	6	6
h_{29}	14	19	11	13	17	16	13	7	13	14	7	4	7
h_{30}	27	28	26	8	5	28	5	11	3	12	9	7	3
h_{31}	30	27	29	6	2	31	3	4	2	5	3	3	2
h_{32}	16	15	18	28	32	3	25	29	26	27	28	25	8
h_{33}	32	32	32	33	33	1	33	2	33	33	33	33	33

对我国大中型工业企业中各行业历年的专利申请量进行排序，可以发现各行业所处的位置基本一致，除2001年以外，专利投入产出率大致能以1998年作为分界线划分为两个阶段。剔除异常年份2001年，我们以 $z_i = \sum_{k=1996}^{1998} e^{\lambda(k-1996)} z_{ik}$（$i=1, 2, \cdots, 33$）和 $z'_i = \sum_{k=1999}^{2008} e^{\lambda(k-1999)} z_{ik}$（$i=1, 2, \cdots, 33$）分别计算出我国大中型工业企业1996～1998年和1999～2008年分行业专利申请量综合评价值，同时采用相同方法计算出投入产出率综合评价值，其中 $\lambda = \dfrac{1}{12}$ 作为时间贴现因子突出时间的作用，即体现出"厚今薄古"的思想，最终得出各类综合评价值及对应排序，如表3.18和表3.19所示。

表 3.18 我国分行业大中型工业企业专利申请量及投入产出率综合评价值

行业	1996～1998 年专利申请量综合评价值	1999～2008 年专利申请量综合评价值	1996～1998 年投入产出率综合评价值	1999～2008 年投入产出率综合评价值
煤炭开采和洗选业	0.405	0.464	38.562	4.973
石油和天然气开采业	1.214	1.456	31.886	26.791
农副食品加工业	0.234	0.377	1.466	8.474
食品制造业	0.546	1.573	50.686	44.612
饮料制造业	0.501	1.603	1.850	20.805
烟草制品业	0.043	0.220	7.990	4.032
纺织业	0.839	2.000	1.627	13.320
纺织服装、鞋、帽制造业	0.049	0.405	0.614	16.803
皮革、毛皮、羽毛（绒）及其制品业	0.056	0.146	7.213	12.938
木材加工及木、竹、藤、棕、草制品业	0.012	0.123	0.489	13.690
家具制造业	0.042	0.365	0.074	233.602
造纸及纸制品业	0.068	0.236	66.280	3.073
印刷业和记录媒介的复制	0.009	0.164	0.075	9.193
文教体育用品制造业	0.669	1.671	8.854	349.035
石油加工、炼焦及核燃料加工业	0.517	0.598	6.127	5.691
化学原料及化学制品制造业	0.679	2.950	8.778	8.977
医药制造业	0.755	3.027	4.656	18.242
化学纤维制造业	0.066	0.245	0.266	4.701
橡胶制品业	0.107	0.383	0.829	9.681
塑料制品业	0.325	0.872	6.292	21.753
非金属矿物制品业	0.584	1.95	1.165	22.014
黑色金属冶炼及压延加工业	1.062	2.15	2.418	4.369
有色金属冶炼及压延加工业	0.212	1.403	16.375	10.622
金属制品业	0.458	1.787	0.773	38.187
通用设备制造业	1.061	4.320	36.583	18.077
专用设备制造业	1.521	4.498	13.367	27.908
交通运输设备制造业	1.319	7.778	8.280	14.436
电气机械及器材制造业	3.268	13.295	12.248	33.450
通信设备、计算机及其他电子设备制造业	1.138	16.338	6.186	24.977
仪器仪表及文化、办公用机械制造业	0.392	1.721	0.637	39.621
工艺品及其他制造业	0.068	0.866	0.334	92.162
电力、热力的生产和供应业	0.213	0.556	4.200	8.291
水的生产和供应业	0.009	0.167	0.031	24.245

表 3.19 我国分行业大中型工业企业专利申请量及投入产出率综合评价值排序

行业	1996～1998 年 专利申请量综合 评价值排序	1999～2008 年 专利申请量综合 评价值排序	1996～1998 年 投入产出率综合 评价值排序	1999～2008 年 投入产出率综合 评价值排序
煤炭开采和洗选业	17	22	3	29
石油和天然气开采业	4	16	5	9
农副食品加工业	20	25	22	26
食品制造业	13	15	2	4
饮料制造业	15	14	20	14
烟草制品业	29	29	12	32
纺织业	8	9	21	20
纺织服装、鞋、帽制造业	28	23	27	17
皮革、毛皮、羽毛（绒）及其制品业	27	32	13	21
木材加工及木、竹、藤、棕、草制品业	31	33	28	19
家具制造业	30	26	32	2
造纸及纸制品业	25	28	1	33
印刷业和记录媒介的复制	32	31	31	24
文教体育用品制造业	11	13	9	1
石油加工、炼焦及核燃料加工业	14	20	16	28
化学原料及化学制品制造业	10	7	10	25
医药制造业	9	6	17	15
化学纤维制造业	26	27	30	30
橡胶制品业	23	24	24	23
塑料制品业	19	18	14	13
非金属矿物制品业	12	10	23	12
黑色金属冶炼及压延加工业	6	8	19	31
有色金属冶炼及压延加工业	22	17	6	22
金属制品业	16	11	25	6
通用设备制造业	7	5	4	16
专用设备制造业	2	4	7	8
交通运输设备制造业	3	3	11	18
电气机械及器材制造业	1	2	8	7
通信设备、计算机及其他电子设备制造业	5	1	15	10
仪器仪表及文化、办公用机械制造业	18	12	26	5
工艺品及其他制造业	24	19	29	3
电力、热力的生产和供应业	21	21	18	27
水的生产和供应业	33	30	33	11

将两阶段的专利申请量和专利投入产出率排序进行对比分析，大致可以将我国大中型工业企业 33 个行业划分为 6 组：①专利申请量排序及投入产出率排序均有所上升的行业；②专利申请量排序上升，但投入产出率排序下降的行业；③专利申请量排序未变，但投入产出率排序下降的行业；④专利申请量排序下降，但投入产出率排序上升的行业；⑤专利申请量排序及投入产出率排序均有所下降的行业；⑥专利申请量排序下降，但投入产出率排序未变的行业。结果如表 3.20 所示。

表 3.20　我国分行业大中型工业企业专利申请活动分类

行业	专利情况
饮料制造业	
纺织服装、鞋、帽制造业	
家具制造业	
印刷业和记录媒介的复制	
医药制造业	
塑料制品业	专利申请量排序及投入产出率排序均有所上升
非金属矿物制品业	
金属制品业	
通信设备、计算机及其他电子设备制造业	
仪器仪表及文化、办公用机械制造业	
工艺品及其他制造业	
水的生产和供应业	
纺织业	
木材加工及木、竹、藤、棕、草制品业	
文教体育用品制造业	专利申请量排序下降，但投入产出率排序上升
橡胶制品业	
电气机械及器材制造业	
化学原料及化学制品制造业	
有色金属冶炼及压延加工业	专利申请量排序上升，但投入产出率排序下降
通用设备制造业	
烟草制品业	
交通运输设备制造业	专利申请量排序未变，但投入产出率排序下降
电力、热力的生产和供应业	

续表

行业	专利情况
煤炭开采和洗选业	
石油和天然气开采业	
农副食品加工业	
食品制造业	
皮革、毛皮、羽毛（绒）及其制品业	专利申请量排序及投入产出率排序均有所下降
造纸及纸制品业	
石油加工、炼焦及核燃料加工业	
黑色金属冶炼及压延加工业	
专用设备制造业	
化学纤维制造业	专利申请量排序下降，但投入产出率排序未变

研究结果显示：

（1）在1996～1998年这一阶段，第一大类的12个行业无论是专利申请量还是投入产出率其排序均有进步，但我们发现其中9个行业的专利申请量排名本身就处于较为靠后的位置，同时它们的投入产出率排名优于专利申请量排名。因此，这些行业所面临的主要问题是如何在保证专利投入产出率稳定提高的前提下，采用有效措施刺激专利申请活动，使得行业专利活动得到长足发展。而医药制造业、非金属矿物制品业和通信设备、计算机及其他电子设备制造业这3个行业本身的专利申请量较多，但专利的投入产出率亟待提高，尤其作为高技术产业的通信设备、计算机及其他电子设备制造业以及医药制造业，专利申请量排名分别为第5和第9名，而专利投入产出率却排在第15和第17的位置，尽管其投入产出率排名有所上升，但加强科技经费的有效管理，提高科技效率是这类行业迫切需要解决的问题。

（2）与第一阶段相比，第二大类的5个行业在第二阶段投入产出率有所提高，但其专利申请量的发展却不尽如人意，因此其工作的侧重点应当是有效刺激专利申请活动。另外，从表3.19中还可以看出纺织业和电器机械及器材制造业的投入产出率仍然落后于专利申请活动的步伐，因此，这两个行业还需继续加大其专利投入产出率提高的幅度，使其与专利申请活动相适应。

（3）1999 ～ 2008 年，化学原料及化学制品制造业、有色金属冶炼及压延加工业和通用设备制造业这三个行业的专利申请活动的进步较为明显，而其投入产出率的发展则相对较弱，最终使得这三个行业的专利投入产出率排序明显落后于专利申请量排序。因此，提高投入产出率是这三个行业所要解决的关键问题。

（4）第四大类中的 3 个行业专利申请量排序并无变化，但其投入产出率的排序均有下降，尤其是交通运输设备制造业，其专利申请量排名第 3，而其专利投入产出率却分别处于第 11 和第 18 的位置。因此，烟草制品业、交通运输设备制造业和电力、热力的生产和供应业所要解决的关键问题是提高科技经费投入的利用率。

（5）与前一阶段进行比较之后发现，第五大类中的 9 个行业无论是专利申请量还是投入产出率发展均相对落后，因此，这 9 个行业对于专利申请量和专利的投入产出率要实行两手抓的策略。

（6）化学纤维制造业的工作重点本来应当是刺激专利申请活动，但是从表 3.19 可以看出，不仅申请量排序有所下降，第二阶段该行业投入产出率排序还是落后于专利申请量排序。因此，在增加专利申请量的同时，有效地利用专利经费投入也是化学纤维制造业所要解决的关键问题。

3.4.4　高技术产业专利申请量影响因素分析

高技术产业作为知识密集、技术密集的经济实体，其专利申请活动受到了越来越多的关注，为此，本书以高技术产业为研究对象，对高技术产业总体以及医药制造业、航空航天器制造业、电子及通信设备制造业、电子计算机及办公设备制造业、医疗设备及仪器仪表制造业等专利申请活动进行了研究。为了计算简便，设定高技术产业专利申请量为 Y，其 7 个特征指标 R&D 人员全时当量、R&D 经费内部支出、新产品开发经费支出、技术引进经费支出、消化吸收经费支出、购买国内技术经费支出及技术改造经费支出分别用 x_1、x_2、x_3、x_4、x_5、x_6、x_7 表示。

1. 高技术产业专利申请量影响因素的灰色关联分析

通过灰色关联分析，本书得出高技术产业总体及分行业专利申请量与特征指标之间的灰色关联度，如表 3.21 所示。

表 3.21　高技术产业总体及分行业专利申请量与特征指标之间的灰色关联度

行业	滞后期	R&D 人员全时当量	R&D 经费内部支出	新产品开发经费支出	技术引进经费支出	消化吸收经费支出	购买国内技术经费支出	技术改造经费支出
高技术产业总体	无滞后期	0.5581	0.8364	0.7089	0.5535	0.5855	0.5386	0.5389
	滞后 1 期	0.5433	0.7367	0.6433	0.5439	0.5675	0.5289	0.5305
	滞后 2 期	0.5480	0.7456	0.6446	0.5506	0.5764	0.5324	0.5350
	滞后 3 期	0.5617	0.7902	0.6666	0.5662	0.5999	0.5419	0.5463
	滞后 4 期	0.5728	0.8092	0.6727	0.5804	0.6041	0.5487	0.5561
医药制造业	无滞后期	0.6755	0.8997	0.9108	0.6089	0.9120	0.9487	0.6211
	滞后 1 期	0.5874	0.7956	0.7807	0.5613	0.7119	0.7365	0.5661
	滞后 2 期	0.6136	0.8590	0.8336	0.5875	0.7659	0.8174	0.5917
	滞后 3 期	0.6047	0.8025	0.7741	0.5883	0.7280	0.7995	0.5884
	滞后 4 期	0.5938	0.7451	0.7153	0.5847	0.6812	0.7660	0.5812
航空航天器制造业	无滞后期	0.6666	0.9966	0.8276	0.6333	0.6096	0.9078	0.7868
	滞后 1 期	0.6180	0.8078	0.6979	0.5963	0.6846	0.7790	0.6923
	滞后 2 期	0.6291	0.7947	0.6902	0.6089	0.6647	0.7969	0.6944
	滞后 3 期	0.6683	0.8434	0.7204	0.6445	0.6253	0.8448	0.7330
	滞后 4 期	0.6346	0.7493	0.6580	0.6172	0.6510	0.7407	0.6742
电子及通信设备制造业	无滞后期	0.5397	0.7646	0.6220	0.5214	0.5253	0.5054	0.5143
	滞后 1 期	0.5450	0.7951	0.6322	0.5274	0.5330	0.5060	0.5177
	滞后 2 期	0.5434	0.7806	0.6214	0.5283	0.5356	0.5059	0.5184
	滞后 3 期	0.5695	0.9322	0.6800	0.5474	0.5625	0.5095	0.5319
	滞后 4 期	0.5900	0.9762	0.7100	0.5650	0.5709	0.5123	0.5448
电子计算机及办公设备制造业	无滞后期	0.5377	0.7307	0.6121	0.6271	0.5864	0.5383	0.5133
	滞后 1 期	0.5742	0.9467	0.7138	0.7961	0.6763	0.5697	0.5275
	滞后 2 期	0.5698	0.9100	0.6927	0.8138	0.6495	0.5618	0.5284
	滞后 3 期	0.6300	0.8476	0.8469	0.8893	0.7846	0.6245	0.5585
	滞后 4 期	0.6749	0.7768	0.9449	0.7577	0.9201	0.6856	0.5855

续表

行业	滞后期	R&D 人员全时当量	R&D 经费内部支出	新产品开发经费支出	技术引进经费支出	消化吸收经费支出	购买国内技术经费支出	技术改造经费支出
医疗设备及仪器仪表制造业	无滞后期	0.5596	0.8437	0.6575	0.5313	0.5917	0.6109	0.5573
	滞后 1 期	0.5409	0.7023	0.5897	0.5220	0.5613	0.5730	0.5409
	滞后 2 期	0.5458	0.6961	0.5850	0.5240	0.5580	0.5807	0.5446
	滞后 3 期	0.5534	0.6962	0.5829	0.5290	0.5598	0.5955	0.5484
	滞后 4 期	0.5750	0.7345	0.5996	0.5444	0.5806	0.6313	0.5630

分析结果如下:

(1)R&D 人员全时当量对医药制造业专利申请量的影响无滞后期,对其他行业的影响则具有较长的滞后期。

(2)科技经费投入中的两个特征指标,仅对电子及通信设备制造业和电子计算机及办公设备制造业专利申请量的影响有滞后期,对其他行业专利申请量的影响均无滞后期。

(3)技术引进经费支出仅对医药制造业专利申请量的影响无滞后期,对其他行业影响的滞后期均在 3 年及以上。

(4)消化吸收经费支出对医药制造业和医疗设备及仪器仪表制造业专利申请量的影响无滞后期。

(5)购买国内技术经费支出和技术改造经费支出两个特征指标,对于不同行业的影响具有相同的滞后期,其中对于医药制造业和航空航天器制造业的影响不存在滞后期。

2. 高技术产业专利申请量影响因素的多元线性回归分析

分别对高技术产业总体、医药制造业、航空航天器制造业、电子及通信设备制造业、电子计算机及办公设备制造业,以及医疗设备及仪器仪表制造业的专利申请总量与 7 个特征指标之间进行多元线性回归分析,根据计算结果,得出特征指标对应于分行业专利申请量的回归系数,如表 3.22 所示。

表 3.22 高技术产业总体及分行业专利申请量与特征指标的回归分析结果

特征指标	行业	无滞后期	滞后 1 期	滞后 3 期	滞后 4 期
R&D 人员全时当量	航空航天器制造业			10.009 6	
	电子及通信设备制造业			0.555 7	
R&D 经费内部支出	电子计算机及办公设备制造业		-0.032 3		
新产品开发经费支出	高技术产业总体	0.007 7			
	医药制造业	0.005 1			
	航空航天器制造业	0.002 4			
	电子计算机及办公设备制造业				0.044 9
	医疗设备及仪器仪表制造业	0.010 8			
技术引进经费支出	电子计算机及办公设备制造业			0.035 1	
	医疗设备及仪器仪表制造业				-0.018 9
消化吸收经费支出	航空航天器制造业		0.091 1		
	电子计算机及办公设备制造业				-0.233 4
	医疗设备及仪器仪表制造业	-0.087 2			
购买国内技术经费支出	电子及通信设备制造业				0.191 4
	电子计算机及办公设备制造业				2.789 1
技术改造经费支出	高技术产业总体		-0.010 1		

上述回归的拟合度分别为 99.15%、97.17%、98.11%、97.47%、99.24%、99.16% 和 99.10%，模型拟合均非常好，分析表 3.22，得出结论如下：

（1）R&D 人员全时当量仅与航空航天器制造业和电子及通信设备制造业的专利申请量呈正相关关系。

（2）R&D 经费内部支出与电子计算机及办公设备制造业呈负相关关系。

（3）新产品开发经费支出与我国高技术产业总体专利申请量呈正相关关系，并与医药制造业、航空航天器制造业、电子计算机及办公设备制造业和医疗设备及仪器仪表制造业专利申请量呈正相关关系。

（4）技术引进经费支出与电子计算机及办公设备制造业的专利申请量呈正相关关系，与医疗设备及仪器仪表制造业专利申请量呈负相关关系；而消化吸收经费支出与航空航天器制造业专利申请量呈正相关关系，与电子计算机及办公设备制造业、医疗设备及仪器仪表制造业专利申请量呈负相关关系。

（5）购买国内技术经费支出与电子及通信设备制造业和电子计算机及办公

设备制造业专利申请量呈正相关关系。

（6）技术改造经费支出与高技术产业总体专利申请量呈负相关关系。

3.4.5 教育部直属高等院校专利申请量影响因素分析

截至 2014 年，我国有 988 所高校的专利统计数据被收录在教育部发布的《高等学校科技统计资料汇编》当中，其中教育部直属高校为 64 所，仅占全部高校的 6.5%，而其发明专利申请量占高校发明专利申请量的 52.2%，实用新型专利申请量则占高校实用新型专利申请量的 31.8%。就历史数据而言，1995 ~ 2009 年，教育部直属高校所占比例平均为 7.7%，而其发明和实用新型专利所占比例平均分别为 59.2% 和 39.4%，因此，选择教育部直属高等院校作为研究对象对其专利申请量的影响因素进行分析具有代表性。为了叙述简便，记科技活动人员、R&D 全时人员、学校科技（R&D）经费内部支出、R&D 机构数、R&D 机构人员、课题支出经费、基础支出经费、应用支出经费、试验发展支出经费、技术转让合同额、专著、学术论文等 12 个特征指标为 $x_1, x_2, \cdots, x_{12}$，记发明专利申请量与实用新型专利申请量分别为 Y_1 和 Y_2。

1. 教育部直属高等院校专利申请量影响因素的灰色关联分析

通过灰色关联分析，得出教育部直属高等院校发明和实用新型专利申请量与各项特征指标之间的灰色关联度，如表 3.23 所示。

表 3.23　发明和实用新型专利申请量与特征指标之间的灰色关联度

特征指标	发明专利申请量					实用新型专利申请量				
	无滞后期	滞后 1 期	滞后 2 期	滞后 3 期	滞后 4 期	无滞后期	滞后 1 期	滞后 2 期	滞后 3 期	滞后 4 期
x_1	0.5604	0.5554	0.5516	0.5689	0.5748	0.8331	0.7362	0.7335	0.7019	0.7006
x_2	0.5483	0.5442	0.5413	0.5555	0.5606	0.7664	0.6884	0.6869	0.6627	0.6626
x_3	0.7277	0.6894	0.6601	0.6947	0.6907	0.6991	0.8097	0.8452	0.9383	0.9891
x_4	0.6882	0.6716	0.6603	0.7158	0.7371	0.7410	0.8419	0.8449	0.8953	0.8933
x_5	0.5963	0.5865	0.5793	0.6046	0.6122	0.9710	0.8687	0.8588	0.8065	0.8008
x_6	0.7015	0.6658	0.6403	0.6717	0.6695	0.7250	0.8538	0.8941	0.9970	0.9544
x_7	0.8330	0.7613	0.7088	0.7399	0.7268	0.6362	0.7246	0.7647	0.8557	0.9112

续表

特征指标	发明专利申请量					实用新型专利申请量				
	无滞后期	滞后1期	滞后2期	滞后3期	滞后4期	无滞后期	滞后1期	滞后2期	滞后3期	滞后4期
x_8	0.6865	0.6631	0.6502	0.6861	0.6872	0.7431	0.8596	0.8681	0.9585	0.9981
x_9	0.6315	0.6116	0.5981	0.6236	0.6216	0.8447	0.9754	0.9437	0.8621	0.8260
x_{10}	0.6895	0.6679	0.6552	0.7079	0.7294	0.7393	0.8495	0.8562	0.9103	0.9065
x_{11}	0.5768	0.5709	0.5667	0.5900	0.5988	0.9236	0.8022	0.8015	0.7639	0.7650
x_{12}	0.5896	0.5784	0.5691	0.5869	0.5886	0.9938	0.8341	0.8127	0.7546	0.7376

综合分析表3.23，得出结论如下：

（1）科技活动人员、R&D全时人员、R&D机构数、R&D机构人员、应用支出经费、技术转让合同额及专著等7个特征指标与我国高校发明专利申请量的滞后期均为4年，而其余特征指标与发明专利申请量之间无滞后期。

（2）科技活动人员、R&D全时人员、R&D机构人员、试验发展支出经费、专著及学术论文等特征指标与我国高校实用新型专利申请量之间无滞后期，而其余特征指标对其影响均具有3年及以上的滞后期。

2. 教育部直属高等院校专利申请量影响因素的多元线性回归分析

将教育部直属高等院校发明专利和实用新型专利申请量与12个特征指标之间利用EViews 6.0进行多元线性回归分析，得出发明与实用新型专利申请量与特征指标之间的多元线性回归模型，如下

$$Y_1 = -5214.595 - 7.112\,03 \cdot x_{4(-4)} + 0.441\,71 \cdot x_{5(-4)} + 0.004\,042 \cdot x_9 + 1.771\,271 \cdot x_{11(-4)}$$

$$(417.726\,2)\quad(1.287\,606)\quad(0.100\,041)\quad(0.000\,358)\quad(0.241\,753)$$

在多元线性回归模型中，$R^2 \approx 0.996$，说明这4个特征指标可以解释约99.6%的高等院校发明专利申请量的变动情况。

$$Y_2 = 0.010\,133 \cdot x_2 + 0.000\,209 \cdot x_{3(-4)} + 0.021\,308 \cdot x_5 + 0.000\,549 \cdot x_{10(-3)} - 0.008\,846 \cdot x_{12}$$

$$(0.004\,687)\quad(1.88 \times 10^{-0.5})\quad(0.007\,569)\quad(9.74 \times 10^{-0.5})\quad(0.002\,161)$$

在多元线性回归模型中，$R^2 \approx 0.9998$，说明高等院校约99.98%的实用新型专利申请量的变动情况可以由这5个特征指标解释。两个多元线性回归模型的拟合效果都非常好。

分析模型得出结论如下：

（1）研发机构人员、试验发展支出经费及专著与我国高等院校发明专利申请量呈显著正相关关系。

（2）R&D 全时人员、学校科技（R&D）经费内部支出、R&D 机构人员及技术转让合同额与我国高校实用新型专利申请量呈正相关关系，而学术论文与我国高校实用新型专利申请量呈负相关关系。

3.5　我国专利申请量预测研究

为了提高我国专利申请审查与管理水平，促进专利申请活动的有效进行，有必要对我国发明专利申请总量、实用新型专利申请总量、国内发明专利申请量和国内实用新型专利申请量等专利申请数据的发展趋势做出分析、判断和推测，从而为国家知识产权管理部门高效、准确、适当地确定专利审查员数量及控制专利审查周期提供依据，为国家制定知识产权规划等宏观决策与管理工作提供参考。

本书首先在相关研究的基础上，使用时间序列方法对我国 2011～2015 年的发明专利申请总量、实用新型专利申请总量、国内发明专利申请量和国内实用新型专利申请量进行预测，并得到相应的预测数值；然后利用多元线性回归法构建出多个特征指标与国内发明专利申请量及国内实用新型专利申请量之间的数学模型，从而得出 2012～2014 年的国内发明专利申请量与国内实用新型专利申请量的预测数据。

3.5.1　基于时间序列方法的预测

时间序列分析的基本思想是将一系列随时间变化的数据看作若干个波的叠加，将变化规律不同的波进行拆分并加以识别，分别建立数学模型进行描述，从而进行预测，其基本分解式为 $Y=T+C+S+E$。其中，Y 是被预测的时间序列数据，T 表示其变化的长期趋势项，C 表示循环变动项，S 表示季节变动项，E 则表示偶发事件的随机干扰项。

1991～2009 年，我国发明专利申请总量、我国实用新型专利申请总量、国内发明专利申请量、国内实用新型专利申请量的时间曲线未表现出波动趋势，对于不含波动趋势项的预测方法可采用趋势分析法，即使用线性模型或简单非线性模型进行拟合检验。选用 SPSS 对这 19 年的数据进行指数、线性函数和二次、三次多项式曲线拟合，以模型的拟合优度为指标，选择合适的趋势项函数，模型拟合过程中得到拟合优度，如表 3.24 所示。

表 3.24　趋势分析法中各拟合函数的拟合优度

所选函数	指数	线性函数	二次多项式	三次多项式
我国发明专利申请量拟合优度	0.989	0.827	0.991	0.996
我国实用新型专利申请量拟合优度	0.928	0.718	0.936	0.981
国内发明专利申请量拟合优度	0.947	0.74	0.977	0.999
国内实用新型专利申请量拟合优度	0.928	0.716	0.936	0.981

根据表 3.24 所给出的拟合优度值，在实际预测中将选用三次多项式为趋势项函数，并得到 2011～2015 年我国各类型专利申请量预测值，如表 3.25 所示。

表 3.25　趋势分析模型对各类型专利申请量的预测结果　　　　　单位：件

年份	我国发明专利申请量预测值	我国实用新型专利申请量预测值	国内发明专利申请量预测值	国内实用新型专利申请量预测值
2011	451 313	459 043	347 873	456 474
2012	520 303	549 649	415 040	546 811
2013	596 234	652 970	490 604	649 850
2014	679 440	769 843	575 059	766 428
2015	770 253	901 107	668 898	897 384

3.5.2　基于多元线性回归法的预测

前文分析了国内专利申请量增长的六类影响因素，在确定了全部影响因素的 17 个特征指标之后，通过灰色关联分析法确定了不同特征指标对国内发明专利申请量和国内实用新型专利申请量影响的滞后期，最后采用多元线性回归法确定特征指标与不同类型专利申请量之间的多元线性回归模型。在回归过程中发现各个特征指标与国内发明专利申请量及实用新型专利申请量之间存在较强的线性关系，即可以用特征指标的线性组合来表征我国国内发明专利申请量与国内实用新型专利申请量，同时，不同特征指标对这两类专利申请量的影响均存在滞后期，因此，可以利用多元线性回归模型对我国未来的专利申请量进行多元回归预测。为了提高多元线性回归模型的拟合度，选用全部特征指标与国内发明专利申请量、国内实用新型专利申请量进行多元线性回归，通过 EViews 6.0 的计算，分别得到拟合度超过 99.9% 的国内发明专利申请量和国内实用新型专利申请量的多元线性回归模型，如下

$$Y_1 = 59\,082.93 - 3.1683 \cdot x_{1(-2)} + 116.021\,6 \cdot x_{4(-3)} + 0.008\,176 \cdot x_{8(-3)}$$
$$\quad - 0.008\,447 \cdot x_{13(-2)} + 71.231\,93 \cdot x_{16(-4)} - 96.544\,48 \cdot x_{17(-2)}$$

$$Y_2 = 110\,329 - 68.957 \cdot x_{2(-1)} - 0.001\,7 \cdot x_{3(-4)} + 284.845 \cdot x_{4(-4)}$$
$$\quad + 0.006\,44 \cdot x_{5(-4)} + 0.058\,64 \cdot x_{6(-2)} - 919.03 \cdot x_{7(-2)} + 0.043\,22 \cdot x_{9(-4)}$$
$$\quad + 0.056\,98 \cdot x_{10(-4)} - 0.093\,3 \cdot x_{11(-4)} + 0.007\,62 \cdot x_{12(-4)} + 0.006\,16 \cdot x_{13(-4)}$$
$$\quad - 121.49 \cdot x_{14(-4)} + 1\,107.484 \cdot x_{15(-4)} + 74.494\,1 \cdot x_{16(-4)}$$

根据本小节上面两个公式预测我国 2011 年国内发明专利申请量与国内实用新型专利申请量，得到预测值分别为 418 627 件和 579 159 件，而实际的申请量分别为 415 829 件和 581 303 件，误差率仅分别为 0.67% 和 0.37%。利用上述两式估计我国 2001 ～ 2011 年共 11 年的国内发明专利与国内实用新型专利申请量，得出的结论如表 3.26 所示。

表 3.26　国内发明专利申请量和国内实用新型专利申请量的模型估计及误差计算结果

年份	国内发明专利实际申请量/件	国内发明专利申请量估计值/件	国内实用新型专利实际申请量/件	国内实用新型专利申请量估计值/件	国内发明专利误差	国内实用新型专利误差
2001	30 038	28 347	79 275	79 282	−0.056 295	8.83×10^{-5}
2002	39 806	38 190	92 166	92 169	−0.040 597	3.25×10^{-5}
2003	56 769	58 896	107 842	107 846	0.037 468	3.71×10^{-5}
2004	65 786	68 450	111 578	115 826	0.040 495	9.00×10^{-5}
2005	93 485	93 931	138 085	138 093	0.004 771	5.79×10^{-5}
2006	122 318	120 105	159 997	160 005	−0.018 092	5.00×10^{-5}
2007	153 060	153 968	179 999	180 007	0.005 932	4.44×10^{-5}
2008	194 579	189 777	223 945	223 956	−0.024 679	4.91×10^{-5}
2009	229 096	231 132	308 861	308 875	0.008 887	4.53×10^{-5}

年份	国内发明专利实际申请量/件	国内发明专利申请量估计值/件	国内实用新型专利实际申请量/件	国内实用新型专利申请量估计值/件	国内发明专利误差	国内实用新型专利误差
2010	293 066	293 971	407 238	407 254	0.003 088	3.93×10^{-5}
2011	415 829	418 627	581 303	579 159	0.006 729	3.69×10^{-3}

　　从表3.26可以看出，利用该回归模型得到的两类专利申请量的估计值与实际申请量基本吻合，国内发明专利申请量估计值的误差在6%以内，而国内实用新型专利申请量估计值的误差则保持在1%以内，因此，该模型能够很好地利用特征指标预测我国国内两种专利申请量，由于滞后期的原因和特征指标数据的可获得性，该模型仅能对未来2年的国内发明专利申请量和未来1年的国内实用新型专利申请量进行准确预测。

第 **4** 章

我国专利申请量增长的政策与环境影响因素分析

我国专利申请量增长是在改革开放以来特定的经济社会发展环境下产生的，不同时期、不同地域及不同类型的专利申请量增长呈现出不同特点。从宏观角度看，专利申请量增长除了与前面所述的科技经济影响因素有关外，还受到政策与环境因素的影响。通过文献研究、案例研究和专家咨询，本书确定了专利申请量增长的政策和环境影响因素，主要包括九个方面：专利制度改革、专利资助政策、高新技术企业认定、知识产权试点示范、政府科技计划知识产权管理、专利权质押融资、专利中介服务体系、专利审查管理及专利保护环境等。

本章主要进行三个方面的研究：①系统梳理促进专利申请量增长的相关政策和环境影响因素；②通过实证研究，分析和检验相关政策和环境影响因素对专利申请量增长的实际效果；③分析并提出相关政策和环境影响因素存在的不足和问题。

4.1 专利制度改革对专利申请量增长的影响

专利制度是知识产权制度的核心，对于保护和激励创新具有重要意义。

国内外学者对专利制度的研究大多支持专利制度促进专利申请量增长的观点（Kortum and Lerner, 1999; Hall et al., 2004），并认为专利制度变革中专利保护力度的加大对专利申请的促进作用明显，如黎峰（2006）研究发现，我国专利保护程度每提高 1%，将使我国专利产出量提高 0.93%。专利制度改革的核心就是《专利法》的修改，其对专利申请量增长会产生广泛而深刻的影响。

4.1.1 我国《专利法》修改的特征分析

1. 三次《专利法》修改的进步

1984 年我国首次颁布了《中华人民共和国专利法》，并分别于 1992 年、2000 年、2008 年进行了三次修改。1992 年的修改，是在中美知识产权谈判之后，根据双方达成的协议而进行的修改；2000 年的修改，则是我国为了加入 WTO，根据 WTO 有关知识产权保护的协议要求进行的修改；2008 年的第三次修改，则是在完全没有外部压力的情况下，根据我国的具体国情和客观需要进行的主动修改（表 4.1）。

表 4.1 我国三次《专利法》修改主要内容对比

时间	背景	与专利申请量增长相关的主要内容
1984 年首次立法	计划经济向市场经济过渡	①初步建立专利保护制度；②三种类型专利共同保护
1992 年第一次修改	中美知识产权谈判	①扩大专利保护的范围（食品、饮料和调味品、药品和用化学方法获得的物质可获得授权）；②延长了专利保护期限（发明专利至 20 年，实用新型和外观设计至 15 年）；③增加对专利产品进口的保护（未经专利权人许可，不得为生产经营目的的进口其专利产品）；④将对方法专利的保护延伸到依该方法直接获得的产品；⑤增设本国优先权
2000 年第二次修改	加入 WTO	①进一步完善专利保护制度（取消全民所有制单位对专利权"持有"的规定；增加不经专利权人许可，他人不得"许诺销售"其专利产品）规定；②明确规定侵权赔偿的计算方式（按照权利人在被侵权期间因被侵权所受到的损失或者侵权人在侵权期间因侵权所获得的利益确定赔偿额）
2008 年第三次修改	提高自主创新能力，建设创新型国家	①完善专利授权条件，提高审查标准（由"相对新颖性标准"到"绝对新颖性标准"）；②取消对涉外专利代理机构的指定；③保护力度加大（侵犯专利权的赔偿应当包括权利人维权的成本；假冒他人专利的罚款数额从违法所得的 3 倍提高到 4 倍；没有违法所得的，将罚款数额从 5 万元提高到 20 万元，并将冒充专利行为的罚款数额从 5 万元提高到 20 万元）

从表 4.1 中可以看出，第一次《专利法》修改主要是扩大了专利保护的技术领域范围，延长了专利保护的期限，增加了对专利产品出口的保护；第二次《专利法》修改进一步完善了专利保护制度，取消了全民所有制单位对专利权"持有"的规定，明确了专利侵权赔偿的计算方式；第三次《专利法》修改主要是提高了专利审查标准，引入绝对新颖性指标，同时加大了对专利侵权的处罚力度。通过三次《专利法》的修改，我国缩小了与发达国家专利制度的差距，专利保护环境不断改善，保护力度不断加强，专利审查管理能力也不断提高，这些改进都有利于我国专利申请量的增长和专利质量的提升。

2. 专利奖酬制度的改进

所谓专利奖酬制度，是指《专利法》及其实施细则、地方政府政策法规规定的对职务发明创造的发明人或者设计人进行奖励和在专利权实施后（分为直接实施和转让或许可专利权两种情形），根据一定比例和方式提取的报酬，即"一奖两酬"。"一奖两酬"制度的实施有助于提高职务发明人发明创造的积极性，保护发明人的合法权益，进而促进专利申请量的增长。

1）《专利法》及其实施细则规定的"一奖两酬"制度

1984 年出台的《专利法》第十六条规定："专利权的所有单位或者持有单位应当对职务发明创造的发明人或者设计人给予奖励；发明创造专利实施后，根据其推广应用的范围和取得的经济效益，对发明人或者设计人给予奖励。"这是我国最早明确提出对专利发明人或者设计人要实行奖励政策。随着我国《专利法》及其实施细则的三次修改和完善，专利奖酬制度有了较大改进，主要体现在以下三个方面。

（1）职务发明创造专利奖金的标准不断提高。如图 4.1 所示，自 1985 年以来，《专利法》及其实施细则规定的职务发明人奖金最低标准提高明显。对于一项授权专利，发明专利奖金的最低标准由 200 元提高到了 3000 元；实用新型和外观设计专利奖金的最低标准由 50 元提高到了 1000 元。这种变化适应了经济社会发展的需要，体现了对发明人发明创造的鼓励。

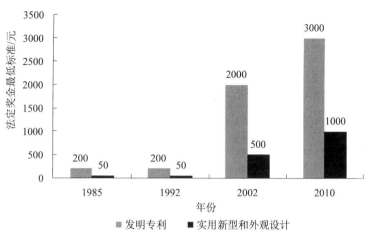

图 4.1 不同时期职务发明人法定奖金的最低标准

（2）职务发明创造专利报酬提取率不断提高。如表 4.2 所示，自 1985 年以来，《专利法》及其实施细则规定的职务发明人在其发明专利实施或转让许可后的报酬提取率也不断提高；报酬计算基准也有所提高，由原来的税后利润改为营业利润，由原来的税后使用费改为使用费。对于自行实施专利的情形，发明或者实用新型专利的报酬提取率由税后利润的 0.5%～2% 提高至不低于营业利润的 2%；外观设计专利的报酬提取率由税后利润的 0.05%～0.2% 提高至不低于营业利润的 0.2%。对于转让或许可专利权情形，报酬提取率一律由税后使用费的 5%～10% 提高至不低于使用费的 10%。

表 4.2 不同时期职务发明人的法定报酬提取率

| 年份 | 自行实施发明创造专利情形 | | 转让或许可专利权情形 |
	发明或实用新型专利	外观设计专利	
1985	0.5%～2% 的税后利润	0.05%～0.2% 的税后利润	5%～10% 的税后使用费
1992	0.5%～2% 的税后利润	0.05%～0.2% 的税后利润	5%～10% 的税后使用费
2002	不低于 2% 的税后利润	不低于 0.2% 的税后利润	不低于 10% 的税后使用费
2010	不低于 2% 的营业利润	不低于 0.2% 的营业利润	不低于 10% 的使用费

（3）允许单位与发明人、设计人约定奖励报酬。对于职务发明创造的奖励和报酬，早期的《专利法》与《中华人民共和国专利法实施细则》（简称《专利

法实施细则》）虽然做了较为明确的规定，但不够灵活，未能允分体现市场主体的经营自主权。2009 年修改后的《专利法实施细则》第七十六条第一款规定，被授予专利权的单位可以与发明人、设计人就奖励、报酬的具体内容通过约定或者单位依法制定的规章制度加以明确。此外，早期的相关条款适用范围仅限于国有企事业单位，对于其他类型单位仅仅是参照适用，2009 年修改后的职务发明创造奖酬规定统一适用于各种所有制单位，扩大了对职务发明人的保护范围。

2）地方政府关于"一奖两酬"的规定

除了国家层面的立法规定，地方政府也非常重视对职务发明创造的鼓励，出台了对职务发明创造"一奖两酬"的指导性意见或管理办法。

统计发现，截止到 2011 年底，全国至少有 7 个省级行政区对"一奖两酬"做了详细规定，并且其关于奖金和报酬提取率的规定比《专利法》和《专利法实施细则》更详细，最低标准也普遍高于国家规定的最低标准。例如，四川省知识产权局于 2003 年专门出台的《关于鼓励职务发明创造推动专利技术向现实生产力转化的实施意见》，规定专利权所有单位在实施专利后支付给职务发明人的报酬最高可达转化收益的 50%，由职务发明人自行开发、自行实施职务专利转化的，发明人可按不低于 65% 的比例享受转化后的收益，这是我国省级政府层面规定的最高报酬提取率。上海市于 2007 年出台了《上海市发明创造的权利归属与职务奖酬实施办法》，明确规定了支付职务发明创造的报酬数额和方式。

从图 4.2 可以看出，除上海外，山西、湖南和云南地区对获得发明专利授权的职务发明人奖励的最低标准均不低于国家标准，同时，对获得实用新型专利授权的职务发明人奖励的最低标准也不低于国家标准。从图 4.3 可以看出，除上海对职务发明创造的转让费、许可使用费可提取比例较高（不低于 30%）外，其他地区对职务发明人最低报酬提取率的规定相同，且均高于国家标准。对于自行实施发明或实用新型专利，报酬提取率基本维持在不低于 5%；对于自行实施外观设计专利，报酬提取率基本维持在不低于 1%（云南为 0.5%）；对于转让或许可的专利，报酬提取率基本维持在不低于 20%。整体来看，各有关地区的最低报酬提取率都明显高于国家标准。

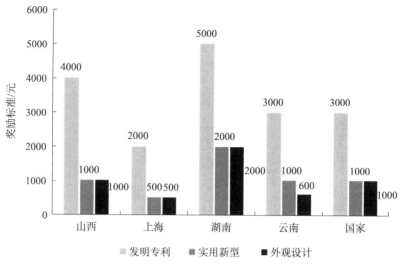

图 4.2　国家及不同地区对职务发明人奖励金额

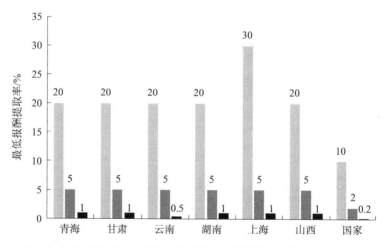

图 4.3　国家及不同地区职务发明人最低报酬提取率

　　总之，我国从国家到地方都出台了明确的专利奖酬的指导性法律、法规或政策，为产学研等创新主体制定和实施对发明人的奖酬制度提供了法律法规或政策依据，有助于营造良好的鼓励和激励发明创造的环境。

4.1.2 《专利法》修改对专利申请量增长影响的实证分析

1.《专利法》修改与我国发明专利申请量增长的关系分析

专利制度的改革和完善对于专利申请量增长的影响，可以从历年发明专利申请量增长趋势看出。图 4.4 显示，1985 ~ 1991 年，我国发明专利申请量较少，年均增长率为 5.3%；1992 ~ 1999 年，发明专利申请量年均增长率达到 16.5%，这一时期的专利申请量也不多；2000 ~ 2007 年的发明专利申请量年均增长率高达 27%，专利申请量较多；2008 ~ 2011 年的发明专利申请量年均增长率有所降低，大致为 21.4%。可以看出，上述四个阶段的专利申请量增长趋势大致对应了三次《专利法》修改过程，2008 年之后，发明专利申请量增长速度的放缓也正好对应《专利法》修改后专利审查标准的提高。

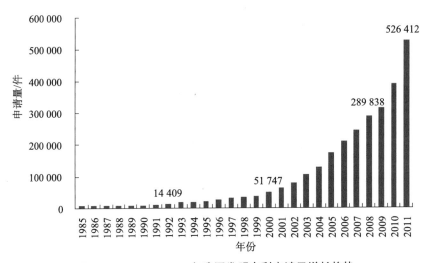

图 4.4　1985 ~ 2011 年我国发明专利申请量增长趋势

进一步将三次《专利法》修改前后 4 年发明专利申请量的平均增长速度进行对比，结果如图 4.5 所示[①]。可以看出，前两次《专利法》修改之后，我国发明专利申请量增长速度有明显提高，这与专利保护范围的扩大、保护期限的延长及保护力度的提高有关；第三次《专利法》修改后，我国发明专利申请量增长速度

①　此处选择前后 4 年时间，主要考虑到：专利制度对专利申请量增长的影响可能存在一定滞后效应；三次《专利法》修改时间刚好都间隔 8 年。

有所下降，这与提高专利审查标准有关。

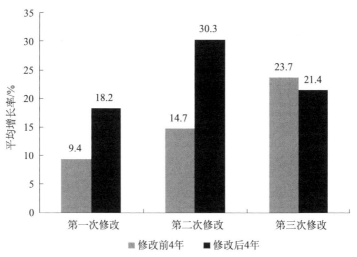

图 4.5　三次《专利法》修改前后 4 年发明专利申请量平均增长率

2.《专利法》修改与地区专利申请量增长的关系分析

本书分析了 1990 年以来各地区（西藏、海南及港澳台除外）专利申请量增长率最大值时间与《专利法》修订时间（1992 年、2000 年和 2008 年）之间的关系[①]。为方便计算，定义变量如表 4.3 所示。

表 4.3　定义变量

变量	含义
t_i	表示 i 地区专利申请量增长率最大值对应时间
p_j	表示第 j 次《专利法》修改时间（j=1，2，3）

进一步地，定义距离函数

$$d_{ij} = \begin{cases} \infty, & t_i < p_j \\ t_i - p_j, & t_i \geqslant p_j \end{cases}$$

其中，d_{ij} 表示 i 地区专利申请增长率最大值时间与第 j 次《专利法》修改时间之间的距离，d_{ij} 越小则表明《专利法》修改与专利申请量增长越相关，反之，则越

---

① 1985 年为我国专利事业发展初期，专利变化波动较大，在此处不利于分析。

不相关。那么，最终可以用函数 $D_i=\min(d_{ij})$ 来表明《专利法》修改对于某地区专利申请量增长的作用。经计算，结果如表 4.4 所示。

表 4.4 专利申请量增长率最大值时间与《专利法》修改时间的关系

序号	地区	t_i	d_{i1}	d_{i2}	d_{i3}	D_i
1	北京	2000 年	8	0	∞	0
2	上海	2000 年	8	0	∞	0
3	天津	2002 年	10	2	∞	2
4	河北	1991 年	∞	∞	∞	∞
5	山西	2008 年	16	8	0	8
6	内蒙古	1996 年	4	∞	∞	4
7	辽宁	2003 年	11	3	∞	3
8	吉林	2002 年	10	2	∞	2
9	黑龙江	1992 年	0	∞	∞	0
10	江苏	2003 年	11	3	∞	3
11	浙江	2005 年	13	5	∞	5
12	安徽	2008 年	16	8	0	0
13	新疆	1991 年	∞	∞	∞	∞
14	云南	2000 年	8	0	∞	0
15	福建	1992 年	0	∞	∞	0
16	江西	2003 年	11	3	∞	3
17	山东	2008 年	16	8	0	0
18	河南	2008 年	16	8	0	0
19	湖北	2000 年	8	0	∞	0
20	湖南	2005 年	13	5	∞	5
21	广东	2006 年	14	6	∞	6
22	四川	2009 年	17	9	1	1
23	重庆	2009 年	17	9	1	1
24	贵州	2002 年	10	2	∞	2
25	陕西	2003 年	11	3	∞	3
26	青海	1993 年	1	∞	∞	1
27	广西	1992 年	0	∞	∞	0
28	甘肃	2005 年	13	5	∞	5
29	宁夏	2000 年	8	0	∞	0

由表4.4可以明显看出：

（1）第一次《专利法》修改（1992年）之后的1年以内（含修改当年），有黑龙江、福建、青海和广西等4个地区专利申请量增长率达到1990年以来的最大值。

（2）第二次《专利法》修改当年（2000年），有北京、上海、云南、湖北和宁夏等5个地区专利申请量增长率达到1990年以来的最大值。

（3）第三次《专利法》修改（2008年）以后的1年以内（含修改当年），有安徽、山东、河南、山西、四川和重庆等6个地区专利申请量增长率达到1990年以来的最大值。因此，在1990～2010年，共有15个（51.7%）地区的三次《专利法》中的某一次修改之后一年以内达到了本地区专利申请量增长率的最大值。

通过上述分析可知，专利制度改革对专利申请量增长的影响具有明显的促进作用。

4.1.3　专利制度存在的问题

专利制度是专利事业发展和专利申请量增长的根基。经过30多年的发展，我国专利制度不断完善，但我国现行专利制度对促进专利质量的提升还存在一些问题。

1. 一部《专利法》包括三类专利保护

我国专利制度对发明专利、实用新型专利和外观设计专利同时进行保护，这在国际上是少有的。专利制度规定对三类专利实行了不同的审查标准和管理办法，特别是实用新型和外观设计专利不经过实质性审查即可授权，会影响我国整体专利质量。

2. "一奖两酬"制度落实难

尽管我国《专利法》及其实施细则以及地方相关政策法规对企事业单位奖励职务发明人的最低标准进行了明确，但由于缺乏监督机制、专利意识淡薄等问题的存在，"一奖两酬"在落实上没有保障。此外，对于企业自行实施专利的情形，往往难以从企业经营中区分专利本身带来的收益大小，报酬提取操作困难，对激励发明创新的作用也将大打折扣。

4.2 专利资助政策对专利申请量增长的影响

专利资助政策是国家和地方政府运用财政政策支持专利申请和授权的一项重要举措，通过设立财政专项资金对专利申请和授权的有关费用予以资助，或对专利费用予以减缓，以发挥政府对专利申请和授权的扶持与引导功能，促进自主创新和专利事业发展。

4.2.1 专利资助政策演变及特征分析

1. 专利资助政策构成

我国的专利资助政策主要包括两个层面，即国家层面和地方层面的资助政策。

1）国家层面专利费用减缓和向国外申请专利资助政策

国家层面专利资助政策主要体现在《专利费用减缓办法》（自 2006 年 9 月 1 日起改为《专利收费减缴办法》）和《资助向国外申请专利专项资金管理办法》（表 4.5）。

表 4.5　国家对向国外申请专利资助政策变化

项目	《资助向国外申请专利专项资金管理暂行办法》（2009 年）	《资助向国外申请专利专项资金管理办法》（2012 年）
资助对象	符合国家法律法规规定的国内中小企事业单位及科研机构	符合国家法律法规规定的国内中小企事业单位及科研机构
资助类型	通过 PCT 途径提出并以国家知识产权局为受理局的专利申请	通过 PCT 途径和《保护工业产权巴黎公约》途径提出的向国外申请专利
资助金额	每个专利项目最多支持向 5 个国家（地区）申请，资助金额为每个国家（地区）不超过 10 万元	每个专利项目最多支持向 5 个国家（地区）申请，资助金额为每个国家（地区）不超过 10 万元
资助范围	申请阶段和授予专利权当年起三年内的官方规定费用、向专利检索机构支付的检索费用，以及向代理机构支付的服务费	申请阶段和授予专利权当年起三年内的官方规定费用、向专利检索机构支付的检索费用，以及向代理机构支付的服务费

续表

		事后资助：向国外申请专利项目在外国国家（地区）完成国家公布阶段和正式获得授权后分两次给予资助
资助程序	申请受理后资助	事后资助：向国外申请专利项目在外国国家（地区）完成国家公布阶段和正式获得授权后分两次给予资助
资金分配	全国统一管理	按照因素法在各地区进行分配
评审机构	财政部	地方财政部门

2）地方专利资助政策

地方层面以1999年上海市颁布的《上海市专利申请费、代理费资助办法》和《上海市专利申请资助实施细则》为起点，经过不断调整和改进，逐步形成了遍布我国31个省级行政区、省—市—县—乡（镇）多层级资助的专利申请资助格局。其中，省级专利资助政策的实施与调整情况如表4.6所示[①]。可以看出，专利发展靠前的地区，如北京、上海、天津等对其专利资助政策进行过多次调整，而西藏、宁夏等相对落后地区则几乎没有调整或仅有少数几次调整。

表 4.6　各地区专利资助政策实施与调整情况统计

序号	地区	首部专利资助政策/办法实施时间	政策调整时间点
1	北京	2000 年 8 月	2002 年 10 月、2006 年 5 月、2007 年 1 月、2009 年 5 月、2014 年 9 月、2015 年 3 月
2	天津	2001 年 2 月	2001 年 9 月、2002～2003 年、2010 年 6 月、2012 年 8 月
3	河北	2005 年 7 月	2006～2013 年
4	山西	2003 年 * 月	2005 年 5 月
5	内蒙古	2002 年 6 月	2010 年 7 月
6	辽宁	2006 年 7 月	2011 年 7 月
7	吉林	2004 年 * 月	2011～2014 年
8	黑龙江	2001 年 5 月	2007 年 * 月、2010 年 7 月、2011 年 * 月、2012 年 8 月
9	上海	1999 年 * 月	2001 年 * 月、2002 年 * 月、2003 年 11 月、2005 年 7 月、2007 年 3 月、2012 年 7 月
10	江苏	2001 年 9 月	2006 年 12 月、2011 年 6 月
11	浙江	2001 年 11 月	2003 年 7 月、2006 年 10 月
12	安徽	2003 年 5 月	2010 年 8 月

---

① 宁夏虽然没有省级的专利资助政策，但银川等市出台了市级的专利专项费用的管理办法。香港、澳门和台湾地区不在本书研究之列。

序号	地区	首部专利资助政策/办法实施时间	政策调整时间点
13	福建	2002 年 9 月	2005 年 12 月、2008 年 12 月、2012 年 8 月
14	江西	2002 年 6 月	2006 年 1 月
15	山东	2003 年 7 月	2007 年 7 月、2009 年 6 月、2013 年 8 月
16	河南	2002 年 9 月	2010 年 6 月
17	湖北	2007 年 6 月	2011 年 8 月
18	湖南	2004 年 9 月	2007 年 6 月、2011 年 11 月、2013 年 6 月
19	广东	2000 年 * 月	2003 年 9 月、2007 年 12 月、2014 年 5 月
20	广西	2001 年 * 月	2003 年 12 月、2008 年 7 月、2010 年 4 月、2011 年 4 月、2012 年 12 月
21	海南	2001 年 3 月	2005 年 8 月、2010 年 4 月、2012 年 1 月
22	重庆	2001 年 * 月	2007 年 1 月
23	四川	2001 年 1 月	2008 年 4 月、2010 年 10 月、2013 年 5 月
24	贵州	2002 年 * 月	2005 年 * 月、2010 年 * 月、2012 年 * 月
25	云南	2003 年 9 月	2006 年 4 月、2009 年 4 月
26	西藏	2004 年 1 月	未变动
27	陕西	2003 年 * 月	2009 年 9 月
28	甘肃（兰州）	2004 年 2 月	2008 年 6 月
29	青海	2006 年 1 月	2013 年 3 月
30	宁夏	2011 年 12 月	未变动
31	新疆	2003 年 6 月	2011 年 4 月

注：统计时间截止到 2016 年 3 月 31 日

* 表示具体月份不确定

2. 现行专利资助政策的主要特点

本书对 27 个地区现行专利资助政策（吉林、黑龙江、甘肃和宁夏等地区专利资助政策原始文件未获得）进行分析，认为现行省级行政区专利资助政策具有以下主要特点。

（1）资助的专利类型较多，以发明专利和国际专利申请为资助重点。针对国内专利申请的资助，有 15 个地区对三类专利都进行资助，4 个地区仅资助发明专利和实用新型专利，7个地区仅对发明专利进行资助。有23个地区对向国外申请专利予以资助，仅内蒙古等3个地区不予以资助（表4.7）。针对发明专利及国际专利，对其申请予以资助的地区多于仅对其授权后予以资助的地区；针对实用新型和外观设计专利，则大多数地区仅对其授权后予以资助（图4.6）。

表4.7　专利申请资助类型地区分布情况

国内/国际	资助类型	地区	计数/个
国内专利申请 *	仅资助发明专利	河北、内蒙古、辽宁、浙江、安徽、山东、河南	7
	仅资助发明专利和实用新型专利	江苏、湖南、海南、四川	4
	三类专利都资助	北京、天津、山西、上海、福建、江西、湖北、广西、重庆、贵州、云南、西藏、陕西、青海、新疆	15
国际专利申请	资助国际专利	河北、辽宁、浙江、安徽、山东、江苏、海南、四川、北京、天津、山西、上海、福建、江西、湖北、广西、重庆、贵州、云南、西藏、陕西、青海、新疆	23
	不资助国际专利	内蒙古、河南、湖南	3

*广东省对国内专利资助政策不明确，此处不予考虑

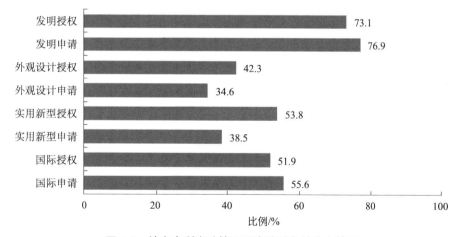

图4.6　地方专利资助按不同资助对象的分布情况

（2）资助方式以定额资助为主。对于国内专利申请，除内蒙古、湖北和广东资助方式不明确外，11个地区采取了定额资助的方式；对于国际专利申请，除内蒙古、河南和湖北资助方式不明确外，17个地区采用了定额资助方式。还有3个地区采用了额外资助方式作为一般资助方式的补充，以鼓励申请量较大、排名靠前以及专利质量或价值高的单位（表4.8）。

表 4.8 专利申请资助方式的地区分布

国内/国际	资助方式	地区	计数/个
国内专利申请*	定额	河北、江苏、浙江、安徽、福建、江西、山东、湖南、贵州、云南、新疆	11
	限额	北京、天津、山西、海南、陕西、青海	6
	不限额	辽宁、广西、重庆、西藏	4
	按比例	上海、河南、四川	3
	额外	北京、江苏、广西、贵州、西藏	5
国际专利申请	定额	北京、河北、天津、山西、辽宁、浙江、安徽、福建、江西、山东、湖南、广东、广西、海南、重庆、贵州、西藏	17
	限额	江苏、上海、云南、陕西、青海、新疆	6
	不限额		0
	按比例	四川	1
	额外	北京、江苏、广西	3

*广东省对国内专利资助政策不明确，此处不予考虑

（3）重点资助国内申请费和实审费，少数地区资助代理费、年费和维持费，部分地区不区分资助费用类型。如图 4.7 所示，在 27 个地区中，55.6% 的地区对专利申请费进行资助，51.9% 的地区对实审费进行资助，仅有 18.5% 的地区对专利年费给予资助。40.7% 的地区多采用定额资助的方式，不区分费用类型，给予一次性资助。

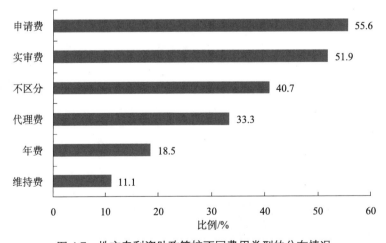

图 4.7 地方专利资助政策按不同费用类型的分布情况

（4）授权前资助和重复资助现象较为普遍。本小节确定按照专利申请的三个关键时间点，即提出申请、提出实质性审查申请及获得专利授权，作为资助政策阶段的划分依据。从申请到实审再到授权后资助，三个阶段对专利质量有着越发严苛的要求。表4.9统计了27个地区专利资助政策在前述阶段下的变动情况。23个地区（时段）采取申请后资助，即只要提出专利申请（缴纳申请费用后）就可以获得资助，无论该项专利后期是否提出实质性审查或者是否能够获得授权，申请人可以选择任何一个阶段（甚至授权后）提出资助申请；6个地区（时段）采取了实审后资助的方式，申请人需要在缴纳实质性审查费用之后才能申请资助，无论专利最终能否获得授权；11个地区（时段）采取授权后资助，即申请人在获得专利授权证书之后，才可以申请一次性资助或者奖励。此外，在27个地区中，仅有16个地区明确规定了不允许同一件专利在多层级、部门间同时获得资助（表4.10）。

表4.9 各地区专利资助政策的资助阶段划分（以对企业的资助为例）

阶段	地区（时间段）	说明
授权后资助	安徽（2003～2013年）、福建（2012～2013年）、贵州（2006～2013年）、海南（2008～2013年）、河南（2010～2013年）、湖北（2007～2013年）、湖南（2007～2013年）、辽宁（2011～2013年）、青海（2012～2013年）、山东（2009～2013年）、浙江（2006～2013年）	仅在获得授权书之后给予一次性资助，之前的阶段不资助
实审后资助	浙江（2003～2005年）、广东（2003～2013年）、河北（2007～2013年）、新疆（2011～2013年）、青海（2006～2012年）、山东（2003～2008年）	仅在缴纳实质性审查费之后给予资助，包括分实审阶段和授权阶段分别进行资助的情况
申请后资助	北京（2000～2013年）、福建（2002～2011年）、广西（2003～2013年）、贵州（2002～2005年）、海南（2002～2007年）、河北（2005～2006年）、河南（2002～2009年）、重庆（2001～2013年）、湖南（2004～2006年）、江苏（2001～2013年）、江西（2002～2013年）、辽宁（2006～2010年）、内蒙古（2002～2013年）、宁夏（2011～2013年）、山西（2003～2013年）、陕西（2003～2013年）、上海（1999～2013年）、四川（2001～2013年）、天津（2001～2013年）、西藏（2004～2013年）、新疆（2003～2010年）、云南（2003～2013年）、浙江（2001～2002年）	只要申请就给予资助，包括申请、实审以及授权后的分阶段资助

表 4.10   按是否允许重复资助的地区分布

类型	地区	计数/个
允许重复资助	北京、内蒙古、上海、江苏、福建、广西、广东、海南、陕西、青海、云南	11
不允许重复资助	河北、辽宁、浙江、安徽、山东、天津、山西、江西、湖北、重庆、贵州、西藏、新疆、河南、湖南、四川	16

注：此处只统计了国内发明专利的资助程序

（5）突出对重点领域、经济弱势对象的优先资助。山西、内蒙古、上海、浙江、海南、湖南、广东、广西、海南、四川、贵州、云南、陕西、青海和新疆等 15 个地区对特定领域或产业予以优先资助。北京、河北、安徽、广东、广西、青海、新疆、山西、湖南、四川、云南等 11 个地区对经济困难的单位和个人及在校学生专利申请给予优先资助。

3. 专利资助政策的发展趋势

本书选择了北京、天津、河北、内蒙古、上海、浙江、安徽、福建、江苏、山东、河南、湖南、广西、海南、四川、贵州、陕西等 17 个地区作为样本，通过分析其专利资助政策的主要变化，以反映专利资助政策的发展趋势。样本选择的依据：①该地区首部专利资助政策出台时间较早，一般不晚于 2005 年；②该地区专利资助政策经过修改，且现行资助政策与早期资助政策出台时间相隔较远，一般在 3 年以上；③政策原始文件可以获取。对于上海等地区首部专利资助政策无法获得的情形，用离首部政策出台时间最近的政策代替。通过对比分析，可以发现地方专利资助政策有以下几个主要发展趋势。

（1）国内发明专利保持重点资助的地位，国际专利资助重视程度提高。至 2015 年，在 17 个地区中，全部对国内发明专利进行资助，对实用新型和外观设计专利进行资助的地区也分别保持在 11 个和 8 个，而对国际专利进行资助的地区增加到 13 个。

（2）由申请资助向授权资助转变。在专利资助政策变革过程中，早期对各类专利申请进行资助的地区多于对专利授权进行资助的地区，这与早期资助政策为了鼓励专利申请的定位有关。而现行政策中，授权资助地区多于申请资助地区。以发明专利为例，早期有 16 个地区对申请进行资助，有 8 个地区对授权给予资助；而至 2015 年，有 13 个地区对授权进行资助，仅有 12 个地区对申请给予资助。

（3）由定额资助和按比例资助为主向定额资助为主转变。早期专利资助政策主要以定额资助和按比例资助为主，现行专利资助政策以定额资助为主。在定额资助情况下，不再区分资助费用类型，对专利申请费、实审费以及代理费明确区分资助的地区明显减少。

（4）更加重视专利资助的质量问题。从资助程序上来看，绝大部分地区在早期对受理后的专利申请进行资助，随着政府资助管理的优化，越来越多的地区开始向授权后给予资助转变。与此同时，更多地区关于重复资助问题，要求同一项专利不得在多个层面获得资助。

4.2.2　专利资助政策促进专利申请量增长的实证分析

1. 研究背景与方法

借鉴国内学者的相关研究（骆建文和张钦红，2009；李伟和夏向阳，2011），本书采用两组独立样本的非参数检验方法，对专利资助政策的作用进行分析。两组独立样本的非参数检验是在对总体分布不明确的情况下，通过对两组独立样本的分析来推断样本来自的两个总体的分布是否存在显著差异的方法。独立样本是指在一个总体中随机抽样对在另一个总体中随机抽样没有影响的情况下所获得的样本。

研究试图回答的问题包括：①专利资助政策是否促进了专利申请量的增长？②专利资助政策对不同类型专利的促进作用有何差异？③专利资助政策对不同创新主体专利申请量增长的促进作用有何差异？④不同地区专利资助政策对专利申请量增长的促进作用有何差异？本书通过对专利资助政策生效时间前后一年（或两年）专利申请月份数据的非参数检验，确定专利申请量是否在政策之后发生了显著性变化。如果存在明显变化，则认为专利资助政策对专利申请量增长起到了明显促进作用。选择政策生效时间前后一年或两年专利申请量进行分析，能够在较大程度上降低其他变量的干扰，分析结果叫信度较高。

研究过程与方法：

（1）确定所研究地区的专利资助政策生效时间（如 2002 年 11 月 ）。

（2）在国家知识产权局公布的统计数据中，检索获取与政策生效时间前后一年或两年对应的专利申请月份数据（如 2001 年 1 月至 2003 年 10 月 ）（http://www.sipo.gov.cn/tjxx/ ），以前后各 12 个月或 24 个月的月申请量一一对应组成样本对。增加对政策生效时间前后 24 个月专利月度申请量的非参数检验，主要是为了对 12 个月专利申请量增长不显著情形做进一步解释。也就是说，如果专利申请量在政策生效时间前后 12 个月已有显著变化，则一般在 24 个月前后也有显著变化；如果在政策生效时间前后 12 个月无显著变化，而在 24 个月前后有显著变化，则可认为该政策的作用不明显或者滞后明显（并受到其他因素影响）；如果两种情况下均无明显变化，则几乎可以认为此专利资助政策对专利申请量增长无明显促进作用。

（3）采用 SPSS 软件进行非参数检验。

（4）判断 P 值，解释结果。

2. 实证分析

1）典型地区专利资助政策时间的确定与数据来源

本书选取北京、上海、广东、江苏、浙江、山东和安徽等 7 个地区作为研究对象，通过文献研究，对上述地区的专利资助政策演变过程进行梳理（政策文献检索日期截止到 2012 年 4 月 20 日 ），确定各样本地区专利资助政策的施行时间，得到的结果如表 4.11 所示。

表 4.11　典型地区专利资助政策演变过程

地区	文件名称	生效时间
	《北京市 2000 年度专利申请费资助暂行办法》	2000 年 8 月
	《北京市发明专利申请资助暂行办法》	2002 年 11 月
北京	《北京市专利申请资助奖励办法（试行）》	——
	《北京市专利申请资助奖励办法》	2006 年 6 月
	《北京市专利申请资助金管理暂行办法》	2007 年 2 月

续表

地区	文件名称	生效时间
上海	《上海市专利申请费、代理费资助办法》	1999 年
	《上海市专利费资助办法》	2003 年 11 月
	《上海市专利资助办法》	2005 年 7 月
	《上海市专利资助办法》	2007 年 3 月
广东	《广东省发明专利申请费用资助暂行办法》	2000 年 9 月
	《广东省发明专利申请费用资助暂行办法》	2003 年 9 月
	《广东省知识产权局、财政厅国（境）外专利申请资助办法》	2007 年 9 月
	《广东省知识产权局发明专利申请资助管理办法》	2007 年 12 月
江苏	《江苏省省级专利专项资金管理暂行办法》	2001 年 9 月
	《江苏省省级专利资助资金管理办法》	2006 年 11 月
	《江苏省知识产权创造与运用（专利资助）专项资金使用管理办法》	2011 年 6 月
浙江	《浙江省专利专项资金管理暂行办法》	2001 年 11 月
	《浙江省专利专项资金管理办法》	2003 年 7 月
	《浙江省专利专项资金管理办法》	2006 年 1 月
山东	《山东省专利申请及实施资金暂行管理办法》	—
	《山东省专利发展补助资金管理暂行办法》	2003 年 7 月
	《山东省专利发展专项资金管理暂行办法》	2006 年 7 月
	《山东省专利发展专项资金管理办法》	2009 年 1 月
安徽	《安徽省专利申请费用资助办法（试行）》	2003 年 5 月
	《安徽省专利发展专项资金管理办法（试行）》	2010 年 8 月

2）非参数检验

由于国家知识产权局仅公布了 2000 年 1 月至 2010 年 12 月的专利申请月份数据，本书只能选取表 4.11 中在此期间的专利资助政策进行分析。利用 SPSS 软件进行 Wilcoxon 秩和检验，结果如表 4.12 所示。

表 4.12　典型地区专利资助政策前后非参数检验结果（P 值）

地区	政策时间	月数/个	发明	实用新型	外观设计	科研机构	企业	高等院校	非职务专利
江苏	2001 年 9 月	12	0.008	0.078	0.078	0.671	0.089	0.114	0.060
	2006 年 11 月	12	0.068	0.060	—	0.089	0.007	0.378	0.039
		24	0.000	0.000	—	0.001	0.000	0.000	0.000

续表

地区	政策时间	月数/个	发明	实用新型	外观设计	科研机构	企业	高等院校	非职务专利
浙江	2001年11月	12	0.000	—	—	0.002	0.143	0.000	0.004
	2003年7月	12	0.000	—	—	0.291	0.020	0.000	0.001
		24	0.000	—	—	0.612	0.000	0.000	0.000
	2006年1月	12	0.478	—	—	0.932	0.028	0.001	0.410
		24	0.000	—	—	0.000	0.000	0.000	0.000
山东	2003年7月	12	0.000	0.008	0.017	0.319	0.242	0.039	0.000
		24	0.000	0.000	0.000	0.003	0.001	0.000	0.000
	2006年7月	12	0.347	0.514	0.347	0.551	0.590	0.843	0.347
		24	0.000	0.000	0.001	0.180	0.000	0.001	0.000
	2009年1月	12	0.977	—	—	0.160	0.242	0.002	0.671
		24	0.019	—	—	—	—	—	—
上海	2003年11月	12	0.045	0.977	0.799	0.178	0.977	0.020	0.060
		24	0.000	0.007	0.127	0.470	0.026	0.000	0.013
	2005年7月	12	0.010	0.050	0.071	0.039	0.039	0.005	0.143
		24	0.000	0.000	0.000	0.003	0.000	0.000	0.005
	2007年3月	12	0.078	0.143	0.932	0.443	0.713	0.000	0.319
		24	0.000	0.000	0.317	0.138	0.061	0.000	0.021
北京	2002年11月	12	0.002	—	—	—	—	—	—
	2007年2月	12	0.045	0.478	0.843	0.020	0.114	0.007	0.242
		24	0.000	0.001	0.433	0.000	0.000	0.000	0.718
广东	2003年9月	12	0.000	—	—	0.932	0.007	0.160	0.002
		24	0.000	—	—	0.112	0.000	0.000	0.000
	2007年12月	12	0.242	—	—	0.007	0.008	0.089	0.843
		24	0.002	—	—	0.000	0.000	0.000	0.483
安徽	2003年5月	12	0.006	—	—	0.078	0.089	0.143	0.068
		24	0.000	—	—	0.000	0.001	0.004	0.001

注:"—"表示不对此类专利进行资助;表中各类型专利以及各创新主体对应列中数字为非参数检验的 P 值,如果 P 值不大于设定阈值(如 0.05 或 0.01),则可认为专利申请量在政策前后发生了明显变化(增长明显),有较大理由认为对应专利资助政策作用明显

表4.12中的数据表明:

(1)江苏省首部专利资助政策的实施对发明专利申请量的增长具有显著的效果,实用新型和外观设计专利的申请量在政策前后并无显著差异,对不同创新主体专利申请量的促进作用也不明显;2006年修改的专利资助政策对所有类型专利申请量增长的作用都不明显,只有将考察时间延长到前后两年,才发现有显著增长。

(2)浙江省首部专利资助政策和2003年修改实施的政策对发明专利申请量的增长都有显著效果;2006年出台的专利资助政策对发明专利申请量增长作用不明显;整体来看,三个专利资助政策对高等院校和非职务专利申请量增长的促进作用比较明显。

(3)山东省首部专利资助政策的实施对于三类专利申请量的增长都有显著的效果,仅对高等院校和非职务专利申请促进作用明显;2006年和2009年修改后的专利资助政策对于三类专利申请量的增长并无显著作用;2009年修改的专利资助政策对高等院校专利申请量增长作用显著。

(4)上海市首部专利资助政策(2003年)的实施对于发明专利申请量增长作用显著;对高等院校申请量增长作用显著,对企业特别是对科研机构不显著。2005年政策修改后,对发明专利和实用新型专利的效果都很显著,而外观设计专利仍不能通过检验。2007年修改的政策,对三类专利作用不显著,仅对高等院校作用显著,对企业和科研机构作用不显著。

(5)北京市先后两部专利资助政策对发明专利申请量的增长都有显著效果;2007年修改的专利资助政策对科研机构和高等院校的作用显著,对外观设计和非职务专利申请量增长作用不显著。

(6)广东省首部专利资助政策对发明专利产生显著作用,对企业和非职务专利的促进作用显著;修改后的政策对发明专利申请量增长的促进作用不明显,对科研机构和企业专利申请量增长促进作用显著,对高等院校尤其是非职务专利申请量增长的促进作用不明显。

(7)安徽省首部专利资助政策整体上对发明专利申请量增长有显著作用,对各类创新主体而言,都需要两年才能观察出其明显的变化。

3. 主要结论

（1）专利资助政策对专利申请量的增长起到了积极的促进作用。通过非参数检验结果发现，在诸多专利资助政策实施一年内，专利申请量发生明显的增长。这一研究结果与已有研究结果比较一致，而本书研究对象更为广泛，涉及时间、地域更多样，说服力也更强。在确定专利资助政策积极作用的同时，也发现其在时间、地域和专利类型上的促进作用存在差异。

（2）专利资助政策的促进作用在时间上存在明显差异。一方面，首部或者早期的专利资助政策对专利申请量增长的促进作用更为显著，而随着时间的推移和专利资助政策的修改与完善，其促进作用有所减弱；另一方面，很多专利资助政策在实施后一年内对专利申请量促进作用不显著，而在两年内作用较为明显，尽管难以排除其他因素干扰，但本书认为专利资助政策发生显著促进作用所需时间存在差异。

（3）专利资助政策对促进不同类型专利申请量增长的作用存在明显差异。几乎所有专利资助政策都对发明专利申请量增长有明显的促进作用，而对于实用新型和外观设计申请量增长的促进作用则相对弱一些。

（4）专利资助政策对不同创新主体的专利申请的促进作用存在明显差异。几乎所有的专利资助政策都对高等院校专利申请量增长有明显促进作用，对企业和科研机构的作用并不明显，大部分专利资助政策对非职务专利申请量的促进作用也比较显著。

通过上述分析，专利资助政策的效果以及在时间、地域、专利类型和不同创新主体上作用效果的差异性得到检验。从作用机制上来讲，专利资助政策作为政府财政扶持和鼓励国内专利申请的政策引导工具，对于国内专利申请主要产生了如下作用。

（1）"雪中送炭"。解决或部分解决申请者专利申请成本费用问题，对于某些拥有可专利技术而又经济困难的潜在专利权人而言，此时的资助政策起到"雪中送炭"的作用。这类作用可能的主要表现是专利资助政策首次出台或者发生重大变化（资助对象、额度等）时，很多潜在的可专利技术纷纷进行专利申请，最终促进专利申请量增长。

由于发明、实用新型、外观设计及国际专利申请上的成本差异，往往"雪中送炭"作用对于发明专利和国际专利申请的促进作用会相对明显，这一点已被实证研究证实。从现阶段的政策来看，很多地区也突出了对经济困难的单位和个人等优先资助的政策倾向。

（2）政策示范。通过对创新主体、行业领域、专利类型的政策倾斜，发挥政策的引导和示范作用，促进不同行业领域、不同创新主体专利申请量的增长及不同类型专利（发明、实用新型或外观设计）申请量的增长，同时也有助于引导专利申请总量结构性的调整与优化。

（3）诱发投机。由于缺乏监管、重复资助等政策设计上的漏洞及制度上的某些不可避免的缺陷，这就为申请人以较低成本获得专利资助甚至盈利提供了机会。政策本身诱发了以获取资助或盈利为目的进行专利申请的投机行为，这种诱发投机的因素也可能在一定程度上促进专利申请总量的增长。

在对实用新型和外观设计专利申请阶段就给予资助、重复资助、以申请数量决定额外奖励以及审查条件不严格、监管不到位的地区，不可避免地存在少数单位或个人仅为获得更多资助而将一项专利技术拆分申请，或利用已有技术重复申请以套取资助等非正常申请的风险。

4.2.3　专利资助政策存在的问题

地方专利资助政策促进本地区专利申请量增长的作用是显著的，尤其是在早期，对于激发企业专利申请热情，提高专利申请数量的效果十分明显。经过30多年的发展，我国已经形成了包括国家和地方两个层面，遍布各省、市、区、县、高新区甚至镇的专利资助体系。有的地区更是将专利申请量作为党政一把手政绩考核的重要指标，不断加大政策支持力度，调整和改进专利资助政策。通过深入调查分析，本书认为现阶段的专利资助政策存在一些明显的不足。

1. 资助对象考虑不够合理

当前专利申请大户，往往都是经济和技术实力较强的大中型科技型企业以及获得大量国家财政支持的高校和科研机构。这些企事业单位大多已获得来自定为高新技术企业、高新技术产品、知识产权（专利）试点示范、政府优先采购以及融资补贴等多个方面的直接或间接优惠政策，自身完全能够承担专利申请和维持的费用，对其进行资助，起到的是"锦上添花"的作用。而我国大量的中小微企业，势单力薄，持续创新能力受制于资源，平均专利产出量少，在当前经济形势下，政府支持尤为重要，对其进行资助，相当于"雪中送炭"。在此形势下，如何优化配置有限的财政资源是一个关键问题。从前文分析来看，仅有少数地区强调了对经济弱势单位和个人的资助，没有一个地区明确重点资助中小微企业。现在的资助格局是否合理，如何更加科学、合理地确定资助对象是当前面临的一个大问题。

2. 资助方式简单化

一直以来，定额资助是地方政府普遍采用的资助方式，随着我国专利申请量的快速增长，越来越多的申请人提出政府资助的申请，而政府资金投入相对有限，与专利质量不挂钩的定额资助主导方式将面临考验。如果把专利质量纳入资助额度当中考虑，专利评估又将是另一个难题。

3. 资助类型有待优化

在我国专利申请量总量大、增长快的现状下，50% 的地区，甚至包括北京、上海等专利申请量排名靠前的地区，都对实用新型和外观设计专利进行资助。由于实用新型和外观设计不需要通过实质性审查，申请和维持成本较低，即便是授权后专利，其所代表的技术先进程度以及价值一般也相对较弱。在有限的资源下，是否有必要逐步取消对实用新型和外观设计专利申请的资助，突出对发明专利特别是重点领域、重大突破和有重要价值专利的资助，也成为一个重要问题。

4. 缺乏统筹协调，存在很大程度的重复资助问题

超过半数的地区未明确提出避免重复资助的原则，这意味着一项专利申请可能获得各级资助部门的资助。各级知识产权管理部门缺乏资助工作的协

调机制，将增加非正常专利申请等投机行为的风险。此外，专利资助政策仅是专利资助体系的组成部分，大多数地区的专利资助政策与其他专利资助政策及创新政策并没有有效地衔接配套。例如，仅有部分地区将知识产权（专利）试点示范纳入了优先资助范围；仅北京地区规定了"凡已在政府项目资金中列支专利申请等专利事务经费的，不得重复申报本专利申请资助金"（《北京市专利申请资助金管理暂行办法》）的限制资助条件。不同级别、不同地区之间的资助政策"各自为政"，会降低政府资金的资助效率。所以，如何打破现有格局，建立系统性的资助格局，也应当引起关注。

尽管国家知识产权局在 2008 年就出台了《关于专利申请资助工作的指导意见》，对地区专利资助政策提出了促进专利质量的提升等工作目标，因地制宜、突出重点、避免重复等的资助原则以及专利申请资助工作实施的指导性意见，对于回答和改善上述问题有较好的指导性意义，但由于仅仅是指导性意见，缺乏执行力，没有具体操作层面的管理办法，加之地区间存在较大差异，从现有资助政策来看，仅有少数地区资助政策能够充分参照该指导意见的内容。

4.3 高新技术企业认定对专利申请量增长的影响

2016 年 1 月发布的《高新技术企业认定管理办法》对高新技术企业的定义为：国家高新技术企业是指在《国家重点支持的高新技术领域》内，持续进行研究开发与技术成果转化，形成企业核心自主知识产权，并以此为基础开展经营活动，在中国境内（不含港澳台）注册的居民企业。

我国从 1991 年开始实行高新技术企业认定，当年认定高新技术企业 2587 家。截至 2015 年，全国共有高新技术企业 7.9 万家。高新技术企业认定政策对促进企业创新发展起到了重要作用。高新技术企业 R&D 经费支出占全国企业 R&D 经费支出的一半以上。高新技术企业已成为加快产业结构调整、促进经济提质增效的中坚力量。高新技术企业的重点在于创新，而创新的一项重要产出指标就是专利。

4.3.1 高新技术企业认定政策的调整

1. 自主知识产权首次纳入高新技术企业认定指标体系

我国高新技术企业认定工作开始于 20 世纪 90 年代初。当时，作为"火炬计划"的重要内容和目标，同时，为了建立我国的高新技术产业，促进高新技术企业快速发展，国务院于 1991 年发布了《国家高新技术产业开发区高新技术企业认定条件和办法》，授权国家科学技术委员会（简称国家科委，现科学技术部）组织开展国家高新技术产业开发区内高新技术企业认定工作，并配套制定了财政、税收、金融、贸易等一系列优惠政策。

2008 年之前的高新技术企业认定办法以产品是否为高新技术产品为认定原则，没有涉及对企业自主知识产权的要求。2008 年 4 月出台的《高新技术企业认定管理办法》及配套文件《高新技术企业认定管理工作指引》首次把自主知识产权纳入高新技术企业认定的指标体系中。该办法规定的核心自主知识产权包括：发明、实用新型、非简单改变产品图案和形状的外观设计（主要是指运用科学和工程技术的方法，经过研究与开发过程得到的外观设计）、软件著作权、集成电路布图设计专有权、植物新品种。

2016 年 1 月 29 日，科技部、财政部和国家税务总局联合发布了新的《高新技术企业认定管理办法》。与 2008 年的相比，《高新技术企业认定管理办法》修订版在内容要求上集中体现了对企业核心自主知识产权创造等方面的最新要求，具体表现在企业通过"5 年以上独占许可"获得知识产权的方式被取消、知识产权的定位重点由"产品（服务）"转为"发挥核心支持作用的技术"、获得资格的企业应每年 5 月底前填报上一年度知识产权年度发展情况表等几个方面。

高新技术企业获得认定的一项重要条件是："企业通过自主研发、受让、受赠、并购等方式，获得对其主要产品（服务）在技术上发挥核心支持作用的知识产权的所有权"[《高新技术企业认定管理办法（2016 年）》]。根据 2016 年的《高新技术企业认定管理工作指引》，高新技术企业评审实行打分制，其中，知识产权占 30 分，科技成果转化能力占 30 分，研究开发组织管理水平占 20 分，企业成长性占 20 分（表 4.13）。四项指标合计得分须达 70 分以上才有可能通过认定。可见，知识产权是首要指标，所占分值高达 30 分。

表 4.13 各指标的权重

序号	指标	分值/分
1	知识产权	30
2	科技成果转化能力	30
3	研究开发组织管理水平	20
4	企业成长性	20
	合计	100

2. 高新技术企业认定的动机分析

企业参与高新技术企业认定的最主要和直接动机是享受政府提供给高新技术企业的一系列优惠和奖励政策及树立社会形象。一般而言，获得认定的高新技术企业可以在有效期内（一般为 3 年），获得两个层面的优惠政策。

一是国家统一政策。依据《高新技术企业认定管理办法》及《国家重点支持的高新技术领域》认定的高新技术企业，一般可享受三个方面的优惠：①按照 15% 的税率征收企业所得税（一般企业所得税的税率为 25%）；②企业研发投入可以享受所得税加计扣除的优惠；③企业经过技术合同登记的技术开发、技术转让、技术咨询合同可以享受免征营业税的优惠。

二是地方性政策。地方性政策是地方政府为鼓励企业参与高新技术企业认定，发展高新技术产业而采取的政策，各地情况有所不同。例如，苏州工业园区对于通过高新技术企业认定的企业一次性奖励 10 万元。海南省对认定的高新技术企业一次性给予 50 万元奖励，奖励资金专项用于企业技术创新；高新技术项目、产品自认定之日起 3 年内，按照贷款年日均余额的 1% 给予贴息，单项产品、项目最高贴息额度不超过 30 万元。部分地区鼓励高新技术企业（认定）政策如表 4.14 所示。

表 4.14　部分地区鼓励高新技术企业（认定）政策

地区	政策名称	主要优惠和奖励政策
陕西西安	《西安高新区管委会鼓励企业通过高新技术企业认定扶持政策》	对通过高新技术企业认定的企业每家企业奖励 5 万元，顺利通过复审的企业每家奖励 2 万元。顺利被认定为重点高新技术企业的奖励 10 万元
江苏昆山	《关于鼓励申报高新技术企业和产品的奖励办法》	新批高新技术企业给予一次性奖励，国家级高新技术企业每家奖励 30 万元；省级高新技术企业每家奖励 10 万元；苏州市级高新技术企业每家奖励 5 万元
江苏苏州	《苏州工业园区高新技术企业认定管理办法》	通过国家高新技术企业认定的，给予一次性奖励 10 万元人民币。通过园区高企认定，但暂未通过国家高企认定的企业，给予科技项目扶持经费，金额相当于企业上年度所得税税率超过 15% 部分所缴纳的地方留成部分，支持企业的研发和科技成果转化
山东潍坊	《鼓励支持高新技术产业加快发展的有关政策规定》	对新认定的高新技术企业，且其研发投入占销售收入达到规定比例的，四年内每年给予研发项目资金补助。前两年为企业所得税的新增地方留成部分，后两年为企业所得税的新增地方留成部分的 60%。对新认定的高新技术企业，奖励 20 万元
海南	《海南省促进高新技术产业发展的若干规定》	经认定的高新技术企业，一次性给予 50 万元奖励，奖励资金专项用于企业技术创新。高新技术项目、产品自认定之日起 3 年内，按照贷款年日均余额的 1% 给予贴息，单项产品、项目最高贴息额度不超过 30 万元

4.3.2　高新技术企业认定促进专利申请量增长的实证分析

1. 2008 年认定的标准对专利申请量增长促进的解释假设

获得高新技术企业认定，能享受到国家和地方财政、税收、奖励、人才等多方面的优惠，有直接的经济利益驱动。企业的逐利性促使其积极参与高新技术企业认定工作，并在获得核心自主知识产权方面做出努力。因此，2008 年出台的高新技术企业认定标准对企业专利申请量增长可能存在以下影响。

（1）短期效应。2008 年出台的认定标准对于以发明专利为核心的自主知识产权的硬性要求，促使无专利权或专利权不符合要求的企业通过专利申请或以独占许可等方式获取专利权。很多参与认定企业的专利申请量在新认定政策出台后有明显增长，但企业仅为达到认定标准而采取的专利申请行为可能是短期的，可能造成专利申请短期内的爆发式增长及认定后的急速回落。

（2）长期效应。企业获得高新技术企业认定并享受到直接或间接的经济利益，获取更好的环境促进创新投入，产生更多成果，最终促进专利申请量增长。这种通过增强企业创新能力来促进专利申请量增长的行为可能是长期的、持续的，这也正是政策引导的主要目的。

（3）零效应。根据2008年出台的认定标准，自主知识产权除专利权外，还包含计算机软件著作权，以及集成电路布图设计专有权、植物新品种等，而对于所有形式的知识产权，企业并非必须通过自主创新获得，通过受让、受赠、并购等方式获得知识产权的独占许可也成为企业达到知识产权认定标准的可行方式。这就有可能出现企业在新认定标准出台后，本身无专利申请或者无专利申请量增长的现象。

为了对上述解释假设进行验证，本书以北京市为例进行实证研究。

2. 北京市获得认定高新技术企业的专利申请分析

根据《北京统计年鉴2011》，2010年北京市有科技人员529 811人，科研机构281个，占当年全国科研机构数的7.6%，R&D投入8 218 234万元，占当年全国R&D投入的11.64%。北京市在科研资源、科技投入等方面都位于全国前列，而且一直是专利申请大户。考虑到政策实施具有一定的滞后性，本书以北京市2010年获得认定的高新技术企业作为分析对象，其数据具有一定的代表性。

北京市于2010年9月17日和2010年12月31日分别公布了两批高新技术企业认定名单，共有1291家企业获得认定。本书在北京市工商行政管理局及国家知识产权局网站上对这1291家高新技术企业进行信息检索和专利检索（检索时间为2012年6月22日）得到样本数据，剔除存在名称不符、成立时间不详等问题的19家企业，剩余可分析的企业样本共1272个。北京市2010年新获认定高新技术企业（经分析剔除后的）成立时间分布情况如图4.8所示。

79.0%的样本企业成立于2008年之前，由于在2008年之后（含2008年）成立的企业在2008年之前是没有专利申请的，不能对其在2008年新政策出台前

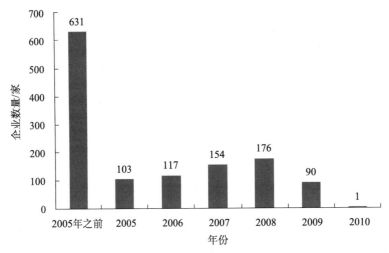

图 4.8　北京市 2010 年新获认定高新技术企业（经分析剔除后的）成立时间分布

后的专利申请量进行比较，因此主要考察 2008 年前成立的企业。从三个方面分析这些企业的专利信息，可以得到以下结论。

1）专利申请量普遍增长

按照成立时间将上述企业分类，并分别统计每一类企业在成立当年至 2010 年的各类专利申请量，其中把在 2005 年及以前的专利申请量合并到 2005 年，统计结果如图 4.9～图 4.12 所示。可以明显看出：①无论企业成立时间如何，三类专利的申请量在 2005 年以后整体上都有了明显增长；② 2006 年及以前成立的企业，在 2009 年的实用新型专利申请量及其增长量均高于其余类型专利（2005 年除外），而 2007 年成立的企业在 2010 年的发明专利申请量及其增长量高于其他类型专利。

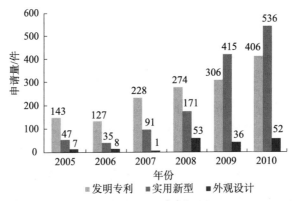

图 4.9　2005 年前成立企业三类专利申请量增长趋势

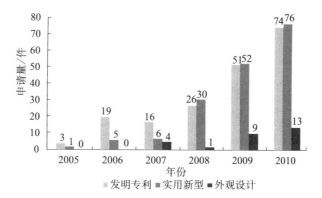

图 4.10　2005 年成立的企业三类专利申请量增长趋势

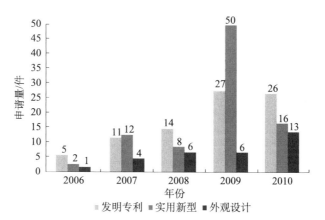

图 4.11　2006 年成立的企业三类专利申请量增长趋势

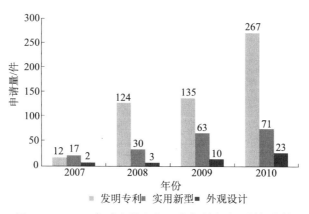

图 4.12　2007 年成立的企业三类专利申请量增长趋势

2）申请专利的企业数量普遍增长

按照成立时间将上述企业分类，并分别统计每一类企业中，在成立当年至2010年期间各年有发明、实用新型和外观设计专利申请行为的企业数量。其中把在2005年及以前的企业数量合并到2005年，统计结果如图4.13～图4.16所示。整体来看，无论企业成立时间如何，2010年之前有专利申请行为的企业数整体呈增长趋势，2009年的增长趋势尤其明显。

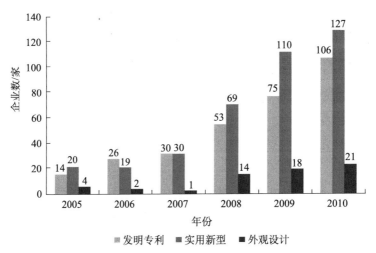

图4.13　2005年前成立的有专利申请行为的企业数量

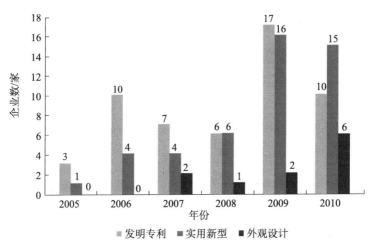

图4.14　2005年成立的有专利申请行为的企业数量

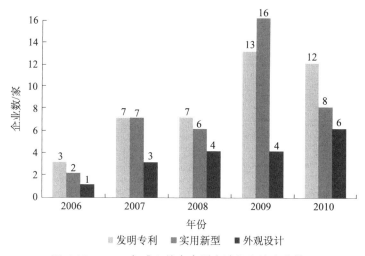

图 4.15　2006 年成立的有专利申请行为的企业数量

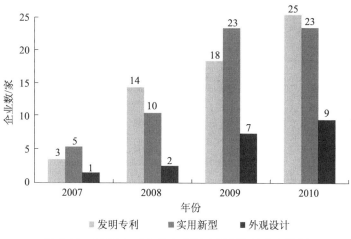

图 4.16　2007 年成立的有专利申请行为的企业数量

3）2008 年认定标准出台前后约 30% 的企业专利申请量增长，约 50% 的企业无专利申请

选取 2005 ～ 2010 年企业的专利申请量，以 2008 年为界划分成 2008 年前（2005 ～ 2007 年）和 2008 年后（2008 ～ 2010 年）两个阶段，比较这两个阶段的企业专利申请量的变化情况可以看出，约 60% 的企业一直无专利申请行为，在有专利申请行为的企业中，专利申请量增长的企业数占较高比例（表 4.15）。

表 4.15　2008 年标准出台前后有专利申请行为的企业数量变化

企业成立时间		2005 年前	2005 年	2006 年	2007 年	2008 年	2009 年	2010 年
企业数/家		631	734	851	1005	1181	1271	1272
有专利申请行为的企业数/家	申请量减少的企业数/家	32	45	52	55	55	55	55
	申请量增长的企业数/家	220	247	278	335	401	427	428
	申请量不变的企业数/家	9	10	12	13	13	13	13
无专利申请行为的企业数/家		370	432	509	602	712	776	776

　　在 1272 家样本企业中，从企业成立到 2012 年 6 月自始至终无专利申请行为的企业共 681 家，占样本企业总量的比例为 53.5%。根据国家统计局发布的行业分类标准，按照企业的主营业务对这 681 家无专利申请行为的企业进行行业分类（图 4.17）。无专利申请行为的企业中，属于信息传输、软件和信息技术服务业的企业占 52.4%，属于科学研究和技术服务业的企业占 13.7%。

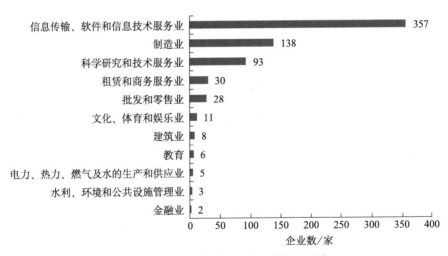

图 4.17　无专利申请行为企业的行业分布

3. 结论

1）存在短期效应

2008 年认定标准出台后，无论企业何时成立，各种类型专利申请量及有专利申请行为的企业数都有显著提高。如果不考虑自始至终没有专利申请行为的企业，高新技术企业认定对于专利申请量增长的作用，在短期内是很明显的。

2）存在零效应

除了自行申请的专利，核心自主知识产权还包括软件著作权、集成电路布图设计专有权，以及受让专利、购买或者继承的知识产权。这意味着企业可以根据自身实际，选择最有利的方式来达到认定标准。信息传输、软件和信息技术服务业，以及科学研究和技术服务业的内在行业特征，决定了其在非专利方面具有知识产权优势，此时，高新技术企业认定对专利申请量增长就难以起到促进作用。此外，独占许可也是获得自主知识产权的重要方式。根据国家知识产权局公布的专利实施许可合同备案信息，681家无专利申请行为的企业中，有52家在被认定为高新技术企业之前，通过受让专利行为而拥有独占许可专利。从这个角度来看，由于高新技术企业认定标准对"核心自主知识产权"指标的界定，高新技术企业认定工作对企业专利申请量增长的作用有一定的局限性。

3）长期效应难以验证

关于高新技术企业认定对专利申请量增长的长期效应是否存在这一问题并不能得到明确结论。从2008年高新技术企业认定办法颁布到本研究完成（非本书完成）时间并不是很长，且企业的专利申请量及进行专利申请的企业数量这两项分析都是以专利申请量为基础的，但截止到本研究完成时，2011年的企业专利申请数据并未完全发布，北京的高新技术认定企业也尚未公布，因而不能明确2011年的专利分布情况。考虑到企业的认定有效期是三年，某些企业很可能只是为了获得高新技术企业认定而在短期内追求专利申请量的高成果，在创新与知识产权方面缺乏长期性和持续性。

总之，高新技术企业认定对专利申请量的影响主要有两种路径：一方面，引导和鼓励企业更多地投入到研发活动中，有利于提高以专利为代表的知识产权的产出；另一方面，现有高新技术企业认定标准中企业核心自主知识产权的硬性指标成为企业追逐专利等知识产权申请的重要动因。在企业通过追求专利申请量来获得高新技术企业认定的过程中，这种认定的确促进了越来越多的企业进行专利申请，尤其是对发明专利的申请，核心自主知识产权的限制条件也使企业更加重视这方面的工作，专利申请量日益增多，这是对新政策的短期良性反应。但是企业可能是为了获得认定来追求认定后的利益，其本身并没有真正的自主研发，部分企业更是缺乏对专利研发的持久性，这是高新技术企业认定办法在长期性上存在的缺陷。此外，值得注意的是，高新技术企业占全国企业总数的比例很小（不足 1%），高新技术企业认定工作对于企业专利申请量增长的作用即便存在，也是在微观层面的。因此，就全部的企业而言，其影响或作用是有限的。

4.4 知识产权试点示范工作对专利申请量增长的影响

开展知识产权试点示范工作的主要目的是通过选择不同类型的企事业单位进行知识产权试点示范，提高企事业单位创造、运用、保护和管理知识产权的能力，并及时总结典型经验，用以形成具有宏观指导意义的政策，增强企事业单位的技术创新和市场竞争能力，推动国家知识产权战略在企业层面的实施，实现"以试点促推广普及，以示范促深化发展"。

4.4.1 国家知识产权试点示范政策体系与发展现状

1. 国家知识产权试点示范政策体系

近年来，国家知识产权局先后选择了部分城市、高新技术产业开发区和企事业单位，围绕以知识产权制度促进技术创新和经济发展的宗旨，开展城市专利试点工作、实施知识产权制度示范园区工作和企事业单位专利试点工作。国家知识产权局根据《企业专利工作管理办法（试行）》和《企事业单位专利工作管理制度制定指南》的要求，确定每批全国企事业单位专利和知识产权试点工作试点方案，各省（自治区、直辖市）知识产权局等相关部门会根据试点方案的具体要求组织实施试点工作。2004 年发布的《国家知识产权局关于知识产权试点示范工作的指导意见》，提出"以试点促推广普及，以示范促深化发展"的工作思路，对知识产权试点示范工作的目的、指导方针、工作原则、总体要求以及应具备的基本条件和申报程序、实施和管理做了规定，为地方试点示范工作提供了指导和依据。2005年发布的《企事业知识产权示范单位评选管理办法（试行）》，为全国企事业知识产权示范单位的评选提供了依据。2012年发布的《国家知识产权试点示范园区评定管理办法》和2014年发布的《关于近期国家知识产权试点示范园区有关工作安排的通知》，为全国知识产权试点园区和示范园区的评定工作提供了依据。此外，针对国家知识产权试点和示范城市（城区）及国家知识产权强县工程试点、示范县（区）的评定与管理等方面也出台了相关政策。

2. 国家知识产权试点示范工作发展现状

自2002年起，根据《企业专利工作管理办法（试行）》《企事业单位专利工作管理制度制定指南》中规定的企业专利工作规范、标准要求，结合各省（自治区、直辖市）企事业单位具体情况，全国先后开展了四批知识产权试点工作（表4.16）。全国企事业单位知识产权试点工作试点周期为2年或3年，以企业为主要试点单位，另有少数高等院校、科研院所等事业单位纳入试点工作。同时，为加快提高我国企事业单位知识产权创造、管理、保护、运用的能力和水平，国家知识产权局在企事业单位知识产权试点工作的基础上，进一步开展了知识产权示范创建工作，先后确定两批216家全国企事业知识产权示范创建单位（表4.17）。在第一批知识产权示范创建工作的基础上，国家知识产权局确定了57家全国企事业知识产权示范单位。

表4.16　全国企事业单位知识产权试点工作情况

试点工作	启动时间	结束时间	试点周期	试点单位
第一批全国企事业单位专利试点工作	2002年3月	2004年3月	2年	试点单位共60家（企业40家、科研院所10家、高等院校10家）
第二批全国企事业单位专利试点工作	2004年4月	2006年4月	2年	试点单位共80家（企业70家、科研院所5家、高等院校5家）
第三批全国企事业单位知识产权试点工作	2006年5月	2009年2月	3年	试点单位共125家（企业107家、科研院所8家、高等院校10家）
第四批全国企事业单位知识产权试点工作	2010年1月	2011年12月	2年	试点单位共805家（企业724家、科研院所37家、高等院校44家）

表 4.17 全国企事业知识产权示范创建工作情况

知识产权示范创建工作	认定时间	示范创建周期	示范创建单位
第一批全国企事业知识产权示范创建工作	2007 年 2 月 14 日	2 年	示范创建单位共 70 家（企业 59 家、科研院所 5 家、高等院校 6 家）
第二批全国企事业知识产权示范创建工作	2010 年 7 月 14 日	2 年	示范创建单位共 146 家（企业 118 家、科研院所 14 家、高等院校 14 家）

4.4.2 国家知识产权试点示范工作对专利申请量增长影响的相关政策分析

全国知识产权试点示范工作对专利申请量增长的影响发生在试点示范单位确定前、试点示范周期内、试点示范工作结束后的整个过程中。

1. 试点示范企事业单位评选的相关要求

试点单位的申报采取企事业单位自愿申报的方式，有关省（自治区、直辖市）知识产权管理部门对试点单位进行审核和选择时，遵循的原则之一是企事业单位在本行业（或本地区）专利申请量、拥有量相对较多，知识产权工作在企业活动中居重要地位。若要申报知识产权示范创建单位，单位需满足的条件包括最近三年的专利申请量和授权量居同行业前列，专利申请量和授权量的年均增幅高于全国同期平均增幅。《企事业知识产权示范单位评选管理办法（试行）》中也有规定，知识产权示范企事业单位的基本条件是近三年的专利申请总量在本行业领先或拥有本行业重要核心专利。所以企事业单位若要申报知识产权试点示范单位，往往需要增加其专利申请量以满足基本评选条件（表 4.18）。

表 4.18 试点示范评选工作对自主知识产权量的基本要求

项目	试点示范工作对自主知识产权量的基本要求
知识产权试点城市	年专利申请量 1000 件以上，或占所在省（自治区、直辖市）年专利申请量的 1/5 以上，或位列本省（自治区、直辖市）同类城市（不含已获批准的试点城市）专利申请量位次的前 1/2
知识产权示范城市	年专利申请量增长率排序在全国试点城市中位居前 1/3，发明专利申请量占全部专利申请量的比例排序在全国试点城市中位居前 1/3，申请国外专利占全部专利申请量的比例明显高于全国平均水平
知识产权试点园区	年专利申请量占所在城市的 1/5 以上

续表

项目	试点示范工作对自主知识产权量的基本要求
知识产权示范园区	专利增长率高于全国和所在地的平均增长率，发明专利申请量占园区申请总量的45%，有一定数量的发明向国外申请专利
知识产权示范企事业单位	自主知识产权量排名符合或超过本单位在全国本行业综合能力的排名顺序

2. 试点示范实施的相关要求

国家知识产权局在专利信息收集利用、专利人员培训、专利工作政策指导、专利战略研究、咨询服务等方面为知识产权试点示范企事业单位提供政策性引导和支持，如建立企事业单位知识产权管理专家指导委员会和专家会诊机制，对企事业单位知识产权管理状况进行综合诊断和提供咨询服务；建立企业专利工作交流站，为企事业单位提供专利事务援助服务；开展知识产权管理培训等。通过试点示范工作的开展，企事业单位将专利工作切实纳入技术创新、生产、经营等各个环节中，进而促进拥有自主知识产权的产品、产业的形成和发展，增加单位专利的申请量。全国第四批试点工作要求各省级知识产权管理部门申请设立企事业单位知识产权试点工作专项经费，并要求每家试点企业每年投入试点工作专项经费不少于10万元。知识产权试点工作专项经费的增加将促进企事业单位知识产权成果的产出。

此外，各地方知识产权管理部门对专利试点示范单位给予一定的优惠政策，如：资助国内外专利申请费用；以专项工作补贴、专利质押贷款贴息等形式给予资金支持；借助知识产权专家服务队、专利数据库等优势资源给予专业服务支持；加强对示范单位的宣传引导；优先推荐示范单位参评专利奖或列入科技计划或高新技术产业化项目等。

3. 将专利指标纳入试点示范考核体系

《企业专利工作管理办法（试行）》要求把企业专利状况指标作为评价企业技术创新工作与专利工作的主要考核指标，包括：①专利权、专利申请权拥有量指标，包括自主开发和引进的专利权、专利申请权；②专利开发率指标，包括年度专利权、专利申请权数与同期研究开发投资额比，年度专利权、专利申请权数与企业技术人员数比等；③专利收益指标，包括自主开发专利和引进专利的收益；④企业专利管理状况，包括专利管理综合水平、专利产权管理状况、专利信息利用状况、专利战略制定与实施状况、专利收益分配与奖励状况等。试点工作中鼓励企事业单位将专利考评指标同职称、职务的晋升和奖惩结合起来，形成有效的激励机制，进而调动职工开展技术创新，促使其增加专利申请。

4. 总结验收及先进单位评选的相关要求

在每批全国专利试点示范工作后期，国家知识产权局会对企事业单位进行总结验收。根据工作考核评价表，从知识产权管理规章、知识产权管理机构和人员、知识产权战略、知识产权管理、专利信息利用、奖惩机制、资金投入增长率七个方面对知识产权试点工作进行评估打分，将企事业单位的试点工作分为三个等级，即 80 分及以上为优秀，60 ～ 79 分为合格，60 分以下为不合格，其中成绩优秀者将授予先进单位称号。知识产权示范创建验收过程中，侧重于知识产权建设中取得的成绩或某一方面知识产权工作的情况，如信息分析、专利预警、激励机制、应对诉讼等，验收达标者将被评选为"全国企事业知识产权示范单位"。通过试点示范工作的考核评价和评选表彰，企事业单位可以发现自身知识产权方面的优势、不足及与先进单位的差距，促使其重视知识产权工作。

4.4.3 国家知识产权试点示范工作对专利申请量增长影响的实证分析

自 2001 年起至 2011 年，国家知识产权局先后确定 1070 家企事业知识产权试点单位、216 家企事业知识产权示范创建单位、57 家知识产权示范单位。考虑到数据的可获得性及完整性，本书选取第一批全国企事业专利试点单位为研究对象，基于国家知识产权局公布的数据，对第一批 60 家企事业专利试点单位 1985 ～ 2011 年的发明专利、实用新型专利、外观设计专利的申请数量进行检索，对 2002 年前（试点单位认定前）、2002 ～ 2004 年（试点工作开展期间）、2004 年后（试点工作结束后）三个阶段的专利申请情况进行定量分析，进一步探讨试点示范工作对专利申请量的影响。

1. 专利申请量的总体发展趋势

1985 ～ 1998 年，试点单位的专利申请量不断增加，但增速较缓；1999 ～

2002 年，专利申请量增长较快，1999 ～ 2002 年专利申请量增长率分别为 123.9%、57.84%、61.82%、81.41%。2003 年、2004 年专利增速渐缓，2005 年、2006 年专利增速逐渐增大。由统计结果可知，专利试点单位认定前，即 2002 年前，专利申请量增速较快；2002 ～ 2004 年试点周期内，专利申请量增速渐缓；2004 年专利试点单位认定后，专利申请量增长速度又开始加快（图 4.18）。

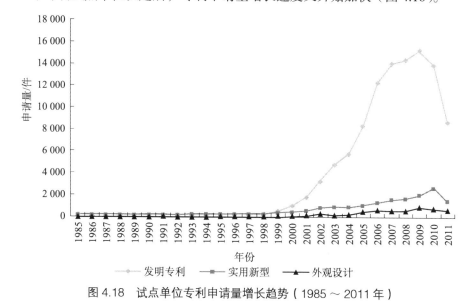

图 4.18　试点单位专利申请量增长趋势（1985 ～ 2011 年）

2. 专利申请结构的变化趋势

1985 年发明专利占总量的 69.9%，实用新型专利比重为 30.1%。1986 ～ 1987 年，实用新型专利比重大于发明专利，分别为 69.0%、60.4%。1988 ～ 1996 年，随着专利申请量的不断增加，发明专利和实用新型专利的比重也交错变化，但始终保持在 40% ～ 55%。1997 年后，发明专利申请的比重上升较为明显，2007 年发明专利申请比重达到峰值，即 86.6%（图 4.19）。由此可知，试点单位创新能力不断提高，发明专利申请占主导地位。

1985 ～ 1998 年，高等院校专利申请量占总量的比重远大于企业、科研院所。1999 ～ 2006 年，企业专利申请量不断增加，逐渐取代高等院校成为专利申请的主力军，2002 年，企业专利申请比重超过 50%，2006 年达到峰值，即 69.2%。2007 ～ 2011 年，高等院校专利申请比重逐渐上升，至 2011 年达到 56.3%。科研

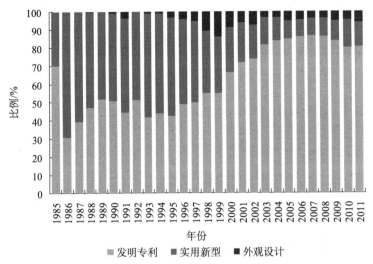

图 4.19　试点单位专利申请中三类专利比例结构（1985 ~ 2011 年）

院所专利申请比重在 1996 年达到峰值后呈下降趋势（图 4.20）。考虑到企业、高等院校、科研院所的数量差异造成的影响，进一步分析平均每个机构的专利申请情况，如图 4.21 所示。1985 ~ 2000 年，平均每个高等院校专利申请量高于科研院所，平均每个科研院所专利申请量高于企业。2001 ~ 2011 年，平均每个高等院校专利申请量高于企业，而企业高于科研院所。

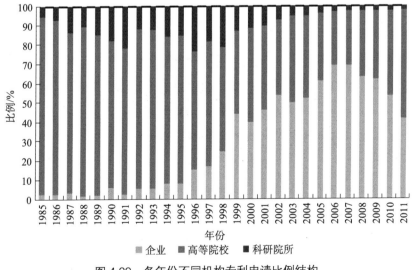

图 4.20　各年份不同机构专利申请比例结构

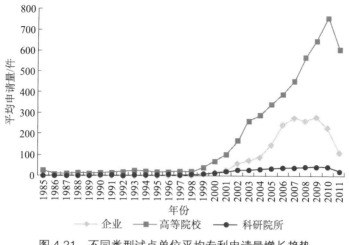

图 4.21　不同类型试点单位平均专利申请量增长趋势

3. 有专利申请行为的企事业单位数量分析

2000 年以前，申请专利的单位数量不断增加，2001～2004 年申请专利的单位数量有所下降，2004～2008 年申请专利的单位数量逐渐上升。1998～2002 年，申请发明专利、外观设计专利的单位数量不断增加，申请实用新型专利的单位数量也呈上升趋势，仅 2000 年有所下降。2002 年后，申请发明专利的单位数量先下降后上升。这是因为专利试点工作会在政策指导、人员培训、专利战略研究、专利信息收集利用等方面对试点单位给予指导和帮助，且部分地区为试点示范单位提供优惠政策，因此部分企事业单位为获得专利试点单位认定，往往增加其专利申请。如表 4.19 所示，在第一批全国企事业专利试点单位的认定时间（2002年）前，申请专利的单位数量在增加，而 2002～2004 年单位数量有所下降。另外，由于专利试点工作的开展，试点单位的知识产权工作水平有所提高，其他企事业单位看到试点单位专利工作的绩效后，加大对知识产权工作的重视，从而促使其申请专利，因此 2004 年后申请专利的单位数量上升。

表 4.19　第一批全国企事业专利试点单位各年份有专利申请的企事业单位数

单位：家

年份	1998	1999	2000	2001	2002	2003	2004	2005	2006	2007	2008
有发明专利申请	13	20	28	29	31	29	27	30	31	34	34
有实用新型专利申请	23	30	29	33	33	30	30	28	30	33	32

续表

年份	1998	1999	2000	2001	2002	2003	2004	2005	2006	2007	2008
有外观设计专利申请	8	12	13	13	16	17	16	19	18	17	19
有专利申请	27	31	38	38	36	34	34	36	39	39	38

4. 当年与前一年专利申请量的比较分析

如图 4.22 所示，2000 年与 1999 年相比，专利申请量增加的企事业单位占 41.67%，专利申请量减少的单位占 21.67%；2001 年与 2000 年相比，专利申请量增加的单位占 51.67%，专利申请量减少的单位仅占 16.67%；2002 年与 2001 年相比，专利申请量增加的单位占 53.33%，专利申请量减少的单位占 10%，由此可知，在第一批全国企事业专利试点单位认定之前，大部分企事业单位的专利申请量在增加。而 2003 年与 2002 年相比，专利申请量增加的单位占 35%，专利申请量减少的单位占 23.33%；2004 年与 2003 年相比，专利申请量增加的单位占 35%，专利申请量减少的单位占 26.67%；2005 年与 2004 年相比，专利申请量增加的单位占 48.33%，专利申请量减少的单位占 20%。由此可知，专利试点单位认定后，专利申请量增加的企事业单位所占比例有所降低，这说明存在为获得认定而申请专利的现象，而在试点期间，试点工作对专利申请量增长的促进作用并不显著。

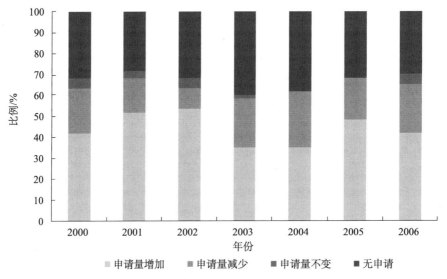

图 4.22 试点单位当年与前一年专利申请量的比较情况

5. 结论

在梳理知识产权试点示范工作沿革、政策法规的基础上，采用定性和定量方法分析试点示范工作对专利申请量增长的影响，得到以下结论。

（1）试点示范工作对专利申请量增长的影响分为三个阶段。第一阶段，试点示范单位认定前，存在为获得认定而申请专利的现象，企事业单位的专利申请量有所增加；第二阶段，试点示范周期内，试点示范工作的开展对专利申请量的影响不显著；第三阶段，试点示范工作结束后，企事业单位专利申请量和申请专利的企业数均有所增加，这与试点单位的带动作用有关。

（2）1999 年前，第一批全国企事业专利试点单位中，高等院校是专利申请量最多的主体；1999 年后，企业逐渐取代高等院校成为专利申请量最多的机构。原因有二：一是企业的科研产出能力有所提高；二是申请专利的企业数量不断增加。通过比较平均每个企业、高等院校、科研院所的专利申请量，发现高等院校的产出能力大于科研院所和企业。

（3）试点示范企事业单位更侧重于发明专利的申请。第一批全国企事业专利试点单位中，1997 年后发明专利申请比重逐渐超过实用新型专利申请比重，2007 年发明专利申请比重达到峰值，即 86.6%。

4.5　国家科技计划知识产权管理对专利申请量增长的影响

国家科技计划项目经费投入是国家财政科技投入的主要渠道之一，是我国科技创新成果的重要来源，也是我国知识产权创造的重要来源之一。国家科技计划知识产权管理对于促进我国专利申请量增长具有重要影响。

4.5.1　国家科技计划知识产权管理政策演变特征

在计划经济体制下，以从事应用开发为主的国家科技计划项目承担者，习惯于"完成科研任务—出成果—验收鉴定—报奖"的科研成果管理模式，重成果鉴定和报奖而轻专利申请。改革开放以后，特别是我国专利制度建立以来，国家科技计划知识产权管理逐步得到加强。

1994 年颁布的《国家高技术研究发展计划知识产权管理办法（试行）》首次涉及国家科技计划知识产权（而非科技成果）管理问题。该管理办法第五条规定：执行 863 计划项目，由国家科学技术委员会主管司（中心）或者国家科学技术委员会授权的领域专家委员会（组）为委托方，项目承担单位为研究开发方，双方签订委托技术开发合同，并在合同中依照本办法规定，约定有关知识产权的归属和分享办法。此后，国家科技管理部门陆续出台了一系列与国家科技计划知识产权管理相关的政策法规。

2007 年修订的《中华人民共和国科学技术进步法》（简称《科学技术进步法》），是我国首次以法律的形式规定了政府科技计划成果知识产权归属及专利技术实施应用等问题。2008 年颁布的《国家知识产权战略纲要》提出要促进知识产权创造和运用，"完善国家资助开发的科研成果权利归属和利益分享机制。将知识产权指标纳入科技计划实施评价体系和国有企业绩效考核体系"，并将专利纳入国家重大科技专项任务之列。

从国家科技计划知识产权管理的政策演变来看，知识产权在国家科技计划管理中越来越受重视，主要体现在以下几个方面。

1. 在新项目评审中优先安排知识产权优势单位

《关于加强国家科技计划知识产权管理工作的规定》（2003 年）要求对承担国家科技计划项目获得知识产权质量和数量较高的单位给予表彰奖励，并对其优先安排科技计划项目。

2. 将知识产权指标列入科技计划项目评审指标体系

《关于加强国家科技计划知识产权管理工作的规定》（2003 年）明确提出，申请国家科技计划项目时，应当在项目建议书中写明项目拟达到的知识产权目标，包括通过研究开发所能获取的知识产权数量及获得的阶段，并附上知识产权检索分析依据。科技行政管理部门应当把知识产权作为独立指标列入科技计划项目评审指标体系当中，合理确定知识产权指标在整个评价指标体系中的权重。应在项目合同或计划任务书中明确约定项目的知识产权具体目标任务。《国家科技重大专项知识产权管理暂行规定》（2010 年）要求，牵头组织单位应把知识产权作为立项评审的独立评价指标，合理确定其在整个评价指标体系中的权重。

3. 完善知识产权管理制度是科技计划项目申请单位应具备的基本条件

《关于加强与科技有关的知识产权保护和管理工作的若干意见》规定，知识产权保护和管理制度完善与否应当成为各级科技行政管理部门确定申报或者投标科技计划项目承担单位的资格指标之一。《关于国家科研计划项目研究成果知识产权管理的若干规定》要求科研计划归口管理部门要将知识产权管理制度是否健全作为确定项目承担单位的重要条件。《关于加强国家科技计划知识产权管理工作的规定》（2003 年）提出，科技计划项目申请单位应当具备完善的知识产权管理制度，有专门的机构或人员负责知识产权事务，有用于知识产权保护和管理工作的专门经费，并为应用开发类申请项目指定专门的知识产权协调员，上述规定作为受理项目申请的必要条件，申请单位在申报项目时一并提交相关材料和情况。

4. 将知识产权纳入科技奖励、职称职务评定和干部绩效考核的指标体系

《关于加强与科技有关的知识产权保护和管理工作的若干意见》规定，要将形成并拥有知识产权的数量及质量作为评定科研机构、高新技术企业和科技人员科研贡献及能力的重要指标之一。同时要将知识产权保护和管理工作列入各地方、各部门科技管理工作的重要内容，逐步推行知识产权考核指标体系，并将相关知识产权保护和管理制度建设完备与否、管理水平高低，作为地方党政领导目标责任制和干部考核、晋升的重要依据。

5. 科技计划项目预算中可列支专利申请费、维持费等知识产权费用

《国家高技术研究发展计划知识产权管理办法（试行）》规定，委托方和研究开发方可以在委托技术开发合同中，约定预留部分研究开发经费作为申请专利和办理其他手续的费用。《关于国家科研计划项目研究成果知识产权管理的若干规定》规定，科研项目研究成果取得相关知识产权的申请费用、维持费用等知识

产权事务费用一般由项目承担单位负担，经财政部门批准，在国家有关科研计划经费中可以开支知识产权事务费，用于补助负担上述费用确有困难的项目承担单位。《关于加强国家科技计划知识产权管理工作的规定》（2003 年）进一步明确了科研项目研究成果取得相关知识产权的申请费用、维持费用等知识产权事务费用一般由项目承担单位负担，国家科技计划项目经费中可以列支知识产权事务经费用于专利申请和维持等费用，经财政部门批准在国家有关科研计划经费中可以开支知识产权事务费，用于补助负担上述费用确有困难的项目承担单位及具有抢占国际专利竞争制高点意义的重大专利的国外专利申请和维持费。

6. 明确对发明人予以物质和精神奖励

《国家高技术研究发展计划知识产权管理办法（试行）》规定，研究开发方应当从实施或者转让科技成果所获得的收益中提取一定比例的资金，作为报酬支付参加研究开发的课题组成员。实施技术成果的每年可从所得利润纳税后提取 1%～2.5% 支付。该办法同时还规定，执行 863 计划所产生的发现权、发明权和其他科技成果权等精神权利，属于对该项发现、发明或者其他科技成果单独做出或者共同做出创造性贡献的个人。发现人、发明人和其他科技成果完成人有在科技成果文件中写明自己是科技成果完成者的权利和取得荣誉证书奖励的权利。自 2008 年 7 月 1 日起施行的《科学技术进步法》（2007 年修订）中，第二十条第一款明确规定："利用财政性资金设立的科学技术基金项目或者科学技术计划项目所形成的发明专利权、计算机软件著作权、集成电路布图设计专有权和植物新品种权，除涉及国家安全、国家利益和重大社会公共利益的外，授权项目承担者依法取得。"此条是国家首次以法律的形式和效力明确规定了利用国家财政性资金设立的科研项目的知识产权归属问题。这一规定在更大程度上激励了项目承担者申请专利并使其产业化。

由上述分析可以看出，国家科技计划不断加强知识产权管理，从项目申请时的目标制定、项目进行中的中期检查到项目验收和项目成果转化的各个过程对知识产权均有相应规定，专利等知识产权成为衡量国家科技计划目标和成果等的重要指标之一。

4.5.2 国家三大主体科技计划及科技成果专利产出情况分析

1. 三大主体科技计划专利产出分析

相关统计数据显示，国家科技计划知识产权管理变革对于三大主体科技计划（863 计划、973 计划、国家科技支撑计划）专利申请量增长的促进作用是比较明显的。1986～2001 年，863 计划实施 15 年来，仅获得国内专利 2000 多项。而随着《关于国家科研计划项目研究成果知识产权管理的若干规定》及《关于加强国家科技计划知识产权管理工作的规定》（2003 年）等的发布实施，仅 2003 年 863 计划支持项目的专利申请数就达到 6300 件，获得授权 1249 件，2004 年分别达到 7271 件和 2173 件，其增长态势十分明显。

图 4.23、图 4.24 显示了 2002～2013 年，三大主体科技计划产生的发明专利申请量和授权量。可以明显看出，863 计划产生的发明专利申请量在 2002 年（1307件）至 2010 年（12 143 件）呈快速增长趋势，年均增长率超过 72%，但在 2011年产生的专利申请量降至 5790 件，在随后两年开始逐渐回升，至 2013 年已达到 6651 件；发明专利授权量与申请量的趋势较为相似，由 2002 年的 141 件快速增加到 2010 年的 3469 件，年均增长率超过 49%，但在 2011 年降到 2054 件，随后几年继续下降，到 2013 年计划产生的发明专利授权仅有 1636 件。973 计划和国家科技支撑计划专利申请量和授权量的变化趋势与 863 计划较为相似。

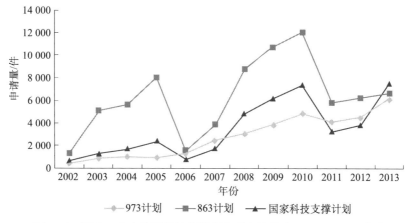

图 4.23 国家三大主体科技计划发明专利申请量（2002～2013 年）

资料来源:《中国科技统计年鉴》(2003～2014 年)

图 4.25 显示了三大主体科技计划中每百万元财政科技投入经费产生的专利申请量。可以看出，自 2002 年以来，863 计划每百万元财政科技投入经费产生的专利申请量呈现出曲折性增长趋势，由 2002 年的 0.97 件增长至 2009 年的 3.12 件，年均增速超过 18%，但从 2010 年开始该数值逐渐下降，到 2013 年 863 计划每百万元财政科技投入经费仅能产生 1.60 项专利申请。973 计划和国家科技支撑计划每百万元财政科技投入经费产生的专利申请量的年均增速分别超过 10% 和 20%。

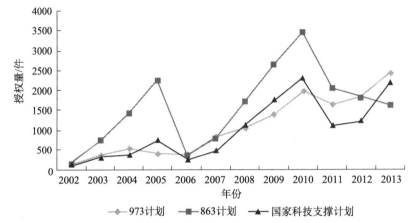

图 4.24　国家三大主体科技计划发明专利授权量（2002 ～ 2013 年）

资料来源:《中国科技统计年鉴》（2003 ～ 2014 年）

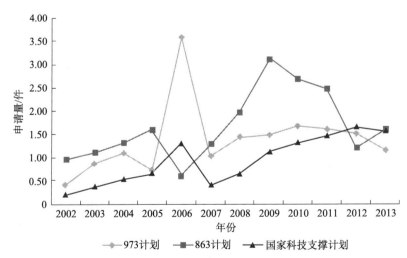

图 4.25　国家三大主体科技计划每百万元财政经费投入的专利申请量（2002 ～ 2013 年）

2. 全国科技成果专利产出分析

"十一五"期间，全国登记的科技成果中，获得知识产权的成果有 72 237 项，与"十五"期间（17 702 项）相比，增长了 308.07%，这些成果共获得 60 698 件授权发明专利，与"十五"期间（14 801 件）相比，增长了 310.09%（表 4.20）。

2001～2010 年，获得知识产权的成果数及发明专利授权数呈逐年上升的趋势。尤其是"十一五"期间，各年度均有较大幅度的增长，获得知识产权的成果数及发明专利授权数平均增幅分别达到了 25.63% 和 33.86%。获得知识产权的成果数占登记成果总数的比例也由 8.5% 提高到 59.6%，平均每项成果的发明专利授权数由 0.085 件增长到 0.576 件（表 4.20）。

表 4.20　2001～2011 年国家科技成果知识产权情况统计

时间	登记成果总数 / 项	获得知识产权的成果数 / 项	获得知识产权的成果数占成果总数比重 /%	发明专利授权数 / 项	平均每项成果发明专利授权数 / 项
2001	28 448	2 411	8.5	2 404	0.085
2002	26 697	2 430	9.1	2 712	0.102
2003	30 486	2 855	9.4	2 501	0.082
2004	31 720	3 815	12.0	2 865	0.090
2005	32 359	6 191	19.1	4 319	0.133
2006	33 644	8 091	24.0	5 961	0.198
2007	34 170	11 800	34.5	7 648	0.224
2008	35 971	15 088	41.9	10 284	0.286
2009	38 688	17 511	45.3	17 743	0.459
2010	42 108	19 747	46.9	19 062	0.453
2011	44 208	29 535	66.8	29 122	0.659

资料来源：国家科技成果网，http://statistics.tech110.net/

4.5.3　相关政策对高校专利产出的影响分析

高校是国家知识创新体系的骨干力量，也是国家科技计划的执行主体之一。国家科技计划知识产权管理的相关政策对高校专利产出具有重要影响。本部分采取非参数检验法，重点分析三个代表性的政策文件，即《关于加强与科技有关的知识产权保护和管理工作的若干意见》《关于国家科研计划项目研究成果知识产权管理的若干规定》《科学技术进步法》（2007 年修订）的发布实施对高校专利产出的影响。

1. 政策出台前后高校专利申请增长情况

2001 年 12 月发布的《关于加强与科技有关的知识产权保护和管理工作的若干意见》实施 1 年后，全国高校专利申请有较为缓慢的增长，2002 年年均增长率为 7.0%，比 2001 年高出 2.2 个百分点，比 2000 年高出 0.3 个百分点。2 年以后，即 2003 年，专利申请增长趋势明显，年均增长率高出 2001 年 69.9 个百分点，高出 2000 年 68.0 个百分点。可以看出，政策出台后 1 年，专利申请增长不明显，2 年后有明显增长。值得注意的是，2002 年 5 月，《关于国家科研计划项目研究成果知识产权管理的若干规定》生效，进一步放开了项目成果知识产权，由于其与《关于加强与科技有关的知识产权保护和管理工作的若干意见》相隔时间较短，存在一定的协同作用，进一步增加了分析的难度。但是，可以从图 4.26 中明显看出，高校专利申请大致以 2002 年 9 月为界（即上述两项政策生效约半年后）划分为两个阶段：在此之前，增长较为平缓；在此之后，专利申请增长发生明显变化，一是总量提高明显，二是增长波动明显。

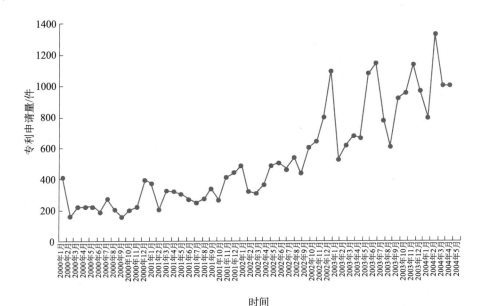

图 4.26　2001 年 12 月及 2002 年 5 月政策前后专利申请趋势

2008年7月1日，新修订的《科学技术进步法》生效。1年后，即2009年7月，专利申请平均增速为6.4%，均低于同期2007年和2008年的增速（8.4%和12.5%）。2年后，即到2010年7月，增速为21.9%，高于2007年和2008年水平。然而，可以明显看出，与上述两条管理规定相比，专利申请变化相对平缓。通过上述分析不难看出，存在一定的证据证明，国家科技计划知识产权管理变革对高校专利申请产生了积极的影响。2008年7月法律实施前后专利申请趋势如图4.27所示。

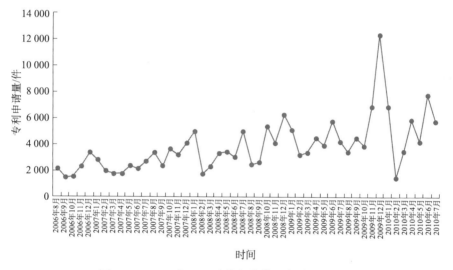

图4.27　2008年7月法律实施前后专利申请趋势

2. 政策效果的非参数检验

考虑到数据的可获得性等，本书分别选择2002年3月（考虑到2001年12月与2002年5月间隔较短，存在协同作用，作为技术处理，选取中间时间）与2008年7月前后12个月、24个月的全国高校专利申请量的月份数据并一一对应组成样本对，采用SPSS软件进行检验。不失一般性，在此详述2008年7月政策的检验结果，并在最后直接给出其余时间点（政策时间点）的检验结果。图4.28显示了以2008年7月为中点，2006年7月至2010年7月对应月份的专利申请数量（如横轴"1"对应2006年7月和2008年7月的两组对比数据）。

利用SPSS17.0软件中的Wilcoxon符号秩检验方法分别对12个月和24个月

的数据进行检验，结果如表 4.21 所示。对于 12 个月间隔情况，专利申请量的 P 值（双侧检验）为 0.033，小于显著性水平 0.05，因此推断，《科学技术进步法》（2007 年修订）实施 1 年后，高校专利申请量发生了明显变化；对于 24 个月间隔情况，专利申请量的 P 值（双侧检验）为 0.000，小于显著性水平 0.05，因此推断，《科学技术进步法》（2007 年修订）实施 2 年后，高校专利申请量也发生了明显变化。可见，《科学技术进步法》（2007 年修订）对于高校专利申请增长在短期和较长时期内均具有统计意义上的促进作用，并且时间越长，这种作用就越明显。同时，《关于加强与科技有关的知识产权保护和管理工作的若干意见》及《关于国家科研计划项目研究成果知识产权管理的若干规定》也存在上述类似结论，从 P 值来看，高校专利申请在《关于加强与科技有关的知识产权保护和管理工作的若干意见》与《关于国家科研计划项目研究成果知识产权管理的若干规定》前后的变化更为明显（P 值更小，意味着拒绝原假设的程度更高）。

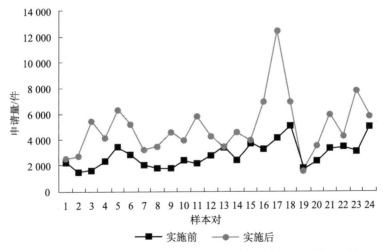

图 4.28　2007 年修订的《科学技术进步法》实施前后高校专利月度申请量对比

表 4.21　法律法规实施前后全国高校专利申请量非参数检验结果

政策时间点	样本对时间间隔	P 值（双侧检验）
2002 年 3 月	12 个月	0.001
	24 个月	0.000
2008 年 7 月	12 个月	0.033
	24 个月	0.000

注：显著性水平为 0.05

　　本书进一步对全国主要省级行政区（除去宁夏、海南、西藏三个高校专利申请数量极低地区及香港、澳门和台湾地区）进行考察（表4.22）。对《科学技术进步法》（2007年修订）实施前后的样本检验可以看出，对于12个月间隔情形，河北、江苏等13个地区的 P 值不大于0.05，两组样本表现出明显差异；而对于24个月间隔情形，仅有内蒙古、河南及甘肃3个中西部地区的 P 值不小于0.05，对照组未表现出明显差异。而《关于加强与科技有关的知识产权保护和管理工作的若干意见》和《关于国家科研计划项目研究成果知识产权管理的若干规定》对应样本检验也得出了一致结果，因此，本书推断，从统计意义上看，政府科技计划知识产权管理规定对高校专利申请的促进作用表现出地区差异性及时滞性，经济落后及高校专利申请十分薄弱的中西部地区（内蒙古、河南、甘肃、宁夏等）对《科学技术进步法》（2007年修订）、《关于加强与科技有关的知识产权保护和管理工作的若干意见》、《关于国家科研计划项目研究成果知识产权管理的若干规定》的反应迟钝，专利申请量变化极不明显。对于江苏、山东、浙江等经济和教育发达地区，其高校专利申请表现出较强的政策敏感性。

表4.22　全国及部分地区专利申请量的非参数检验结果

地区	2002年3月		2008年7月		地区	2002年3月		2008年7月	
	间隔24个月	间隔12个月	间隔24个月	间隔12个月		间隔24个月	间隔12个月	间隔24个月	间隔12个月
全国	Y	Y	Y	Y	江西	Y	N	Y	Y
北京	Y	Y	Y	N	山东	Y	Y	Y	Y
天津	Y	Y	Y	N	河南	Y	Y	N	N
河北	Y	N	Y	Y	湖北	Y	Y	Y	Y
山西	N	N	Y	N	湖南	Y	Y	Y	Y
内蒙古	N	N	N	N	广东	Y	Y	Y	Y
辽宁	Y	N	Y	Y	广西	Y	Y	Y	Y
吉林	Y	Y	Y	Y	重庆	Y	Y	Y	Y
黑龙江	Y	Y	Y	Y	四川	Y	Y	Y	Y
上海	Y	Y	Y	Y	贵州	Y	Y	Y	Y
江苏	Y	Y	Y	Y	云南	Y	Y	Y	Y
浙江	Y	Y	Y	Y	陕西	Y	Y	Y	Y
安徽	Y	N	Y	Y	甘肃	Y	N	N	N
福建	Y	N	Y	Y	新疆	N	N	Y	Y

注：Y表示有显著差异，N表示无显著差异

3. 结论

本书认为，国家科技计划知识产权管理变革对于高校专利申请产生了积极的影响。这种统计学意义上的影响在较长时期才显现出来，并且表现出一定的区域差异。对于经济与教育发展相对落后地区，高校专利申请增长的政策敏感性相对薄弱。另外，尽管通常认为法律的效力要高于部门规章制度，但是本书发现，整体来看，高校专利申请在《关于加强与科技有关的知识产权保护和管理工作的若干意见》和《关于国家科研计划项目研究成果知识产权管理的若干规定》之后的增长要比《科学技术进步法》（2007年修订）明显，可能的解释是部门规章更具针对性、时效性、可操作性及灵活性，其对于专利申请行为的影响要比法律更直接有效，法律的影响主要体现在长期效应上，并且部门规章制度也是落实法律规定的重要措施。

4.6 专利权质押融资对专利申请量增长的影响

专利权质押是指专利权人将自己的有效专利权作为质押标的，出质给债权人，当债务人不履行到期义务或发生约定的实现质权的情形时，债权人有权就该专利权优先受偿的物权担保行为。专利权质押是知识产权运用的重要方式，推行知识产权质押融资，把政府对科技型中小企业的直接资助转变为间接帮助企业从市场获得资金，这不仅有助于创新成果的实施和产业化，更有助于缓解政府压力，拓宽企业融资渠道，解决企业融资难题，实现知识资本与金融资本的有效结合。

4.6.1 专利权质押融资政策及发展现状

1. 专利权质押融资发展现状

1995年颁布的《中华人民共和国担保法》（简称《担保法》）和2007年颁布的《中华人民共和国物权法》（简称《物权法》）相继规定，依法可以转让的注册商标专用权、专利权、著作权中的财产权可以质押。2006年，中国银行业监督管理委员会发布《关于商业银行改善和加强对高新技术企业金融服务的指导意见》，规定拥有自主知识产权并经国家有权部门评估的高新技术企业可以试办知识产权质押贷款，自此国内正式开始推进知识产权质押贷款。我国知识产权质押融资尚处于起步阶段，前后共有三批机构参与试点（表4.23）。首批全国知识产权质押融资试点单位的试点工作于2009年1月1日正式启动，北京市海淀区知识产权局、吉林省长春市知识产权局、江西省南昌市知识产权局、湖南省湘潭市知识产权局、广东省佛山市南海区知识产权局、宁夏回族自治区知识产权局等6家单位成为第一批试点单位。

表 4.23 知识产权质押融资试点（三批）开展情况

批次	时间	地区	累计数/家
1	2009 年	北京、长春、南昌、湘潭、佛山、宁夏	6
2	2010 年	成都、广州、东莞、宜昌、无锡、温州	12
3	2011 年	上海浦东、天津、镇江、武汉	16

2010年8月12日，财政部等六部门发布的《关于加强知识产权质押融资与评估管理支持中小企业发展的通知》提出建立促进知识产权质押融资的协同推进机制，完善创新知识产权质押融资的服务机制，完善知识产权质押融资风险管理机制，完善知识产权质押融资评估管理体系，建立有利于知识产权流转的管理机制。2011年，国家知识产权局与中国交通银行开展全方位战略合作，并签署《国家知识产权局与交通银行中小企业知识产权金融服务战略合作协议》，支持17个地区建立知识价值评估专家辅导团队。2012年4月18日，国家知识产权局等发布的《关于加强战略性新兴产业知识产权工作若干意见》对知识产权质押融资也提供了政策上的支持，并且指出要完善知识产权投融资政策，支持知识产权质押、出资入股、融资担保；探索与知识产权相关的股权债券融资方式，支持社会资本通过市场化方式设立以知识产权投资基金、信托基金、融资担保基金等为基础的投融资平台和工具；探索建立知识产权融资机构，支持中小企业快速成长。据统计，2006年1月至2011年6月，全国已累计实现专利权质押3361件，质押金额达318.5亿元（含外汇）[①]。

---

① 国家知识产权局，2011 年全国实现专利权质押融资 90 亿元，http://www.sipo.gov.cn/yw。

2. 专利权质押融资政策

1996 年中国专利局发布《专利权质押合同登记管理暂行办法》，明确了办理专利权质押登记的管理部门、程序及要求、登记期限等具体操作指南。2010 年 10 月 1 日起施行的《专利权质押登记办法》为规范专利权质押登记，对专利权质押的申请、变更、注销、管理及专利权质押的程序、要求及期限等做了规定。《专利权质押登记办法》中，登记客体由质押合同变为专利质权，质权人获更多保障，行政服务更为高效便捷，审查登记期限由 15 个工作日改为 7 个工作日，且撤销了办理质押登记需要缴费的规定。同时，为加强地方知识产权质押贷款工作，地方政府也相继制定了一系列政策法规，内容涵盖知识产权质押对象、知识产权质押贷款方式、知识产权质押贷款用途、相应优惠条件等（表 4.24）。

表 4.24　国家知识产权质押融资主要相关政策法规

政策法规	颁布时间	主要内容
《专利权质押合同登记管理暂行办法》	1996 年 9 月	明确规定专利权质押登记的管理部门、程序及要求、登记期限等具体操作指南
《国家中长期科学和技术发展规划纲要（2006—2020 年）》	2006 年 2 月	对改善对中小企业科技创新的金融服务、鼓励开展知识产权权利质押业务试点等做了规定
《关于商业银行改善和加强对高新技术企业金融服务的指导意见》	2006 年 12 月	提出拥有自主知识产权并经国家有关部门评估的高新技术企业可以试办知识产权质押贷款
《关于加强知识产权质押融资与评估管理支持中小企业发展的通知》	2010 年 8 月	提出促进知识产权质押融资的协同推进机制，完善创新知识产权质押融资的服务机制、风险管理机制、知识产权质押融资评估管理体系，建立有利于知识产权流转的管理机制
《专利权质押登记办法》	2010 年 10 月	对专利权质押的申请、变更、注销、管理及专利权质押的程序、要求及期限等做了规定
《关于加强战略性新兴产业知识产权工作若干意见》	2012 年 4 月	提出要完善知识产权投融资政策；支持社会资本通过市场化方式设立以知识产权投资基金、集合信托基金、融资担保基金等为基础的投融资平台和工具；探索建立知识产权融资机构

4.6.2 专利权质押融资模式与激励措施

1. 专利权质押融资模式

专利权质押融资主要涉及企业、银行、政府、担保机构和评估机构等。基本流程为在政府鼓励和引导下，企业把经过专业评估机构评估后的专利权质押给银行以获取贷款（授信），在这中间可能涉及第三方担保机构的作用（图 4.29）。

根据在专利权质押融资中各机构的作用，大致可把现阶段国内专利权质押融资模式分为北京模式、上海浦东模式、武汉模式和湖北模式四种模式。北京模式是"银行＋企业专利权/商标专用权质押"的直接质押融资模式；浦东模式是"银行＋政府基金担保＋专利权反担保"的间接质押模式；武汉模式则是在借鉴北京和上海浦东两种模式的基础上推出"银行＋科技担保公司＋专利权反担保"的混合模式；湖北模式是"专利＋股权"的双质押模式。

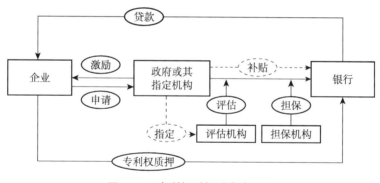

图 4.29 专利权质押融资流程图

2. 政府鼓励专利权质押融资的激励措施

政府除了在相关融资市场规范方面发挥作用外，还通过积极建立专利投融资服务平台，引导和建立专利权质押融资的创新机制，并通过为企业提供担保、利息补贴的形式来鼓励和引导专利权质押融资。例如，于 2011 年开通的湖北省专利投融资综合服务平台，由湖北省知识产权局与武汉光谷联合产权交易所共同搭建，双方将紧紧围绕专利的创造、运用、保护和管理 4 个环节，搭建专利转化及投融资"一站式"服务平台，建立覆盖全省的专利转化服务网络，培育专利转化、交易与融资服务的政策与市场环境[①]。《重庆市知识产权质押贷款贴息暂行办法》指出每年在市级应用技术研究与开发资金中安排知识产权质押贷款贴息资金，对符合条件的科技企业给予知识产权质押贷款利息补贴；《河北省专利权质押贷款管理暂行办法》要求，科技主管部门对获得专利权质押贷款的借款人在科技计划立项和科技经费安排上给予优先支持，在贷款贴息、评估费、担保手续费等方面对专利权质押贷款的借款人和中介服务机构给予资助或补贴。

4.6.3 专利权质押融资对专利申请量增长的影响分析

尽管现阶段我国专利权质押融资还处于初步发展阶段，但是其对企业技术创新并最终促进专利申请的作用是积极的。本书分析认为，专利权质押融资能够有效解决企业融资问题。如图 4.30 所示，在专利权质押融资出现之前，企业投入大量资源进行专利申请获得专利权（1、2 环节），却往往因为资金限制（没有环节 3，或者环节 3 过于狭窄，特别是在科技型中小企业及科技创新初期企业中这种现象广泛存在），无法进行技术再创新，以及相关技术、专利的实施和产业化。在政府大力推行专利权质押融资的背景下，环节 3 得以打通，使得整个循环能够有效运转，从而有利于实现"技术创新有投入，专利成果有出路，融资与产业化共同促进创新"的良性发展模式。因此，本书认为，专利权质押融资通过解

图 4.30 专利权质押融资带动技术创新持续循环示意图

① 湖北省人民政府，国内首个专利投融资服务平台在湖北建成，http://www.hubei.gov.cn/zwgk/zwdt/bmdt/201109/t20110905_144681.shtml。

决专利的"入"和"出"的问题，能够促进专利申请量的增长。值得注意的是，由于我国科技型企业数量众多、分布广泛，且运作灵活，生命力旺盛，一旦专利权质押融资得以大规模、常态化、健康地实施，将大大提高我国企业的创新能力并有效促进高质量专利申请量的增长。

科技型中小企业拥有很多自主知识产权等无形资产，但由于不能满足商业银行的传统贷款模式所要求的抵押担保条件不能贷款，严重影响了企业的科技成果转化与发展壮大，专利权质押贷款可以解决科技型中小企业无固定资产抵押的贷款难问题，是促进科技与金融结合的有效方式。对于有核心技术专利的科技型中小企业而言，专利权质押贷款解决了融资的问题，而且将贷款投入企业会促进很多专利的转化，促进企业的发展，对企业走自主研发的创新之路也具有很大的激励作用。

当然，在专利权质押融资发展初期，业务规模十分有限，其对专利申请量增长的作用可能比较有限。除了专利申请量增长外，专利权质押融资对于专利质量、专利价值的要求很高，这也将有利于我国专利质量的改善，这一问题不是本书的研究重点，在此不再展开叙述。

4.7　专利中介服务体系建设对专利申请量增长的影响

专利中介服务体系包含两个方面：一是与专利创造、保护相关联的技术创新促进中心及专利代理机构等；二是与专利运用及产业化相关联的专利信息与专利技术咨询服务机构、专利技术交易市场、专利技术评估机构及专利技术风险投资机构等。

4.7.1　专利中介服务体系的功能分析

在市场经济条件下，专利中介机构与各类创新主体和要素市场有着紧密的联系，为科技成果的专利化、专利技术的保护及专利技术的运用与产业化等提供重要的支撑性服务。专利中介服务体系的主要功能如下。

（1）专利申请代理。各个国家都有专门从事专利申请代理的中介机构。专利申请是一项比较复杂的程序。如果由发明者个人完成整套申请程序，则会花费较多时间与费用，而且申请过程中还涉及一系列知识产权保护方面的法律问题。此外，申请过程中还可能涉及异国申请等需要由专业人士来解决的问题。而这些专业知识是普通人和一些中小企业所不具备的。因此，对他们来说，委托专门的中介机构来申请专利更能发挥专业分工的优势。目前，还有一些专利中介服务人员协会、企业专利工作者协会等社会团体组织，其宗旨是通过行业自律和业务交流促进专利中介服务质量的提高。这些组织的存在，能使政府政策和法律的调整更快捷地传递下去。

（2）专利分析。专利信息是一种很重要的信息。在国外，对专利信息进行分析的一种流行做法是分析专利图。根据某一技术领域的专利分布图，可以预测该领域下一步的发展趋势，也可以帮助企业找出未来的技术开发路径，为企业在整个技术领域中扮演的角色定位，使企业的研究开发战略更加合理。然而对专利信息进行分析需要具备比较专业的知识。对众多企业而言，从事这些活动显得并不划算。但是，如果有机构专门对某一领域的专利信息进行分析、加工和发布，为企业预测与它们存在利害关系的其他企业的研发活动进展，从而为企业的发展提供建议，那么，社会分工的比较优势便会体现出来。

（3）专利交易促成。一方面，在专利技术的交易中，存在比较严重的信息不对称问题，这可能会导致交易双方的报价悬殊，造成原本能够成交的交易无法达成。因此，需要由专业性的中介机构作为第三方对交易价格进行公正评估。另一方面，还需要一些中介组织为包括专利的转让及实施许可在内的交易行为提供建议或者鉴证服务。这是因为，专利产权具有特殊性，在签订交易合同时，需要具备十分专业的知识，否则，会面临很大的风险。对一些不具备丰富经验的企业而言，尤其需要专门的中介机构来提供建议。

（4）专利战略咨询。专利中介组织可以为企业的研究开发和专利工作提供好的建议。可以帮助客户对专利情报进行分析，找准下一步的研发重点；可以在研发前对现有技术（包括已经申请专利和没有申请专利但已经公开的技术）进行查新，确保开发出来的成果得到法律保护。此外，还能够帮助企业制定出符合企业实际情况的专利战略和专利制度，使企业的专利工作有序展开。国外的大公司都有较完备的专利管理制度和行之有效的专利战略，而我国企业在这方面普遍比较薄弱，因此，帮助企业建立专利管理制度和专利战略，成为专利中介组织的潜在服务项目。

（5）专利权益维护。中介机构在帮助客户维护专利权方面起着重要作用。目前，我国已经有一些代理机构开展了对侵权者进行调查和提起诉讼的业务，还有一些中介组织代表部分专利权人的共同利益。

4.7.2　专利代理机构对专利申请量增长的影响分析

根据《专利代理条例》（1991年），专利代理机构是指接受委托人的委托，在委托权限范围内，办理专利申请或者其他专利事务的服务机构。专利代理是整个专利工作体系中不可缺少的重要一环，是专利申请人与专利局之间的桥梁。

我国专利事业蓬勃发展，专利代理机构的数量不断增长。截至2010年5月，除西藏地区外，全国30个省级行政区（不含港澳台）均有专利代理机构，全国（不含港澳台）共有专利代理机构879家，其中一般代理机构（含涉外业务）845家，国防代理机构34家。2010年，北京专利代理机构数居全国之首（221家，占总数的26%[①]），其次为广东（109家，占总数的13%）、上海（77家，占总数的9%）、江苏（54家，占总数的6%）和浙江（46家，占总数的5%）（图4.31），可以看出，上述专利代理机构聚集的地区也是专利申请量排名靠前的区域，全国（不含港澳台）60%的专利代理机构集中在上述地区，而这些地区2010年专利申请量占全国的58%。显然，北京地区专利代理机构在总数上的绝对领先与国家知识产权局在京办公有密切关系。

在此，将北京市剔除，选择其余29个地区的专利代理机构数与其在2010年的专利申请量进行相关性分析。可以看出，地区专利代理机构数与专利申请授权量均显著相关（表4.25）。同时可以看出，专利代理机构数与发明专利授权数和发明专利申请数相关性较大。因此，从统计意义上来看，地区专利代理机构数量的增加对于提高发明专利申请量及授权量有积极意义。

---

① 本书中不涉及国防专利申请的研究，所以如果无特别说明，均为全国（不含港澳台）一般专利代理机构。数据来源：http://www.acpaa.cn/search_agents.asp。

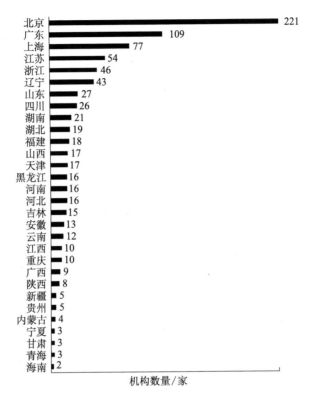

图 4.31　2010 年各省（自治区、直辖市）专利代理机构数量分布

资料来源：国家知识产权局官方网站

表 4.25　专利代理机构数与专利申请授权量相关性分析结果

	项目	专利申请总量	发明申请量	实用新型申请量	外观设计申请量	授权总量	发明授权量	实用新型授权量	外观设计授权量
专利代理机构数	皮尔逊相关系数	0.772**	0.868**	0.781**	0.666**	0.809**	0.964**	0.807**	0.738**
	显著性（双侧）	0.000	0.000	0.000	0.000	0.000	0.000	0.000	0.000

** 在 0.01 水平（双侧）上显著相关

　　本书以专利代理率（专利代理率 = 通过专利代理机构申请专利数/专利申请总数）为指标对我国专利代理机构的作用进行初步检验。通过对上述 845 家专利代理机构名称进行分析，发现其名称中含且仅含有表 4.26 中所列字段之一。因此，确定了以专利代理机构为 "% 专利 %" 或 "% 律师事务所 %" "% 知识产

权代理 %""% 知识产权事务所 %""% 知识产权事务中心 %"的模糊查询方式，限定专利申请时间，借助中国知网（CNKI）中国专利全文数据库进行检索[①]，确定各年度（2006 ～ 2010 年）通过专利代理机构申请的专利总数及全部专利申请数，最终获得 2006 ～ 2010 年三类专利的专利代理率情况（表 4.27）。

表 4.26　专利代理机构名称分析

字段	含该字段机构数/家
专利	459
律师事务所	83
知识产权代理	278
知识产权事务所	24
知识产权事务中心	1
合计	845

表 4.27　2006 ～ 2010 年各类专利代理率

年份	专利类型		
	发明专利	外观设计专利	实用新型专利
2006	0.852 922	0.733 44	0.739 711
2007	0.839 264	0.723 548	0.733 233 9
2008	0.814 721	0.682 997	0.724 089 3
2009	0.808 155	0.650 367	0.711 114 1
2010	0.792 103	0.669 271	0.702 667

可以看出，我国专利申请的 65% 以上是通过代理机构申请的，而发明专利的代理率最高。2006 年以来，三类专利的代理率略有下降。2011 年，我国年度专利申请量达到 1 633 347 件，其中委托代理机构代理申请的达到 1 055 247 件，自 1985 年专利代理制度制定以来年度代理量首次突破 100 万件。其中，代理国外申请 128 667 件、国内申请 926 580 件。以上各项数据表明，我国专利代理行业的主渠道作用越来越明显，已经成为实践知识产权制度的重要支柱之一[②]。

本书认为，专利代理机构由于其专业性，承担了绝大部分专利申请工作，

---

① 中国知网（CNKI）中国专利全文数据库包含了从 1985 年至今的中国专利，截止到 2012 年 6 月，中国专利全文数据库共计收录专利 645 万多条。该数据库相比国家知识产权局在线检索系统更快捷。

② 参见 http://www.acpaa.cn/list_yaomen.asp？news_id=2544。

一个地区专利代理机构数量的多少与该地区专利申请数的多少密切相关。技术含量越高的专利，对专利代理机构的依赖性越强，因此，有理由推断专利代理机构的发展对于我国专利申请量的增长有积极的影响。

对比国外情况（美国的专利代理率在 90% 以上）可以看出，我国专利代理机构有很大的发展空间，未来对我国专利申请量增长的作用也将日益体现。当然，值得注意的是，专利代理机构的发展也与我国专利申请量的增长直接相关。需要注意的是，专利代理机构也只是一个外在原因，仅在一定程度上降低了专利申请的难度，提高了专利申请的效率，实际上对专利申请增长的影响是有限的。

4.8　专利保护环境对专利申请量增长的影响

4.8.1　行政保护和司法保护并立的专利保护体系

知识产权保护环境对专利申请量增长和促进专利质量的提高会产生重要的影响。在良好的专利保护环境下，专利侵权成本高，维权成本低且难度小，产学研等创新主体有以公开专利信息换取独占专利权并获得经济利益的信心。如果专利保护环境恶劣，将极大地挫伤创新者的积极性，进而影响专利申请量的增长和专利质量的提高。

自 1985 年实施专利制度以来，通过建立和完善专利保护制度，我国努力营造适应专利权保护的制度环境，增强技术发明人的专利信心，从而促进专利申请的发展。我国专利保护通常情况下有两个范畴，一是司法保护，二是专利行政保护。其中，专利行政保护被认为是具有中国特色的专利保护制度，通常是指国家专利行政管理部门及各地方专利行政管理部门依法处理专利纠纷、查处专利违法行为等一系列的行政执法活动。

表 4.28 基本上反映了我国自 1985 年首部《专利法》施行后，专利行政保护制度在执法实践中的绩效情况：截止到 2010 年，我国地方专利行政管理部门已受理的专利行政执法案件总数为 35 315 起，其中行政处理的专利民事纠纷案件有 19 788 起，行政查处的假冒专利行为案件有 15 527 起，行政处理的专利民事

纠纷案件的总量仍然多于行政查处的假冒专利行为案件的数量。这些数据表明，自1985年我国专利制度实施以来，我国专利行政保护制度在实践中发挥了巨大作用，如果没有该行政保护制度，我国专利保护的进程要缓慢得多，也不可能达到现在的高水平保护状况。

表 4.28　地方专利行政管理部门受理的专利行政执法案件统计　　　　单位：起

年份	行政处理的专利民事纠纷案件			行政查处的假冒专利行为案件		
	专利侵权纠纷案件	其他纠纷案件	合计	冒称专利行为案件	假冒他人专利行为案件	合计
1985～2000	6 331	—	6 331	4 552	—	4 552
2001	977	23	1 000	413	—	413
2002	1 399	56	1 455	1 124	116	1 240
2003	1 448	97	1 545	1 357	222	1 579
2004	1 414	66	1 480	1 587	102	1 689
2005	1 360	132	1 492	2 218	191	2 409
2006	1 227	43	1 270	933	33	966
2007	986	27	1 013	681	32	713
2008	1 092	34	1 126	601	59	660
2009	937	26	963	548	30	578
2010	1 095	18	1 113	728	—	728
合计	18 266	522	19 788	14 742	785	15 527

注：表中的"—"表示统计资料中没有此类明细数据或根据当时《专利法》的规定没有此类数据
资料来源：邓建志，2012

表4.29列出了1985～2010年我国地方法院受理一审专利民事案件的统计数据。可以看出，我国地方法院受理的专利民事案件数量增长较快，2001～2010年年均增长率超过14%。从平均每起专利民事纠纷对应的专利申请数来看，1985年平均每1426项发明专利申请对应1起专利纠纷，而到2010年，该指标降至67.6项，这意味着随着我国专利申请量的增长，我国司法保护能力和强度也在逐步增强。

表 4.29　地方法院受理一审专利民事案件统计表　　　　　单位：起

年份	专利民事案件数量/起	年份	专利民事案件数量/起
1985	6	1999	1 485
1986	10	2000	1 595
1987	46	2001	1 597
1988	79	2002	2 081
1989	130	2003	2 110
1990	178	2004	2 549
1991	330	2005	2 947
1992	503	2006	3 196
1993	680	2007	4 041
1994	833	2008	4 074
1995	1 051	2009	4 422
1996	1 184	2010	5 785
1997	1 045		
1998	1 162	合计	43 119

资料来源：邓建志，2012

4.8.2　专利诉讼案件数量与专利申请量的相关性分析

我国专利诉讼案件区域分布差异较大。以 2009 年为例，国家知识产权局统计的知识产权管理部门当年专利侵权纠纷受理量为 937 起，其中 31 个省（自治区、直辖市）中专利侵权纠纷受理量最多的为山东省，占全国当年受理总量的 17.93%，排名前 15 位的省（自治区、直辖市）受理量如图 4.32 所示，其总量占当年全国受理总量的 90% 以上。

选取 2009 年 31 个省（自治区、直辖市）的专利侵权纠纷受理量和 2008 ~ 2010 年对应地区的专利申请量，通过 SPSS 软件进行相关性分析，结果如表 4.30 所示。

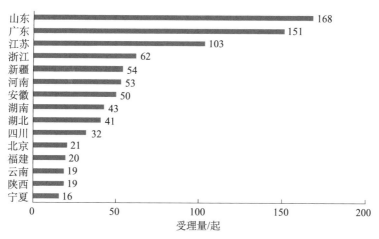

图 4.32　2009 年各地区专利管理机构专利侵权纠纷受理量（前 15 名）

表 4.30　专利诉讼案件数量（2009 年专利侵权纠纷受理量）与专利申请量的相关性分析

项目		2008 年专利申请量	2009 年专利申请量	2010 年专利申请量
2009 年专利侵权纠纷受理量	皮尔逊相关系数	0.747	0.724	0.723
	显著性（双侧）	0.000	0.000	0.000
	N	31	31	31

从以上结果可以看出皮尔逊相关系数呈现出正相关关系，同时，显著性（双侧）结果为 0.000，小于 0.01，所以专利诉讼案件数量与专利申请量存在显著相关关系。

4.9　本章小结

本章对我国专利申请量增长的政策和环境影响因素进行了分析，基本结论如下。

（1）专利申请量增长是一个极其复杂的过程，很难全面、系统、准确地对我国专利申请量增长做出解释。上述因素，包括宏观科技经济影响因素及政治、环境因素，对专利申请量增长的影响因时间、地区、创新主体、专利种类不同而不同，在这种情况下，难以完全把握，因此，从单个方面进行分析，说服力相对有限。

（2）专利制度是专利活动开展的平台，随着我国专利制度改革的深化，专利保护范围、保护期限不断优化，专利保护能力不断提高。实证研究表明，我国每一次专利法修改都对专利申请量增长产生了广泛而深远的影响。

（3）专利资助政策已经成为各地区、多层次鼓励专利申请的普遍的、基本的政策。专利资助政策，尤其是早期的政策对于专利申请量增长的促进作用比较明显。近年来，通过不断调整，专利资助政策逐步加强对发明专利、困难群体、授权专利的资助，有效地推动了地方专利申请资助格局的优化。

（4）由于2008年出台的认定标准中，核心自主知识产权界定的范围不局限于自主申请获得授权的发明专利，高新技术企业认定对企业专利申请的促进作用有着积极的效果，但也存在一定的不足。对于有自主发明创造能力的企业而言，高新技术企业认定确实能促进其专利申请量的增长；对于无此能力的企业，由于可以通过购买等方式获得专利权，高新技术企业认定难以促进其专利申请量的增长。此外，从事计算机、信息、软件等行业的企业也大多通过计算机软件著作权的形式满足对核心自主知识产权的要求，因而往往不会增加专利申请。

（5）国家知识产权试点示范工作在单位及城市的选择上明确提出了专利数量指标，在试点过程中确定专利发展指标，并且通过能力建设，提高试点示范单位和城市的整体创新能力，这将有助于持续地促进专利产出。

（6）国家科技计划管理越来越重视对知识产权管理，政府通过一系列政策法规明确和规范了科技计划执行过程中的知识产权归属、发展目标、知识产权保护以及知识产权运用的诸多问题。实证分析表明，随着相关管理制度的调整，国家科技计划的专利申请数、专利授权数、单位经费投入专利申请数均保持了高速增长趋势。

（7）尽管当前我国专利权质押融资规模还较小，但其对于扩大融资渠道、促进科技型中小企业技术创新的意义重大。随着我国相关制度的出台以及中介服务体系、风险控制机制的完善，专利权质押融资对专利申请量增长的促进作用将进一步发挥。

（8）我国绝大多数专利申请是通过专利代理机构完成的，专利代理机构服务质量的高低，直接关系到专利申请量的增长和专利质量的提升。此外，专利审查管理能力的提高、专利保护环境的改善对专利申请量增长和专利质量提升也具有重要的促进作用。

（9）在我国，政府在提高全社会知识产权意识、推动专利申请量增长过程中的作用较为明显。政府的作用主要体现在三个方面：首先，政府建立专利制度和专利保护环境，为产学研创新主体提供实施专利战略的平台，并以此促进和保护创新行为；其次，政府通过多种形式的创新资源投入（科技计划、创新平台等）及能力建设（人才培养、人才计划），引导和促进创新主体增加创新产出及专利申请；最后，政府参与，即政府把专利指标作为区域发展目标以及党政干部绩效考核指标。此外，政府还通过其他政策引导和财政支持的方式促进专利申请量的增长，如专利资助、奖励及高新技术企业认定等。

第5章

专利申请量增长的创新主体动机与影响因素分析

企业、高校及科研机构作为专利申请的主体，其专利申请的动机及影响因素存在一定的差异，从微观角度分析各创新主体专利申请的动机及影响因素，有助于为改进相关知识产权政策和创新政策提供依据，并为引导创新主体制定更加有效的专利申请策略和专利战略提供参考。

5.1 企业专利申请的动机与影响因素分析

5.1.1 企业专利申请的动机

在知识经济时代，以专利为核心的知识产权逐渐成为保持企业持续创新能力和赢得竞争优势的重要资产，国内与国际专利数量猛增，专利竞争态势愈演愈烈，企业的专利活动呈现出战略性和攻击性特征，专利申请的动机模式也发生了重大变化，呈现出战略化、复杂化和多样化的趋势。企业出于不同的动机申请专利，不同的专利申请动机将导致不同的专利申请行为。总结企业专利申请的动机，可以将其概括为市场化动机、非市场化动机、战略性动机三类。

1. 市场化动机

市场化动机，是指专利申请人以专利实施为目的进行专利申请，通过产品的销售来获取利润。

2. 非市场化动机

非市场化动机，是指专利申请人申请和获得专利并不以专利实施为目的，而纯粹是为了非市场化价值的需要，如为了达到政府和单位专利数量的考核指标，为了获得职称、奖金或满足加薪的需要，为了满足高新技术企业认定标准，为了获得专利资助、质押贷款、承揽科研项目、试点示范企事业单位认定等。

1）为完成政府或单位的专利数量考核指标

目前在实施自主创新战略和国家知识产权战略的背景下，各地各单位激励自主创新的热情高涨，逐渐将专利申请量或授权量纳入单位绩效评价体系中，成为晋升、加薪等的硬性条件。程良友和汤珊芬（2006）指出，近年来各地各单位专利工作的绩效评价多以专利申请或授权量作为重要指标，为了通过考核，各地各单位不断出台资助政策激励专利申请，导致产生"为专利而专利"现象，如将一项发明创造拆成几项申请、将早已公开不具备专利条件的产品再申请专利、仅提交申请获取申请号而不交申请费等，这种单纯追求专利数量而忽略专利质量的做法不仅浪费人力物力，且创造性差，专利实施应用率低，背离了专利制度的宗旨。

2）为获得高新技术企业认定，争取国家优惠政策

根据2016年新修订的《高新技术企业认定管理办法》，可依照《企业所得税法》、《税收征收管理法》及《税收征收管理法实施细则》等有关规定，申报享受税收优惠政策。这是企业申报高新技术企业认定的直接动力。此外，2016年发布的《高新技术企业认定管理工作指引》中规定，在高新技术企业评审中，核心自主知识产权指标占30分，其中获得发明专利并属于自主研发的评分较高。由此可见，核心自主知识产权的数量是高新技术企业认定的重要指标，部分企业为了获得高新技术企业认定，享受税收优惠，往往增加专利的申请量。

3）为获得政府的专利资助或专利权质押贷款

在国家《专利费用减缓办法》（自2016年9月1日起改为《专利收费减缴

办法》）和《资助向国外申请专利专项资金管理办法》指导下，各地方政府纷纷出台专利申请资助的鼓励或优惠办法，专利资助较大程度地减轻了发明人和企业申请或维持专利时的经济负担，促使其增加专利申请。《担保法》《物权法》规定专利权可以质押，部分企业为获得专利权质押贷款解决融资问题而申请专利。

4）为获得单位奖励、职位晋升

《专利法实施细则》（2010 年修改）规定，专利权持有单位应将不低于 2% 的营业利润（发明或实用新型专利）或不低于 0.2% 的营业利润（外观设计专利）作为报酬给发明人。目前不少企业将专利申请与职位晋升、奖金发放、福利待遇等挂钩，对获得发明专利的一次性奖励可达上千元，且在年终考核时将专利折合成全年工作量。这些奖励政策在促进科研人员增加专利申请的同时，忽略了对实施绩效的考核，往往导致专利质量下降，实施转化率降低。

5）为评选知识产权试点示范企业

自 2000 年起，国家知识产权局切实开展城市、园区和企事业单位知识产权试点示范工作，在专利信息收集利用、专利人员培训、专利工作政策指导、专利战略研究、咨询服务等方面提供政策性引导和支持，同时，地方知识产权管理部门对专利试点示范单位提供一定的优惠政策，如资助国内外专利申请费用；以专项工作补贴、专利质押贷款贴息等形式给予资金支持；借助知识产权专家服务队、专利数据库等优势资源给予专业服务支持；加强对示范单位的宣传引导；优先推荐示范单位参评专利奖、列入科技计划或高新技术产业化项目等。《企事业知识产权示范单位评选管理办法（试行）》规定，被评定为知识产权示范企事业单位的基本条件是近 3 年专利申请总量在本行业领先或拥有本行业重要核心专利。因此，部分企业为评定知识产权试点示范单位，往往需要增加其专利申请量。

6）为获得国家和地方科技项目资助

《关于加强国家科技计划知识产权管理工作的规定》（2003 年）中规定，对知识产权的质量和数量较高的单位在新项目评审中优先安排。科技行政管理部门往往将知识产权作为独立指标列入科技计划项目评审指标体系，有些企业为获得国家或地方科技项目资助往往要增加专利申请。

3. 战略性动机

随着产业技术竞争日趋激烈，专利的实施和应用越来越具有战略性，专利的战略价值的重要性逐渐显现。除了保护发明人创新成果不被模仿、获取许可收入的传统动机，更多复杂的战略动机成为企业申请和运用专利的重要原因，正是这些战略动机驱使的专利运用带来的巨大战略利益使专利具有了更高的战略价值和经济价值。

国内外学者针对专利申请动机开展了广泛的调查研究。2002 年 Blind 等（2006）对 1999 年在欧洲专利局申请 3 项以上专利的 1500 家德国企业进行调查，样本企业专利申请量占德国在欧洲专利局或 PCT 专利申请量的 40%。研究中 Blind 等将专利申请动机划分为五个方面：保护动机、阻挡动机、名誉动机、交易动机和激励动机。刘林青和谭力文（2006）指出企业申请专利的动机包括构建法律赋予的排他性组合来降低外部专利拥有者可能带来的阻拦、增加交易砝码、以更优惠的条款获得外部技术等。除此之外，部分学者也对专利申请动机对专利申请行为影响的重要性进行了研究（表 5.1）。

表 5.1 专利申请的战略性动机及其对专利申请行为影响的重要性

实证调查	结论
Arundel 等（1995）在 1993 年对意大利、英国、德国企业专利申请动机的调查	80% 的企业认为保护创新不被模仿是最重要的动机，其次是改善企业谈判地位、防止第三方的侵权诉讼、获取许可收入、进入国外市场和评估内部研发生产力
Harabi（1995）在 1988 年对瑞士企业的调查	动机按重要性排序依次是阻止产品被模仿、保护许可收入、增强谈判地位、进入国外市场（直接投资和生产或间接通过许可协议）、破坏竞争者生产线或研发、评估研发人员绩效
Duguet 和 Kabla（1998）在 1993 年对 299 家法国企业的调查	保护创新不被模仿最为重要，其次是防御阻拦和改善谈判地位、获取许可收入、占据外国市场、激励研发人员
Pitkethly（2001）在 1993~1995 年对日本、英国企业的调查	按重要性排序：保护创新不被模仿、进攻封锁、交易潜力或提高谈判质量、许可收入
Cohen 等（2002）对美国和日本的比较研究	按重要性排序：防止模仿、专利阻拦、防止侵权诉讼、增强企业名誉、提高谈判地位、获得许可收入、测量企业内部绩效
刘珊（2009）对中德软件企业的调查	按重要性排序：保护创新不被模仿、提高公司声誉、占据市场领导地位、阻挡竞争对手的研发、作为谈判筹码、增加获得投资的机会、获得加入专利池的通行证、获取许可收入

根据前人的研究结论，总结出的企业的专利申请战略性动机主要包括以下几点。

1）保护创新不被模仿

技术创新成果具有公共产品的属性，若不将创新成果产权化，其可能会被他人获取、使用甚至公开，导致创新利润无法实现。因此，为保证创新者的创新利润，允许创新者在一定时间内对其创新成果享有专有的、排他的垄断权。保护创新不被模仿是基于专利制度功能而产生的传统动机。《专利法》中对保护创新不被模仿做了明确规定，未经专利权人许可，他人不得实施专利，即不得为生产经营目的制造、使用、许诺销售、销售、进口其专利产品，或者使用其专利方法以及使用、许诺销售、销售、进口依照该专利方法直接获得的产品。

2）获取专利许可和转让收益

除了将专利市场化，企业从专利直接获取经济利益的途径有两种：一是对外许可专利技术，获得许可收入；二是转让专利技术，获得技术转让费。专利许可和专利转让是单向的企业专利行为，获得的许可和转让收入用来补偿前期研发投入、获得利润。

3）阻挡和牵制竞争对手的研发或创新

已有的大多数调查发现，一个非常重要的战略动机是阻挡竞争者。Arundel等（1995）将阻挡竞争者动机分为两类。一类是进攻性阻拦，是指企业为了防止其他企业在相同或邻近的领域运用他们的技术发明而申请专利，企业围绕核心发明专利竖立专利围墙，取得的专利权范围往往超过保护实际技术发明的需要。另一类是防御性阻拦，是指企业为了防止可操纵的技术空间被他人的专利所消减、避免第三方的专利侵权诉讼而申请专利。

4）用于交叉许可，建立专利池或专利联盟

随着科学技术的发展和技术更迭的加剧，技术创新的范围越来越广，内容越来越复杂，单一企业往往无法内部开发全部技术，导致出现企业间专利技术叠和相互阻拦的现象，极大地阻碍了企业的发展。通过专利交叉许可的方式，企业间建立专利池或专利联盟，消除了专利实施中的法律障碍，减少了专利纠纷，也节约了专利许可和专利诉讼的成本。

5）保护产品的国内市场份额，占据市场领导地位，拓展国外市场

由于专利的独占性和垄断性，企业在核心创新成果领域往往能够占据市场领导地位，享有创新利润，保护产品的市场份额。此外，PCT 专利因其技术先进、审查和审批难、保护强度高等原因，具有较高的战略价值和经济价值。因此申请并获得 PCT 专利成为企业进入和保护国外市场的重要手段。

6）进行合作谈判，提高谈判地位和获得投资的可能性

专利作为重要的无形资产，是评价企业创新能力的重要指标。企业往往以拥有高质量的专利技术为诱饵，与外部投资者进行合作谈判，从而吸引风险投资或其他外部资本的进入。

7）提高企业声誉，塑造企业技术形象

专利是衡量企业产品价值的重要标准，拥有高质量的专利有利于提高企业声誉和技术形象。

8）参与技术标准的制定

技术标准是指重复性技术事项在一定范围内的统一规定，分为法定标准与事实标准。随着经济全球化的发展，技术标准逐渐成为国家、企业保持创新技术优势的重要工具，国际产业竞争呈现出技术专利化、专利标准化、标准许可化的趋势。对于企业来说，一旦标准被采用，专利权人将获得巨额的专利许可费。因此力争使自己的专利成为标准的一部分，是企业保持竞争优势并获得长久利润的重要途径。

5.1.2 企业专利申请的内部影响因素

1. 企业专利申请内部影响因素的理论分析

关于企业专利申请的内部影响因素，国外学者主要从企业规模、市场力量、技术机会、专利战略、企业战略导向、研发投入、创新类型等方面对企业专利申请内部影响因素进行研究，侧重于分析单个专利申请行为的影响因素及影响原因，如表 5.2 所示。

表5.2 专利申请内部影响因素的国外文献总结

学者	影响因素	研究结果
Scherer（1965）	企业规模	专利产出随企业规模的增大而增长
Mansfield（1986）	企业规模	企业规模和发明被授予专利的比例呈正相关关系，在医药品、化学制品和石油行业尤为显著
Cohen 和 Levin（1989）	企业规模	总结了大企业专利申请占据优势的原因：①相对于小企业而言，大企业从经济规模和经营范围中的获利使它们更有竞争力；②它们能从不同部门之间的补充和溢出中获益；③在风险创新项目投资中，大企业更容易获得资本市场的支持
Arundel 和 Kabla（1998）	企业规模	发现对于专利倾向率的影响因素，在控制行业影响的情况下，产品和方法创新的专利倾向都随企业规模的增大而增强
Brouwer 和 Kleinknecht（1999）	行业	创新的专利申请倾向确实存在显著的部门差异，这可能与模仿创新的速度、成本及创新的速度和成本有关。创新越容易被模仿的行业，企业的专利申请倾向就越强
Schumpeter（1942）	市场力量	企业的市场力量对专利申请数量有正向影响
Duguet 和 Kabla（1998）	市场力量	企业的市场力量和专利申请行为之间存在的正相关关系是效率效应相对于替代效应而言占据优势的结果
Crepon 等（1996）	市场机会	市场机会对企业的专利申请行为有明显的正向影响
Dugue 和 Kabla（1998）；Crepon 等（1998）；Cassiman（2002）	市场机会	市场机会与企业的专利申请行为之间没有明显的影响作用
Brouwer 和 Kleinknecht（1999）	技术机会	在高技术机会行业的企业比在低技术机会行业的企业申请的专利更多
Duguet 和 Kabla（1998）；Baldwin 等（2002）	技术机会	技术机会与企业的专利申请行为之间没有明显的影响作用
Hall 等（1986）	研发投入	研发和企业专利申请行为之间存在强烈的同期效应
Duguet 和 Kabla（1998）	研发投入	研发投入和专利申请行为之间存在正向的显著关系
Brouwer 和 Kleinknecht（1999）；van Ophem 等（2001）	研发活动的方式	企业选择研发合作对其专利申请行为有正向影响，主要原因是需要效应和新奇效应
Arundel 和 Kabla（1998）	创新类型	企业较少采取专利形式保护过程创新成果，企业更倾向于申请专利来保护产品创新
Darroch 等（2005）	企业战略导向	企业战略导向和企业的专利申请行为之间存在正向关系
Blind 等（2006）	专利战略	企业专利战略已经转变，变得更加复杂和广泛，从而导致专利申请膨胀

国内学者结合企业主体的特点，对影响企业专利申请行为的多种因素进行分析。舒成利和高山行（2008）认为，专利申请行为是企业技术竞争中的重要战略决策，主要受到传统因素、专利制度因素、创新障碍、创新战略、企业战略导向等五个方面因素的影响。杨中楷和孙玉涛（2008）等通过定量分析发现，外国在华专利申请受到我国专利保护水平、市场吸引力以及该国总体技术水平、在华直接投资规模等因素的影响。徐明华（2008）通过对浙江企业的实证调查分析指出，专利保护的加强提高了企业的专利意识，促进了企业的专利活动。张国平和周俊（2010）对苏州84家高新技术企业和出口导向型企业进行问卷调查，实证分析了苏州企业专利申请的影响因素，主要包括：企业家的支持和参与、高素质研发人员、充足的资金保障、对企业的承诺意识、产学研合作或企业间合作、企业对政府支持性政策的利用程度。李伟（2011）从内外部影响因素入手，构建了企业专利能力影响因素模型，并运用结构方程模型通过对宁波、杭州的问卷调查进行验证，结果表明，企业内部影响因素包括企业人力资源配置水平、企业家素质、企业规模、企业创新能力和企业学习能力。

2. 企业专利申请内部影响因素的案例分析

结合国内外学者的研究结论，本书以华为技术有限公司、中兴通讯股份有限公司为例，从创新主体角度和微观层面分析企业专利申请的内部影响因素，为制定更合理、有效的激励机制提供参考。

案例1　华为技术有限公司

华为技术有限公司作为全球领先的信息与通信解决方案供应商，坚持围绕客户的需求持续创新、开放合作，在电信网络、企业网络、云计算等领域构筑端到端的解决方案优势。华为自1994年起开始申请专利，2006年专利申请量达到最大值（6127件），2007年后专利申请量逐渐下降，但发明专利所占比重保持在95%以上；到2011年为止，华为累计申请国内专利36 344件，国际PCT专利10 650件，外国专利10 978件，获得专利授权23 522件，其中97.7%以上为发明专利。在2011年WIPO公布的全球专利申请情况中，华为凭借1831项专利申请排名第三。华为国内发明专利申请量如图 5.1 所示。

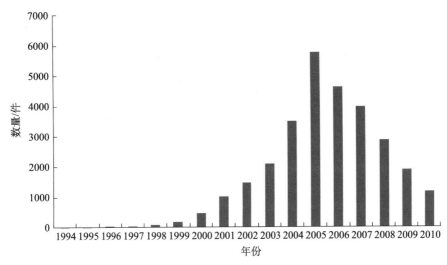

图 5.1　华为国内发明专利申请量

华为自主创新和知识产权工作之所以能取得如此成绩，与企业内部因素的影响是分不开的，影响因素包括知识产权制度、研发投入、奖励机制、绩效考核体系、知识产权战略、知识产权管理体系等。

1）健全的知识产权制度

华为自 1987 年成立以来，在自主创新和知识产权管理方面出台了一系列专利鼓励创新办法，1995 年华为制定了《华为知识产权管理办法》，对智力成果、专利、职务发明、技术秘密等概念进行了界定，对知识产权管理的组织机构、专利的申请与保护、商标的命名与注册、计算机软件的保护、非专利技术及商业秘密的保护、知识产权许可贸易、无形资产的评估、奖惩制度进行了详细规定；同年还制定了《华为公司科研成果奖励条例（试行）》《关于接触尖端技术、商业秘密、管理核心机密的有关人员的管理规定（试行）》，对专利信息管理制度和专利人才的激励、考核、奖惩、教育培训制度做了明确规定。2006 年制定了《专利奖励办法》，加大了对专利核心发明人的奖励力度，特别是重奖专利实施后发挥重大作用的重要专利。完善的知识产权制度，为企业知识产权工作的顺利进行提供了保障。

2）高强度的研发投入

华为注重研发投入，主要表现在研发人员、研发经费、研发机构的设立等方面。在研发人员方面，2011 年华为进行产品与解决方案的研究开发的人员达 6.2 万多名，占公司总人数的 44%，为积累技术人才资源，华为以每年上千人的幅度招聘海内外优秀技术人才；在研发经费方面，华为坚持以不少于销售收入 10% 的费用投入研究开发，并将研发投入的 10% 用于前沿技术、核心技术及基础技术的研究，2011 年，华为研发费用支出为 236.96 亿元（表 5.3），研发投入占销售收入的 11.6%。在研发机构方面，华为在中国、德国、瑞典、英国、法国、意大利、俄罗斯、印度等地设立了 23 个研究所，并与世界领先的运营商成立了 34 个联合创新中心，建立起全球研发体系。

表 5.3　华为各年份研发投入

年份	2007	2008	2009	2010	2011
年度研发费用 / 百万元	7 100	10 469	13 340	17 653	23 696
研发人员 / 万名	3.6	3.7	4.36	5.1	6.2
研发人员比例 /%	43	43	46	46	44

3）有效的奖励机制

华为制定了多阶段奖励的专利创新鼓励办法，保证发明人全程关注其专利申请。《华为公司科研成果奖励条例（试行）》明确规定了专利申请奖、初审合格奖、专利授权奖，对专利实施取得巨大经济效益的发明人，将不定期给予专利实施奖，对专利和保密工作做得好的部门或个人授予专利荣誉奖和保密荣誉奖。此外，为完善专利奖励制度，调动员工专利申请、利用的积极性，华为制定了《专利创新鼓励办法》，对知识产权的奖惩做了详细规定。"专利墙"的设置也对发明人给予了精神奖励，激发了研发人员进行技术创新的积极性。

4）严格的责任体系

在重视奖励的同时，华为还建立起完善的责任体系，将员工的积极主动性和责任结合起来。公司各部门负责人也是知识产权工作的责任人，其职责具体到单项技术或产品。若知识产权工作出现重大事故，如保密工作没做好、技术未及时申报、侵犯别人的知识产权等，给公司造成重大损失的，负责人将承担相应的责任。严格明确的责任体系保证了知识产权工作及时有效地开展。

5）建立专利绩效考核体系

华为将专利工作与员工的绩效考核联系起来，与员工的工资、晋升等直接挂钩。在开展任职资格认证等内部职称评定、绩效评价时，把专利作为一个重要的指标。

6）完善的知识产权管理体系

华为自1995年就成立了专门的知识产权管理部门，配备专业人员，在专利、商标、版权和商业秘密方面形成立体的知识产权保护网。在知识产权管理结构方面，华为不仅在知识产权部设有专门的专利、商标、保密、科技情报、合同评审、对外合作、诉讼事务管理部门，来制定系统化、科学化的制度规范，明确规定各机构的职能职责、工作规程等，而且注重专利信息管理，与技术开发部、总体技术办、流程管理处、安全管理部等联合成立领导小组，建立联系制度，以便加强与技术人员、其他管理人员之间的联系，从而了解各个开发项目的进展、开发人员的需求等，使知识产权工作深入到全公司的每个部门、每个员工。另外，每年华为都组织知识产权工作人员参加专利局或其他机构组织的培训，针对工作中出现的问题，邀请知名律师、专利审查员、专利商标代理人到公司做专题讲座。

7）注重自主创新的知识产权战略

华为的知识产权战略包括三方面：一是在核心领域积累自主知识产权，进行全球专利布局；二是积极参与国际标准的制定，推动自有技术方案纳入标准，积累基本专利；三是学习、遵守和运用国际知识产权规则，按照国际通行的规则来处理知识产权事务。注重自主创新的知识产权战略的实施有助于企业将有限的人力、财力、物力集中起来，也为研发人员指明了知识产权工作的方向。

8）开展知识产权培训

华为对新员工进行知识产权必修课培训；公司开展研发部门培训，主要针对专利申请书如何撰写、专利技术如何挖掘等方面；公司定期出版内部刊物，将技术前沿内容、知识产权知识等进行内部扩散。

9）确定以市场为导向的研发方向

华为坚持"市场驱动"的研发战略，实现以客户需求为导向，规定每年5%的研发人员转去从事市场业务，同时一定比例的市场人员转做研发；确定以市场为导向的研发方向，促进发明者更重视研究市场需求，申请具有较强商业应用价值的专利，进而有助于专利的授权和实施。

案例2　中兴通讯股份有限公司

中兴通讯股份有限公司作为中国最大的通信设备制造业上市公司，始终坚持以持续技术创新为客户不断创造价值。自1998年起中兴开始申请专利，至2011年中兴已经累计申请专利接近30 000项，所持有专利90%以上为具有高度权利稳定性和技术品质的发明专利，包括众多覆盖国际通信技术标准的基本专利，以及覆盖通信产业关键技术的核心专利。2011年其PCT/国际专利申请量跃居全球企业第一位，国内发明专利授权量与申请量也均列国内企业第一位，在2011年WIPO公布的全球专利申请情况中，中兴凭借2826项专利申请排名第一。中兴自主创新和知识产权工作的激励因素包括知识产权制度、研发投入、奖励机制、绩效考核体系、知识产权战略、知识产权管理体系等。中兴国内发明专利申请量如图5.2所示。

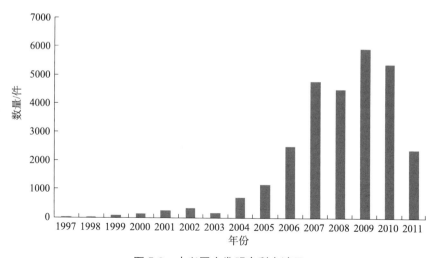

图5.2　中兴国内发明专利申请量

1）持续的研发投入

中兴坚持每年投入销售收入的 10% 进行研发，2011 年中兴投入总额达 13 亿美元，近 3 万名国内外研发人员专注于行业技术创新，占公司总人数的近四成。公司在中国、美国、法国、瑞典、印度等地共设有 18 个全球研发机构，2011 年与欧美主流运营商携手建立全球十大国际联合创新中心，建立了一套完整的全球研发体系。巨额的研发投入、庞大的研发队伍、持续的研发创新奠定了中兴专利工作的基础，通过严格的专利布局、筛选、评审、管理，中兴建立了强大的专利资产组合。

此外，2011 年中兴率先设立亿元级的内部创投专项基金，并正式发布《内部创投基金管理方案》。该基金除了面向中兴擅长的产品和服务创新外，更将全面整合运营、战略、管理几大领域的创新。严格的规章制度和稳定持续的研发投入为中兴研发人员创新提供了有力保障。

2）完善对高质量专利申请的奖励机制

中兴致力于制定新版员工知识产权激励办法，加大对员工申请高质量专利的激励。中兴改变此前以专利申请为原则的一次性奖励，将专利激励办法覆盖专利价值整个周期，从专利申请到授权，成为基础专利、标准专利，以至转让许可等各个环节。除获得专利申请的初次奖励外，中兴还会根据所申请专利产生的价值进行相应追加奖励。另外考虑到中兴近年来专利转让许可收入的不断增长，特别增设"专利增值"奖项，专利发明人可按相当的比例分享转让或许可收益。

3）正确的知识产权战略

中兴自 1996 年开始开展知识产权工作，2005 年确定了公司的知识产权战略，2007 年启动国外专利布局。自开展企业知识产权工作以来，中兴深刻意识到知识产权战略在企业竞争中的地位，将知识产权战略纳入公司六大核心战略之一，并结合通信产业竞争态势及自身实力，规划制定了知识产权"三步走"战略，即知识产权战略防御、知识产权攻守兼备、知识产权竞争超越，通过分步式推进知识产权战略在公司的落实及优化，支撑公司商务—技术—知识产权三位一体竞争模式，助力公司国际化市场竞争。

此外，中兴根据不同时期公司的发展方向进行了合理的专利布局。随着公司进军欧美高端市场策略的确定，中兴致力于 LTE/3G、云计算及物流网、智能终端等新技术领域的专利申请，申请量在 4G 专利中达 7%。

4）严格的审查机制

中兴的专利战略注重质量导向，对于每项专利，由公司外部和内部专家组成的评委会与知识产权人员一起研究如何落点，并对结果从保护意义和使用价值等不同维度进行严格评审。

5）健全的知识产权管理体系

中兴的知识产权管理体系包括知识产权资产创造、知识产权风险管控、知识产权竞争保护、知识产权资产运营四个部分。在知识产权资产创造方面，通过与高校、科研机构及商业伙伴实现产学研合作，确保知识产权资产的质量。同时，逐步形成了知识产权并购、知识产权合作等知识产权资产积累模式，使中兴在知识产权资产获取方面更趋多样化。在知识产权风险管控方面，形成了覆盖全公司的多层预警及高风险排查机制，在营销、市场、研发、生产、采购及物流等层面嵌入风险评估及整改机制，有效降低或转移公司遭遇的知识产权风险。在知识产权竞争保护方面，中兴以保护自身知识产权及打击侵权行为两个方面为重点，形成了产业／对手信息监控、侵权信息清查及保护方案推行等规范化流程。在知识产权资产经营方面，推动专利池或专利联盟合作、专利许可/转让及专利权质押融资、防御诉讼攻击，盘活公司的知识产权资产。中兴知识产权管理体系覆盖专利的整个生命周期，是中兴专利申请量增长的重要影响因素。

5.1.3 企业专利申请的激励机制

企业为鼓励研发人员申请专利，制定了相应的激励措施，包括专项奖金、岗位津贴奖励、专利实施收益提成、专利转让提成、专利许可提成、职称评定或人事晋升激励等。企业的激励机制包括奖励措施的引导和考核措施的推动。

1. 奖励激励

2010 年《专利法实施细则》规定对职务发明人或设计人给予"一奖两酬"，即授予专利权后，专利权持有单位对发明人或设计人给予奖励，发明专利的奖金最少不低于 3000 元 / 项，实用新型专利或者外观设计专利最少不低于 1000 元 / 项。实施发明专利或者实用新型专利后，每年应提取不低于 2% 的营业利润，实施外观设计专利后，每年应提取不低于 0.2% 的营业利润，作为报酬发给发明人或设计人。专利权持有单位，许可其他单位或个人实施其专利的，应提取不低于 10% 的使用费作为报酬发给发明人或设计人。

在《专利法实施细则》"一奖两酬"制度的指导下，各企业根据实际情况确定相应的奖酬标准，企业确定的奖酬标准或低于或高于或相当于该细则规定的奖酬标准。北大方正集团有限公司（简称方正集团）的奖酬标准与该细则确定的奖酬标准相当，对于核心或基础专利的研发，方正集团在原有标准上另加奖励 1000 元 / 项。另有企业的奖酬标准高于该细则规定，如锐捷网络、瑞斯康达科技发展有限公司（简称瑞斯康达）等。

奖励方式分为一次性奖励和分阶段奖励方式。多数企业分申请、授权两阶段对研发人员进行奖励，如瑞斯康达对发明专利申请和授权阶段共奖励 4000 元 / 项，实用新型专利 2000 元 / 项，外观设计专利 2000 元 / 项；锐捷网络对发明专利在申请和授权阶段分别奖励 2500 元 / 项，实用新型专利申请和授权阶段分别奖励 2000 元 / 项，外观设计专利申请和授权阶段分别奖励 1000 元 / 项。除了申请和授权阶段，中兴还将专利激励办法覆盖专利价值整个周期，从专利申请到授权，成为基础专利、标准专利，以至转让许可等各环节，并增设了"专利增值"奖项，专利发明人可按相当的比例分享转让或许可收益。华为设置了初审合格奖和专利实施奖，对通过初审和实施取得巨大经济效益的发明人给予奖励。分阶段奖励方式不仅起到了激励技术人员研发创新的作用，也在一定程度上保证了专利的申请质量。

除了"一奖两酬"规定的奖励外，大唐电信科技产业集团（简称大唐电信）还设立了"优秀发明人"奖励，每年专利委员会根据当年销售收入确定奖励额度，最高达几万元。华为设置了"专利墙"，对发明人给予精神奖励。北汽福田汽车股份有限公司（简称北汽福田）每年计提中长期激励基金，对业务与技术骨干、卓越贡献人员进行奖励，另有企业对骨干技术人员进行股份激励。

2. 考核激励

除了采用奖励措施引导研发人员创新外，企业还将专利工作与员工的绩效考核联系起来，与员工的工资、晋升等直接挂钩，通过考核机制推动技术人员增加专利申请，考核方式多采用逐级考核。瑞斯康达每年将专利指标落实到各部门，部门经理对各团队进行考核，团队负责人对各成员的业绩表现进行考核，整个部门的业绩表现与部门经理的绩效挂钩。公司在进行内部绩效评价及职位晋升评定时，专利往往作为一个重要的参考依据。

5.2 高校和科研机构专利申请的动机与影响因素分析

5.2.1 高校和科研机构专利申请的动机

高校集科学研究、人才培养和社会服务三大功能于一身，拥有发展知识经济的师资队伍、基础设施和创新氛围，是知识创新和技术创新的中坚力量，是自主知识产权的重要发源地。高校的自主知识产权涵盖的知识产权包括专利和技术秘密、商标和名称专用权、著作权及其邻接权、商业秘密及信息、国家法律规定或者依法由合同约定由高等学校享有或持有的其他知识产权等。专利申请和授权量作为高校科技创新活动评价的重要指标，是高校核心竞争力和科技实力的体现。

高校专利申请影响因素研究一直是国内外学者研究的重点，但多为定性研究。研究表明，专利制度、高校管理部门及其专利管理水平、大学的声望、商业化程度及高校对教师的激励机制被认为是影响高校专利活动的重要因素。这些研究多从组织与制度的层面对影响专利申请的因素进行分析，忽略了专利创造主体的动机和行为对专利申请的影响。高校教师作为专利的创造者，对其积极性的调动将更有利于专利工作的进行。然而，目前关于高校专利申请动机的研究，国内外学者的研究较少（表5.4）。

表 5.4　高校专利申请动机研究文献总结

学者	结论
Baldini 等（2007）	专利申请动机划分为获得研究支持、获得知识交流及获得个人回报三大类；实证结果表明，意大利高校教师的专利申请动机是增强威望、名誉，以及为研究寻找新的突破点
Friedman 和 Sudranski（1981）	商业化的版税是高校申请专利的动机
赵文红和樊柳莹（2010）	影响教师专利申请动机的因素包括版税收入、许可证与附加活动、职业发展、对于初创企业的支持机制和大学风险资本的可用性 专利申请动机分为获得研究支持、获得知识交流、获得个人回报三类，其中获得研究支持动机包括希望获得更多的研究基金、为实验室提供更多装备、通过专利获得更多研究认可；获得知识交流动机包括希望获得知识上的拓展、与同行交流、通过专利活动推动经济和技术发展；获得个人回报动机包括希望获得更高收入、提高声望与名誉、得到晋升

通过总结并归纳学者们的研究结论，得出高校的专利申请动机主要包括以下几点。

1. 保护本单位的科研成果

保护发明创造不被模仿是基于专利制度的传统动机。保护本单位的科研成果是高校及科研机构申请专利的最基本动机。

2. 实现科研成果的转化和产业化

高校作为知识创新和技术创新的重要主体，是创新成果产生的重要来源，市场化是高校专利发挥作用的重要途径。实现科研成果的转化和产业化是高校专利申请的重要动机，通过企业实施实现科研成果推广，进而通过产品的销售获取收益。

3. 获取专利许可和转让收入

除了专利市场化，对外许可和转让专利也是高校直接获得收益的重要途径，专利许可和转让收入可以用来补偿前期研发投入和获得利润。

4. 作为上级或本单位绩效考核指标，获得职称晋升及奖金等待遇

《关于加强与科技有关的知识产权保护和管理工作的若干意见》提出要将形成并拥有知识产权的数量及质量作为评定科研机构、科技人员科研贡献及能力的重要指标之一。因此，现行科研成果管理体制中，部分高校将专利申请和授权量纳入单位绩效评价体系中，专利成为衡量单位或个人职称晋升、奖金等的硬性指标。这种做法一方面有效促进了高校专利申请量的增长，另一方面导致"为专利而专利"现象的产生，使专利质量无法保证。

5. 争取政府的科研项目，完成政府科技计划项目目标

政府科技计划项目申请中，课题组的资历，即研究成果和获发明专利情况、在国内外主要刊物上发表论文情况等是项目能否成功申请的重要考核内容。此外，《关于加强国家科技计划知识产权管理工作的规定》（2003 年）规定，申请国家科技计划项目时要写明项目拟达到的知识产权目标，并要求科研机构主动对其内部科研组织提出知识产权方面的任务和要求。因此，为完成项目申请中设定的知识产权目标，高校往往需增加专利的申请。

6. 获得政府或单位的专利资助

在国家《专利费用减缓办法》（自 2016 年 9 月 1 日起改为《专利收费减缴办法》）和《资助向国外申请专利专项资金管理办法》指导下，各地方和单位纷纷出台专利申请资助的鼓励或优惠办法，专利资助较大程度地减轻了发明人申请或维持专利时的经济负担，激发其增加专利申请。

7. 获得政府或单位奖励，申报专利奖

《专利法实施细则》（2010 年修改）规定，专利权持有单位应将不低于 2%的营业利润（发明或实用新型专利）或不低于 0.2%的营业利润（外观设计专利）作为报酬给发明人。在"一奖两酬"制度的指导下，不少高校对专利申请和实施的奖励机制进行了明确规定。此外，《中国专利奖评奖办法》规定国家知识产权局每两年开展一次专利奖评选活动，对发明创造水平高、已实施、经济效益或社

会效益较好的专利颁发专利奖金奖或优秀奖，除了颁发奖状、在《中国知识产权报》公布外，还要求发明人所在单位将获奖情况记入档案，作为考核、晋升、聘任技术职务的依据之一，并给予相应奖励。因此，为获得政府或单位专利奖励，高校及教师往往会增加专利申请。

8. 提高声望与名誉

专利是评价发明创造能力的重要指标，增加专利申请、获得更多授权量将有助于提高单位或个人的声望与名誉。

5.2.2 高校和科研机构专利申请的内部影响因素

1. 高校和科研机构专利申请内部影响因素的理论分析

目前关于专利申请行为，国外研究较少，国内学者侧重于对申请行为多个影响因素的研究。唐恒（2001）研究表明，影响高校及科研机构专利申请的因素主要有意识、激励、效益、法律保护力度、管理体系、自身发展等诸多因素。王兆丁等（2002）指出影响高校专利申请的因素主要是我国高校传统的科研成果管理体制、高校教师的价值取向、专利服务机构的健全与否和服务水平、经费、专利保护力度和专利实施难度等。郭秋梅（2004）研究表明，高校科技投入与高校特别是重点高校专利申请量之间存在严重的不对称性。李玉清等（2005）对专利申请数量与高校课题数量、科研经费及人力资源等科技投入的关系进行分析，结果表明，申请专利数量与科研经费存在显著相关性。在专利申请量快速增长的背景下，探讨专利申请量增长的高校内部影响因素对于保证专利数量与专利质量的协调发展有重要意义。

2. 高校和科研机构专利申请内部影响因素的案例分析

根据国内外学者的研究结论，以清华大学、中国科学院大连化学物理研究所为例，从创新主体角度和微观层面分析高校及科研机构专利申请的内部影响因素。

案例3　清华大学

清华大学作为中国高层次创新型人才培养和科学技术研究的重要基地，非常重视以专利为重点的知识产权工作，坚持将专利工作作为建设世界一流大学和促进自主创新的重要内容。自1985年《专利法》实施以来，专利工作经历了以增强专利意识、激励专利申请、提高专利质量、探索专利实施为重点的四个阶段，并在工作模式、规范管理、加强服务等几个方面开拓创新，推动知识产权工作不断发展。1985～2011年，清华大学累计申请国内专利13 703项，其中，发明专利11 859项，实用新型专利1816项，外观设计专利28项；申请国外专利总数1800余项，国外专利授权总数400余项。如图5.3所示，自1986年起，清华大学发明专利申请数量呈上升趋势，1990～1995年，发明专利所占比重有所下降，1995年后，发明专利所占比重不断上升，到2006年发明专利比重达到91.1%，这说明清华大学更加重视更能体现自主创新能力的发明专利的申请。

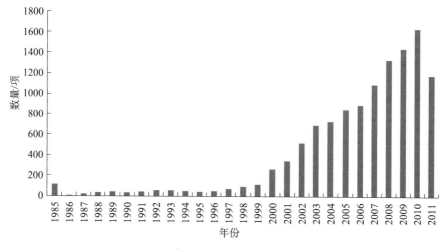

图5.3　清华大学国内发明专利申请量

清华大学为鼓励自主创新，相继颁布若干规定，在学校政策的引导下，清华大学采取了多种激励措施，鼓励发明创造，调动科技人员创新的积极性，包括设立专利基金、对专利权人给予奖励及资助、加强专利工作管理等。

1）健全的知识产权制度

清华大学在鼓励自主创新和科技成果产业化方面出台了若干规章制度，1999 年制定了《清华大学关于促进科技成果转化的若干规定》，2001 年制定了《清华大学关于加强专利工作的若干意见》，2004 年制定了《清华大学关于促进科技成果转化奖励的管理细则（试行）》，2007 年制定了《清华大学申请专利及专利基金使用管理暂行规定》（表 5.5）。这些规章制度的出台和实施，对清华大学自主创新科研氛围的形成起到了良好的推动作用。

表 5.5　清华大学知识产权相关规章制度

相关规章制度	发布时间	主要内容
《清华大学保护知识产权的规定（试行）》	1997 年 6 月 26 日	对知识产权保护、管理和奖惩等做了规定
《清华大学关于促进科技成果转化的若干规定》	1999 年底	对奖励机制、离岗实施成果转化、设立专利与成果转化基金、技术职务聘任等内容做了规定
《清华大学关于加强专利工作的若干意见》	2001 年 11 月 7 日	对设立专利基金、改善专利奖励机制、加强专利管理和服务等激励措施做了规定
《清华大学关于加强科技创新工作的若干意见》	2003 年 12 月 25 日	提出要注重队伍建设与基础研究，强化产学研合作，改善评价激励体系，增强知识产权保护意识，改善科研管理等 11 条工作要点
《清华大学关于促进科技成果转化奖励的管理细则（试行）》	2004 年 9 月	对奖励对象、形式、额度及申报和审批程序等做了规定
《清华大学科研成果推广应用效益奖评定办法》	2004 年 7 月 10 日	对效益奖申报条件、申报程序和奖励标准等做了规定
《清华大学获国家级科技奖成果奖励办法》	2006 年 12 月 18 日	对奖励范围、奖励条件及标准、奖励对象及奖励金额等做了规定
《清华大学申请专利及专利基金使用管理暂行规定》	2007 年 2 月 26 日	对国内与国外专利申请程序及管理、专利基金的使用管理、技术项目的实施等做了规定
《清华大学关于促进科技成果转化的若干规定》	2009 年 12 月 14 日	对科技成果转化的形式、利益分配和奖励机制、科技成果转化基金的设立等做了规定

2）设立专利基金

自 1998 年开始清华大学每年拨专款并从政府、企业和个人等方面多渠道筹集资金设立专利基金，用于支付发明专利申请中所涉及的代理费、申请费、维持费、登记费等总费用的 70%，课题组只需承担剩余的 30%。专利基金仅资助发明专利的正常申请费用，对于实用新型和外观设计专利申请所涉及的各项费用、职务发明人所要求的加急处理费、著录项目变更费、恢复费、撤销请求费、滞纳金及无效宣告请求费用、未经学校批准自行委托的专利申请代理费等不予支持。专利基金的设立一定程度上缓解了科研经费短缺的问题，对高校专利申请有一定的激励作用。除此之外，清华大学还规定专利授权后的年费除了由专利发明人使用课题费支付外，也可由专利发明人所在院系承担，这也在一定程度上解决了专利权人的后顾之忧。

此外，自 2000 年开始，学校利用企业、海内外捐赠等基金支持国外专利申请。香港著名实业家、爱国人士曹光彪先生捐资设立的"曹光彪高科技发展基金"择优资助清华大学科技含量高、具有国际开发价值的发明专利向国外申请专利。美国宝洁公司设立"宝洁研究基金"，支持与学校的科研合作。

3）有效的专利奖酬机制

《清华大学关于加强专利工作的若干意见》中规定，学校对每项授权发明专利给予 2000 元奖励，每项授权实用新型和外观设计专利给予 500 元奖励。同时，为鼓励专利技术的转化实施，合同约定的专利实施许可费在汇入学校账户后，20% 可作为奖金奖励给发明人。学校对实施专利技术后企业年增利税 500 万元的专利技术授予"专利金奖"。《清华大学关于促进科技成果转化的若干规定》（2009年）中规定，鼓励采取技术开发、技术转让、技术咨询和技术服务、以技术作价入股兴办企业及专利或专有技术许可等多种形式进行科技成果转化，并对不同的成果转化形式规定了相应的利益分配和奖励方式（表 5.6）。《清华大学获国家级科技奖成果奖励办法》（2006 年）中规定对已获得国家级、省市级和部委级奖励的成果也给予奖励（表 5.7）。另外，自 1983 年起，清华大学设立"清华大学科技成果推广应用效益显著奖"，对从事推广应用的科技人员给予奖励。

表 5.6 《清华大学关于促进科技成果转化的若干规定》（2009 年）规定的奖励标准

科技成果转化形式	利益分配和奖励机制
技术转让 / 专利委托	学校享有收益的 15%，院系享有 45%，技术发明人团队享有 40%，其中做出主要贡献的技术发明人不低于发明人团队奖励总额的 50%
技术资产入股	学校享有科研成果作价入股后股份总额的 60%，技术发明人团队 40%，其中做出主要贡献的技术发明人不低于发明人团队奖励总额的 50%

表 5.7 《清华大学获国家级科技奖成果奖励办法》（2006 年）规定的奖励标准

成果	奖励标准	备注
获国家最高科学技术奖者，获国家自然科学奖、国家技术发明奖、国家科技进步奖特等奖的成果	奖励人民币 50 万元	获国家级科技奖的成果，清华大学为第一署名的，按标准的 100% 给予奖励；第二署名的，按标准的 70% 奖励；第三（含）以后署名的，按标准的 50% 奖励。获国家科学技术进步奖的成果，只完成单位署名时，奖励 1 万～ 3 万元；只完成人员署名时，奖励 2000 ～ 4000 元
获国家自然科学奖、国家技术发明奖、国家科学技术进步奖一等奖的成果	奖励人民币 20 万元	
获国家自然科学奖、国家技术发明奖、国家科学技术进步奖二等奖的成果	奖励人民币 10 万元	

4）专利拥有量被纳入科技绩效评价体系

《清华大学关于加强专利工作的若干意见》中规定，发明专利是科技创新的重要体现，在对教师的绩效评价中，发明专利与高水平论文应同等对待，专利的拥有量应作为理工医学等院系科技绩效的重要考核指标。另有许多高校将专利申请和授权纳入对科研人员的考核中，作为科研人员工作量的一部分，或职称晋升的标准之一，这种考核体系的导向作用在推动科研人员形成专利意识方面发挥了重要作用，但也产生了"为专利而专利"的行为，这种行为背离了专利制度的本质目标。

5）明确规定国家科技计划研究团队成员的专利申请量

清华大学对国家科技计划研究团队成员的专利申请量做出明确规定。例如，863 计划等重点课题小组要求研究生在毕业前、博士后在出站前完成 3 ～ 5 个专利申请。

6）产学研合作，促使科技成果尽快转化为直接生产力

1995 年清华大学成立清华大学与企业合作委员会（简称企合委），1996 年成立企合委海外部。截止到 2011 年 12 月，共有 150 家国内成员单位，如宝钢集团、中国第一汽车集团有限公司、华北电网有限公司、中国电信等；40 家海外成员单位，如丰田汽车、日立、英特尔、西门子、惠普、东芝、索尼、宝洁、SK、通用汽车、三星、通力电梯、冠捷科技、康明斯等。清华大学与部分国内成员单位合作建立"清华大学研究生社会实践基地"，与海外成员企业共建博士后科研工作站，同时还邀请海内外成员单位的高管担任客座教授和顾问教授。通过建立产学研合作创新平台，加强成员单位间的信息、技术、人才交流，达到互

惠共赢的局面。

清华大学以知识产权入股的形式成立了高新技术企业。2000年9月，清华大学、华中科技大学、中国医学科学院、中国人民解放军军事医学科学院共同出资成立了北京博奥生物芯片有限责任公司暨生物芯片北京国家工程研究中心。校企的建立成为实现产学研结合的重要方式。

7）健全的知识产权管理体系

在《专利法》实施初期，清华大学就设立了配有专人负责的专利管理机构，目前已发展成为专利管理与成果管理、专利管理与专利服务、专利管理与专利代理相结合的管理服务体系。清华大学成果与知识产权管理办公室提供围绕专利管理所涉及的专利的申请与授权、专利检索、专利中介（专利申请、侵权诉讼、无效宣告等代理）、专利宣传与培训、专利咨询等相关的专利服务。在传统服务基础上，专利管理部门还开展了学校专利战略研究、专利文献检索咨询等服务。另外为保证专利申请的效率和质量，一些研究中心和项目小组设立专利申请联络员。

案例4　中国科学院大连化学物理研究所

中国科学院大连化学物理研究所（简称大连化物所）是一所基础研究与应用研究并重、应用研究和技术转化相结合的综合性研究所，重点学科领域为催化化学、工程化学、化学激光和分子反应动力学以及近代分析化学和生物技术。大连化物所拥有催化基础国家重点实验室和分子反应动力学国家重点实验室两个国家重点实验室，以及甲醇制烯烃国家工程实验室、国家催化工程技术研究中心、膜技术国家工程研究中心、燃料电池及氢源技术国家工程研究中心、国家能源低碳催化与工程研发中心等多个国家级科技创新平台。自2001年起先后成为国家首批企事业专利试点单位、专利工作先进单位、专利系统先进单位、企事业知识产权工作示范单位、专利工作交流站，并获得省部级以上奖励220多项，其中国家级奖励83项，中国科学院、省部级一等奖67项。截止到2011年底，大连化物所累计申请专利2968件，其中发明专利2780件；累计专利授权1440件，其中发明专利授权1269件；累计申请国外专利200多件，其中PCT申请100多件，获得国外专利授权 40 多件。

大连化物所的知识产权工作之所以取得如此显著的成效，与健全的知识产权管理规章制度、知识组织管理体系、知识产权开发体系的建立、激励措施的有效开展、专利电子信息共享平台的建立等是分不开的。

1）建立完善的知识产权管理规章制度

大连化物所自中国科学院实施知识创新工程以来，基本建立了知识产权相关的管理规章制度，并且根据国家和科学院总体形势的发展和具体工作实践，每两年修订一次。规章制度包括：《关于保护知识产权的规定》《专利工作管理的有关规定》《关于促进科技成果转化的激励办法》《科学研究论文奖励条例》《科研课题计划的管理规定（合同签订、专利和成果部分）》《档案管理制度（专利和成果部分）》《知识创新工程题目组考评办法（技术转移、专利和成果部分）》等，对规范大连化物所知识产权管理及激励科技成果转化起了重要的积极作用。

2）采取有效的激励措施

起初由于对知识产权保护意识不足，个别课题组往往担心申请专利会泄露技术秘密，专利的申请量较少。为此，大连化物所在管理方面及时出台了一些强化和激励措施：①将课题组专利申请量、专利授权量和专利技术转移活动纳入课题组年度考核，每年的业绩考评中，每一件申请专利可获得 2 分，每一件授权专利可获得 4 分；②要求研究生毕业前必须发表一定数量的论文或专利，把申请专利的重要性等同于发表科技学术论文；③为申请专利、专利授权和专利许可转让进行不同额度的酬金奖励，奖励标准如表 5.8 所示。

表 5.8 《大连化物所专利奖励实施细则》（2010 年）规定的奖励标准

科研成果	奖励标准
每件获得授权的国内发明专利	研究所奖励 4000 元，其中研究所财务承担 2000 元，研究组承担 2000 元
每件国外专利申请（含 PCT 专利）	研究所奖励 3000 元，其中研究所财务承担 1500 元，研究组承担 1500 元（同族专利最多奖励两个国家的专利申请）
每件获得授权的国外专利	研究所奖励 5000 元，其中研究所财务承担 2500 元，研究组承担 2500 元（同族专利最多奖励两个国家的授权专利）

3）完善的知识产权管理组织体系

大连化物所知识产权宏观管理涉及三个管理处室：①科技处，其主要功能是围绕创新科技政策和制度，通过科技项目规划和计划，组织各级科研团队生产出更多的专利技术和科研成果，科技处设立成果专利奖励主管、科研计划/横向合作主管、科研开发/国际合作主管各1名；②知识产权开发办公室，其主要功能是围绕大连化物所已有核心专利技术，介入重大和重点科技开发项目，通过联络专利发明人、科技处行政主管和企业投资方，参与项目技术和商业价值评估，与合作方洽谈开发和产业化合作形式并拟定契约条款，促进科技成果的工程化开发和商业化拓展，知识产权开发办公室挂靠科技处管理；③经营性资产管理委员会，其主要功能是对技术转移过程中无形资产作价入股设立的高新技术企业代表股东行使股权评估、审核和监督管理权利。

4）完善的知识产权开发体系

截止到2011年底，大连化物所共有职工1029人，其中专业技术人员918人，占89.2%。大连化物所的知识产权开发体系包括四个层面：①课题组、研究室和研究集群；②与其他科研院所或企业合作的研发单元，如与大连理工大学合作的微型能源研究中心、与辽宁师范大学共建功能材料化学研究室、与韩国三星集团合作共建燃料电池基础研究联合实验室等；③国家或中国科学院的工程研究中心、与企业合作的专项技术成果转化单元，如与山东威高生物科技有限公司合作建立联合实验室和创新生物技术孵化基地，与英国BP（石油）公司共建DICP-BP技术创新中心，与泰国正大集团、中国陕西省国际信托股份有限公司合作建立甲醇基化学/天然气转化基地等；④高技术成果转化剥离公司，大连化物所控股参股的公司有十多家，如大连圣迈化学有限公司、天邦膜技术国家工程研究中心有限责任公司、新源动力股份有限公司等。

5）建立专利电子信息共享平台

大连化物所利用中国科学院地址解析协议（ARP）信息管理系统，建立了专利电子信息共享平台，研发人员可及时了解专利审查和答辩的进程情况，加强了知识产权专员、专利权人和专利代理人的业务联系，提高了工作效率。

6）选择实力较强的专利代理公司

大连化物所注重专利的质量，先后委托了三家有较强化学化工专业经验的专利代理公司，按学科专业特点分片、分领域对课题组进行专利事务代理服务。

7）重视研发体系战略布局与重点学科领域的知识跟踪

大连化物所每年召开一次研究所咨询委员会会议，研讨科研发展战略；鼓励骨干人员参加国际国内学术会议；在研究所信息中心设立专门的前沿科学信息组，追踪研究所内相关科研工作的国际信息和专利发展动态，并通过内部刊物进行传播；对重大项目的设立开展专利战略的专题调研和跟踪研究。

5.2.3 高校和科研机构专利申请的激励机制

高校及科研机构意识到知识产权的重要性，为激励科研人员申请专利，采取相应的激励措施，包括产出激励、转化激励、考核激励。

1. 产出激励

根据《专利法实施细则》（2013 年修改）"一奖两酬"的规定，高校及科研机构根据自身情况对研发人员进行奖励。产出激励分为一次性奖励和分阶段奖励两种方式。高校及科研机构为保证专利的申请质量，多采用一次性奖励方式，如清华大学、上海交通大学仅对授权专利进行奖励，对每项授权发明专利给予 2000元奖励，每项授权实用新型和外观设计专利给予 500 元奖励。中国科学院计算技术研究所对申请阶段不给予奖励，授权后发明专利奖励 4000 元 / 项，实用新型和外观设计专利奖励 1000 元 / 项。另有高校及科研机构采用分阶段奖励方式，如中国科学院微电子研究所对专利申请、登记、授权分阶段奖励，国内发明专利申请奖励 1000 元，授权奖励 2000 元，PCT 专利申请奖励 3000 元，授权奖励 5000 元。

另外，《清华大学获国家级科技奖成果奖励办法》（2006 年）中规定对已获得国家级、省市级和部委级奖励的专利也给予奖励，分别为 50 万元、20 万元、10 万元。《上海交通大学科技奖励、知识产权管理办法（试行）》规定，对获得"中国专利奖"金奖和优秀奖的专利项目分别奖励 10 万元、5 万元。

2. 转化激励

转化激励包括专利实施、转让或许可、技术资产入股等方式取得的收益。

《专利法实施细则》（2010 年修改）中规定，实施发明专利或者实用新型专利后，每年应提取不低于 2% 的营业利润；实施外观设计专利后，每年应提取不低于 0.2% 的营业利润，作为报酬发给发明人或者设计人；专利权持有单位，许可其他单位或者个人实施其专利的，应提取不低于 10% 的使用费作为报酬发给发明人或者设计人。根据上述规定，高校及科研机构制定了相应的激励措施。中国科学院微电子研究所将转化收益的 70% 奖励给发明人及其所在研究室。以技术转让/专利委托、技术资产入股为科技成果转化方式的专利，清华大学规定技术发明人团队享有收益的 40%，其中做出主要贡献的技术发明人享有不低于团队奖励金额的 50%。上海交通大学对不同科技成果转化形式的专利也采用不同的奖励标准（表 5.9）。另外，自 1983 年起，清华大学设立"清华大学科技成果推广应用效益显著奖"，对从事推广应用的科技人员给予特别奖励。

表 5.9　《上海交通大学科技奖励、知识产权管理办法（试行）》中知识产权奖励标准

科技成果转化形式	奖励标准
专利技术以无形资产形式入股企业	学校享有股份的 60%，技术发明人享有 40%
专利技术实施转让后产生的经济效益	学校享有税后收入的 50%，技术发明人享有 50%
学校或学校控股企业使用专利技术	技术发明人可在该项专利技术使用所得的税后收益中提取 10%

3. 考核激励

为切实激励研发人员申请专利，高校及科研机构往往将专利工作与绩效考核联系起来。中国科学院微电子研究所的考核体系中，知识产权指标占总分的 30%，每个 PCT 专利申请，增加 0.5 个附加分；大连化物所每年的业绩考核中，每个专利申请可获得 2 分，每件授权专利可获得 4 分。

5.3　本章小结

企业、高校及科研机构作为专利申请的主体，从微观角度分析其动机及影响因素对于改进专利制度和相关政策具有参考价值。

（1）企业专利申请的动机，可以概括为市场化动机、非市场化动机和战略

性动机三类。非市场化动机包括为完成政府或单位的专利数量考核指标、获得高新技术企业认定、获得政府的专利资助或专利权质押融资贷款、获得单位奖励或职位晋升、评选知识产权试点示范企业、获得国家和地方科技项目资助而申请专利。战略性动机包括保护创新不被模仿、获取专利许可和转让收益、阻挡和牵制竞争对手的研发或创新、建立专利池或专利联盟、占据市场领导地位、拓展国外市场、提高谈判地位、提高企业声誉、塑造企业技术形象、参与技术标准的制定等。

（2）企业专利申请的内部影响因素包括健全的知识产权制度、充足的研发投入、有效的奖励机制、完善的知识产权管理体系、严格的审查机制及责任体系、注重专利绩效考评体系、注重自主创新的知识产权战略、重视产学研合作、开展知识产权培训等工作。

（3）企业专利申请的激励措施除了包括"一奖两酬"规定的专项奖金、专利实施收益提成、专利转让提成、专利许可提成以外，还包括考核激励、职称评定或人事晋升激励、岗位津贴奖励等。

（4）高校及科研机构专利申请的动机包括：保护本单位的科研成果；实现科研成果的转化和产业化；获取专利许可和转让收入；作为上级或本单位绩效考核指标，获得职称晋升及奖金等待遇；争取政府的科研项目，完成政府科技计划项目目标；获得政府或单位的专利资助；获得政府或单位奖励，申报专利奖；提高声望与名誉等。

（5）高校及科研机构专利申请增长的内部影响因素包括健全的知识产权制度、设立专利基金、有效的专利奖酬机制、将专利指标纳入评价体系、完善的知识产权管理体系和知识产权开发体系、建立专利电子信息共享平台、选择实力较强的专利代理公司、重视研发体系战略布局与重点学科领域的知识跟踪等。

（6）高校及科研机构专利申请的激励措施包括产出激励、转化激励及考核激励。

第6章

专利申请量增长的影响因素问卷调查分析

多年来，我国专利申请量持续高速增长，已进入世界专利产出大国行列。为实际了解专利申请量增长的基本情况、影响因素及存在的问题，进一步改进和完善相关的专利制度和创新政策，促进我国专利申请量增长与专利质量提升的协调发展，提高国家自主创新的效率和质量，国家知识产权局办公室和审查业务管理部、北京理工大学联合组织开展本次问卷调查工作，问卷调查的组织实施从2012年5月开始至2012年9月结束，历时5个月，选择7个代表性地区，针对企业、高校和科研机构及地方知识产权管理部门组织了大样本的问卷调查。

6.1 调查问卷设计与实施

6.1.1 问卷设计

1. 设计原则

根据一般问卷调查范式和本书研究需要，在调查问卷设计的过程中，遵循以下设计原则。

1）目的性原则

调查问卷设计要针对专利申请量增长影响因素的相关议题。具体来讲，需要围绕企业、高校、科研机构的专利申请量增长的现状、主要影响因素、专利申请量与专利质量表现等问题来展开问卷设计。

2）全面性原则

调查问卷的设计要充分考虑专利申请主体及管理者的特点，围绕研究主题，确定对企业、高校和科研机构及知识产权管理部门的问题。考虑到被调查对象的差异性特点，有必要针对不同对象设计不同的调查问卷。此外，调查问卷还应对前面所做定量分析、政策分析和实证研究等得出的结论和问题进一步加以验证和补充，问卷设计过程中，应尽量包含前文涉及的全部科技、经济、政策、环境及创新主体等各方面的内容。

3）顺序性原则

调查问卷要合理安排题目顺序，使问卷条理清晰、顺理成章，以提高回答问题的效果，有效地获得资料。在问卷设计过程中，应主要按照被调查对象基本信息、专利申请量增长基本情况、专利申请量增长影响因素、存在的问题和建议的逻辑顺序设置调查问题。就具体问题而言，应按照先易后难、先封闭后开放等顺序来设计。

4）方便回答原则

调查问卷设计过程中，所设问题要方便回答，避免使用过于专业性的术语。此外，问题选项，除了被调查者基本信息和专利申请、授权、受资助等基本信息外，涉及的需要做主观判断的问题，一般都采用李克特5点量表的方式打分或做单选和多选。

2. 问卷结构

根据上述原则和本书研究的需要，本书分别针对企业、高校和科研机构、地方知识产权管理部门设计了三套调查问卷。所有调查问卷主要包括问卷说明标题、问卷说明和问卷主体三个部分。在问卷主体部分，希望获得的主要信息和解决的问题如下。

（1）掌握企业、高校和科研机构近年来专利申请、授权、获得资助及专利实施情况，各地方知识产权管理部门专利资助政策制定和实施情况，近年来对不同创新主体和专利类型资助情况。

（2）掌握企业、高校和科研机构专利申请量增长的主要动机、影响因素及单位鼓励发明创造和专利申请的激励措施情况；现阶段不同类型创新主体、不同区域的非正常专利申请表现情况。

（3）掌握相关制度和政策对各创新主体及各地区专利申请量增长的影响情况。明确我国专利申请量增长的宏观影响因素；重点明确科技立法和科技战略、专利资助政策对不同创新主体、不同类型专利申请量增长的影响作用；重点明确专利资助政策存在的问题和调整的原则与方式。

（4）重点明确国家科技计划、专利权质押融资政策、专利转化与产业化资助政策、科技奖励制度、知识产权试点示范、专利代理机构服务质量、专利审查标准、知识产权保护环境等对专利申请量增长的作用和影响。

6.1.2　选择和确定调查样本

在国家知识产权局办公室和审查业务管理部的指导下，课题组确定了北京、江苏、浙江、陕西、辽宁、安徽和四川 7 个地区作为实施问卷调查地区，从上述地区的国家或地方知识产权试点示范企事业单位中选择创新主体对象，同时，选择若干各级地方知识产权管理部门作为管理机构中的调查对象。发放的问卷总数为 1172 份，其中向企业发放 958 份、高校和科研机构 118 份、地方知识产权管理部门 96 份。

6.1.3　问卷发放与回收

1. 问卷调查实施

课题组于 2012 年 5 月下旬至 6 月上旬，对北京、江苏、浙江、安徽、辽宁、四川和陕西等 7 个地区进行了实地调研，在地方知识产权管理部门的支持下，组织召开了 6 次座谈会，在征求各地企业、高校、科研机构代表和知识产权管理部门意见的基础上，对调查问卷进行了修改和完善。

课题组于 2012 年 6 月下旬至 2012 年 9 月上旬开展正式的问卷调查工作。以国家知识产权局办公室发文的方式，委托各有关地方知识产权管理部门组织发放与回收，各地采取电子版和纸质问卷并行的方式发放。国家知识产权局办公室负责统一回收，并及时反馈给课题组建库和统计分析。

2. 问卷回收情况

课题组通过各地方知识产权管理部门在北京、浙江、江苏、安徽、四川、辽宁、陕西 7 省市发放调查问卷共 1172 份，回收有效问卷 851 份，有效回收率为 72.6%。其中，企业调查问卷有效回收率为 74.5%，高校和科研机构有效回收率 55.9%，知识产权管理部门有效回收率为 74.0%；北京地区有效回收率达到 100%，四川接近 100%。整体来看，问卷回收效果良好（表 6.1）。

表 6.1　调查问卷发放与回收统计

地区	地方知识产权管理部门		企业		高校及科研机构		各地有效问卷回收率 /%
	发放数 / 份	有效问卷数 / 份	发放数 / 份	有效问卷数 / 份	发放数 / 份	有效问卷数 / 份	
北京	5	5	142	142	2	2	100.0
浙江	7	5	144	28	0	0	21.9
江苏	24	11	253	236	42	20	83.7
安徽	15	12	123	87	19	14	72.0
四川	28	27	99	99	2	2	99.2
辽宁	11	7	126	74	40	16	54.8
陕西	6	4	71	48	13	12	71.1
合计	96	71	958	714	118	66	72.6

6.2　企业专利申请量增长的影响因素调查分析

6.2.1　样本基本情况

1. 企业性质

经统计，在 714 份有效问卷中，共有 688 个受访者对企业性质这一问题进行了回答。其中，31.7% 为私营 / 民营企业，25.3% 为有限责任公司，20.5% 为股份有限公司（图6.1）。

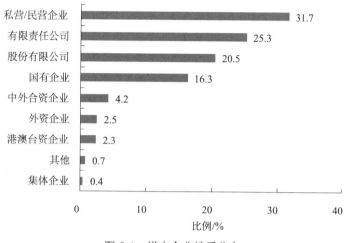

图6.1　样本企业性质分布

2. 企业规模

经统计，有684个受访者对此问题进行了回答。其中，中型企业占45.9%，小型企业占31.1%，大型企业占21.5%，微型企业占1.5%（图6.2）。

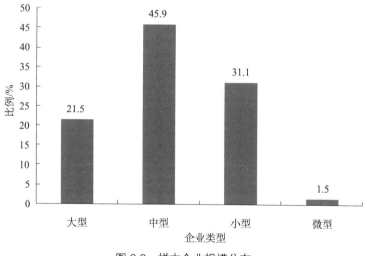

图6.2　样本企业规模分布

3. 企业上市情况

经统计，有 661 个受访者对企业是否为上市公司这一问题进行了回答。其中，上市企业 117 家，占 17.7%，非上市企业 544 家，占总数的 82.3%（图 6.3）。

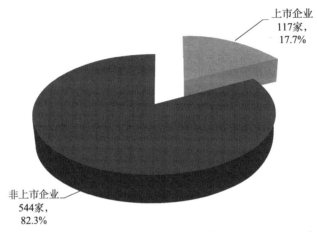

图 6.3　样本企业上市情况

4. 高新技术企业认定情况

经统计，有 613 个受访者对是否为高新技术企业这一问题进行了回答。其中，高新技术企业 489 家，占 79.8%，非高新技术企业 124 家，占 20.2%（图 6.4）。

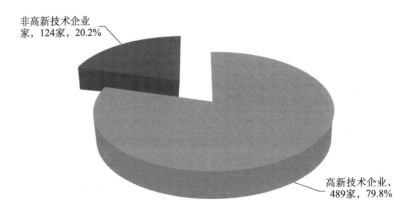

图 6.4　样本企业获得高新技术企业认定情况

5. 知识产权试点示范情况

经统计，有 620 个受访者对是否为知识产权试点示范单位这一问题进行了回答。其中，国家级知识产权试点示范企业 117 家，占 18.9%；省级 219 家，占 35.3%，市级 144 家，占 23.2%，其余 140 家不是知识产权试点示范企业。可以看出，77.4% 的企业为知识产权试点示范企业（图 6.5）。

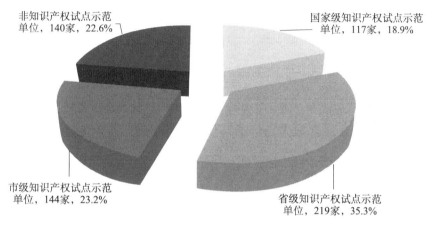

图 6.5 样本企业为知识产权试点示范企业情况

可以看出，被调查的企业主要为非上市企业、高新技术企业以及知识产权试点示范企业，这些企业的技术创新能力和经济实力一般较强，专利申请行为较多，有利于调查分析。

6.2.2 企业专利申请、授权、获资助及实施和许可转让情况

1. 专利申请情况

企业专利申请量增长明显，企业平均专利申请数较多。经统计，有 657 个受访者对专利申请情况问题进行了回答。从企业专利申请整体情况来看，样本企业 2007 ~ 2011 年发明、实用新型、外观设计及 PCT/ 国际专利申请量增长较快，年均增长率分别达到 30.7%、33.9%、20.8%、25.7%。从各年企业平均专利申请数看，各类型专利增长都较为明显，以发明专利为例，2007 年平均每个企业发明专利申请数为 5.9 件，而 2011 年增长到 17.2 件（表 6.2）。

表 6.2 企业平均专利申请数   单位：件

年份	发明专利	实用新型专利	外观设计专利	PCT/国际专利
2007	5.9	4.6	4.4	0.3
2008	7.7	6.3	5.3	0.3
2009	9.8	7.8	6.5	0.4
2010	11.8	10.9	7.6	0.6
2011	17.2	14.9	9.4	0.7

2. 专利授权情况

企业专利授权量增长明显，企业平均有效专利数较多。经统计，有 611 个受访者对专利授权情况问题进行了回答。整体上看，样本企业的 4 类专利授权数增长明显，2007～2011 年，发明专利、实用新型专利、外观设计专利和 PCT/国际专利授权量的增长率分别高达 53.5%、37.0%、80.2%、40.9%，高于同期全国水平。从企业有效专利拥有情况来看，平均每个企业拥有有效发明专利数 19.0件，实用新型专利数 43.1 件，而 PCT/国际专利数仅 0.9 件（图 6.6）。可以看出，现阶段企业创新能力和专利质量还有待提高。

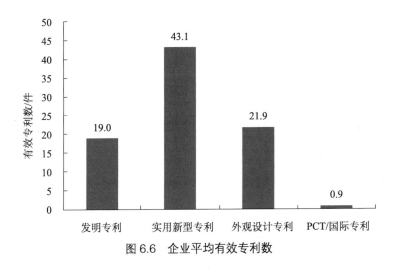

图 6.6 企业平均有效专利数

3. 受资助情况

现行专利资助政策的资助范围较宽，发明专利是现行资助政策的资助重点。

1）国内专利受资助情况

经统计，有 442 个受访者对国内专利受资助情况问题进行了回答。可以看出，发明专利是地方专利资助的重点，企业获得的发明专利资助费用低于实际总费用，发明专利申请和授权获资助额占实际总费用的 39.0%（表 6.3）。

表 6.3　企业国内发明专利申请、授权获资助及实际费用情况

项目	获资助件数/件	获资助总额/万元	申请费/万元	实审费/万元	年费/万元	维持费/万元	代理费/万元	实际总费用/万元
发明专利申请	10 986	2 317.34	1 405.51	1 323.88	796.39	166.89	3 223.76	7 375.12
发明专利授权	2 876	1 408.67	221.05	225.47	999.94	164.69	228.54	2 190.78

2）PCT/国际专利受资助情况

经统计，有 221 个受访者对 PCT/国际专利受资助情况问题进行了回答，其中仅有 72 家企业获得过 PCT/国际专利申请资助，具体如表 6.4 所示。PCT/国际专利申请中，获得国家资助 398 件，资助总额 2049.2 万元；获得地方资助 611 件，获得资助总额 1299.2 万元。

表 6.4　企业 PCT/国际专利申请、授权获资助情况

项目	获国家资助件数/件	获国家资助总额/万元	获地方资助件数/件	获地方资助总额/万元
PCT/国际专利申请	398	2049.2	611	1299.2
PCT/国际专利授权	95	172.9	43	161.5

4. 专利许可和转让情况

66% 以上的企业无专利许可或转让行为，实施专利许可或转让的企业，发明专利许可收益水平较高，实用新型转让收益水平较高，外观设计许可和转让收益水平均较低。经统计，有 266 个受访者对专利许可和转让情况问题进行了回答，其中仅有 91 家企业有过专利许可或转让行为。发明专利对外许可收入为 238.2 万元/件，对外转让收入为 47.9 万元/件；实用新型对外许可收入为 3.2 万元/件，对外转让收入为 44.1 万元/件（表 6.5）。

表6.5　各类专利许可或转让情况

专利类型	对外许可		对外转让	
	件数 / 件	收入 / 万元	件数 / 件	收入 / 万元
发明	286	68 126.7	88	4 211
实用新型	400	1 280.8	61	2 687.3
外观设计	210	186.5	7	32
PCT/ 国际	0	0	0	0

5. 专利权质押融资情况

专利权质押融资发展规模很小，专利价值差异很大。经统计，共有219个受访者对专利权质押融资情况问题进行了回答，其中仅有22家企业有专利权质押融资经历。可见，专利权质押融资在我国的发展规模还很小；从具体融资额度来看，各专利价值差异较大，平均每件发明专利融资233.86万元（表6.6）。

表6.6　企业专利权质押融资情况

项目	发明专利	实用新型	外观设计	PCT/ 国际专利
质押融资量 / 件	150	18	10	0
质押融资金额 / 万元	35 079	798	4 000	0
获财政补助金额 / 万元	131.12	20	398	0
平均每件专利融资额 / 万元	233.86	44.33	400	—

6. 发明专利维持情况

大多数发明专利维持时间不长，专利技术落后和资金保障不足是企业主动放弃专利权的主要原因。经统计，共有498个受访者对发明专利维持情况问题进行了回答。样本企业中，发明专利的维持时间在10年以下的比例为83.6%，因为专利技术落后和资金保障不足的原因而放弃专利权的比例分别为67.8%和28.3%（图6.7、图6.8）。

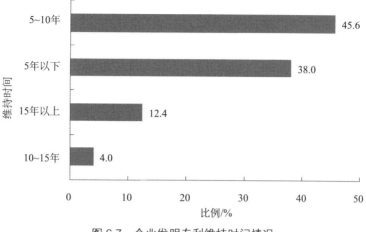

图 6.7 企业发明专利维持时间情况

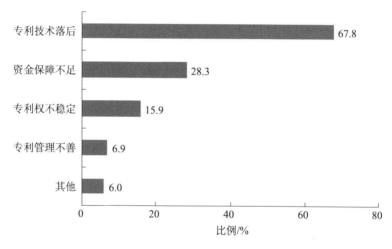

图 6.8 企业主动放弃发明专利权的原因

6.2.3 企业专利申请量增长的动机、原因和激励机制

1. 企业专利申请的主要动机

企业专利申请的主要动机是完成上级规定的专利数量考核指标,获得职称、奖金、报酬等待遇及获得政府的专利资助费,与企业自身专利战略及市场竞争力的关联不大。经统计,有702个受访者对企业专利申请的主要动机问题进行了回

答。如图 6.9 所示，89.7% 的企业认为完成上级规定的专利数量考核指标是其专利申请的主要动机；81.3% 的企业认为获得职称、奖励、报酬等待遇是企业专利申请的主要动机。分别仅有 19.1% 和 18.4% 的企业的专利申请动机是实现企业专利战略布局和提高企业的市场竞争力（图 6.9）。

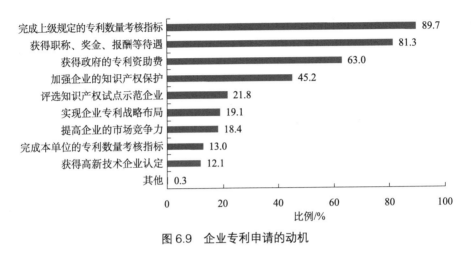

图 6.9 企业专利申请的动机

2. 企业专利申请的战略性动机表现程度

企业表现程度最大的战略性动机：抢占或拓展市场；塑造产品形象；形成宣传效应；防止被抄袭，维持盈利能力。经统计，有超过 630 个受访者对申请专利的战略性动机表现程度问题进行了回答。此处采用李克特 5 点量表法（1 表示最弱，5 表示最强）统计企业对各战略性动机的表现程度。各企业专利申请战略性动机表现程度的平均分数，如图 6.10 所示。可以看出，"抢占或拓展市场"动机的得分最高，为 4.15，其次为"塑造产品形象，形成宣传效应"，平均得分为 4.14，"防止被抄袭，维持盈利能力"的平均得分为 4.09。

3. 企业专利申请量增长的主要原因

企业专利申请量增长的主要原因是企业知识产权意识明显提高、加强知识产权管理、自主研发投入增加。经统计，分别有超过 707 个受访者对企业专利申请量增长的主要原因问题进行了回答。可以看出，企业专利申请量增长的主要影响因素是知识产权意识、知识产权管理、研发投入和技术创新能力等内在影响因素；而外在影响因素，如国家知识产权保护、科技计划、奖励计划等对企业专利申请量增长的影响较小（图 6.11）。

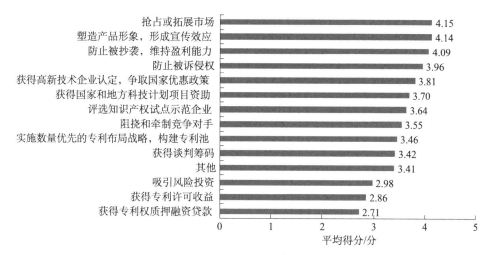

图 6.10　企业专利申请战略性动机表现程度（平均得分）

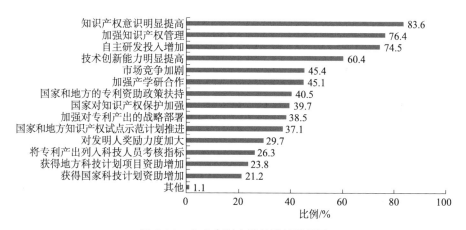

图 6.11　企业专利申请量增长的原因

4. 企业落实"一奖两酬"标准状况

85.1% 的企业规定了不低于国家"一奖两酬"标准的职务发明人奖励标准。经统计，有 698 个受访者对落实"一奖两酬"标准状况问题进行了回答。可以看出，57.9% 的企业建立了与"一奖两酬"标准相当的对职务发明人或设计人的奖酬制度，27.2% 的企业高于"一奖两酬"标准，仅有 6.7% 的企业没有建立奖酬制度（图 6.12）。

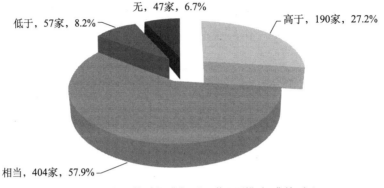

图 6.12　企业奖励标准与"一奖两酬"标准的对比

5. 企业鼓励研发人员申请专利的主要措施及效果

企业主要通过设置专项奖金、专利转让收益提成及职称评定或人事晋升激励企业研发人员申请专利；50% 以上的企业认为这些激励措施的作用显著。经统计，共有 693 个受访者回答了相关问题。81.1% 的企业设置了专项奖金，51.7% 的企业规定了专利转让收益提成制度，31.3% 的企业通过职称评定或人事晋升来激励企业研发人员申请专利（图 6.13、图 6.14）。

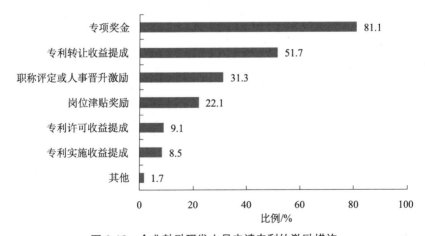

图 6.13　企业鼓励研发人员申请专利的激励措施

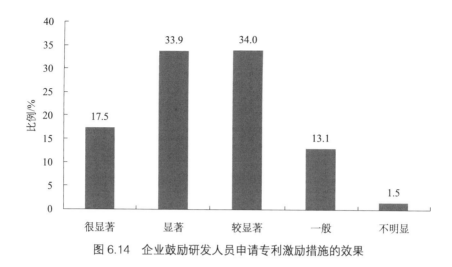

图 6.14 企业鼓励研发人员申请专利激励措施的效果

6.2.4 企业专利申请与质量表现

1. 企业专利申请来源

近年来，我国企业自主创新能力有了较大的提升，企业专利申请的主要来源是自主创新。经统计，有 646 个受访者对相关问题进行了回答。其中，企业职务发明专利申请的 89.8% 来自企业自主创新，产学研合作创新及从外部购买专利的比例很小（图 6.15）。

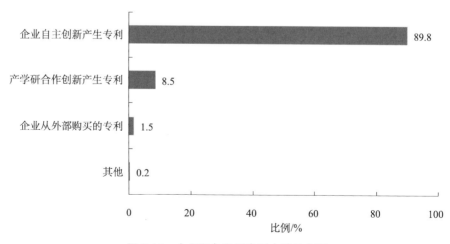

图 6.15 企业职务发明专利申请的来源

2. 专利申请量与专利质量的综合表现

近年来，企业专利申请量增长的同时，专利质量的提升也比较明显。经统计，有 680 个受访者对相关问题做了回答。可以看出，在专利申请量增长的同时，74.1% 的企业专利质量也有了明显提高，仅有 3.1% 的企业认为专利质量相对降低（图 6.16）。

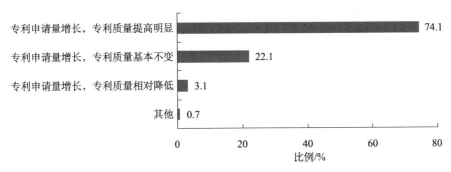

图 6.16　企业专利申请量与专利质量综合表现

3. 非正常专利申请行为

非正常专利申请中以抄袭和拆分申请现象较为突出。经统计，有 697 个受访者对相关问题做了回答。分别有 48.9% 和 41.6% 的企业认为抄袭他人的专利、将一项发明创造拆成几项申请是比较突出的非正常申请现象（图 6.17）。

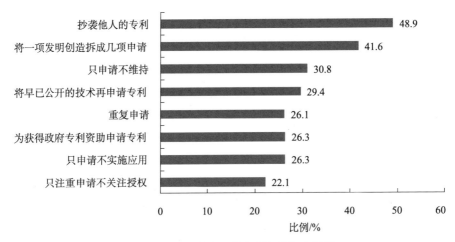

图 6.17　主要的非正常专利申请行为判断

6.2.5　相关制度和政策对企业专利申请量增长的影响

1. 专利申请量增长的宏观影响因素

随着国家自主创新战略的实施和国家知识产权战略的推进，我国知识产权保护不断加强，专利审查管理制度不断改进，企业创新意识和创新能力的提高，对于促进专利申请量增长产生了重要的影响。经统计，有 709 个受访者对此问题进行了回答，其中有 72.6% 的企业认为国家自主创新战略实施、72.4% 的企业认为国家知识产权战略推动是我国专利申请量增长的宏观影响因素（图 6.18）。

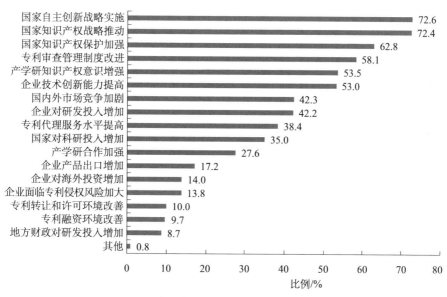

图 6.18　专利申请量增长的宏观影响因素分析

2. 国家科技立法、科技和知识产权战略对专利申请量增长的影响

国家科技立法、科技和知识产权战略对专利申请量增长的影响作用比较明显。经统计，分别有 670 个受访者对《国家中长期科学和技术发展规划纲要（2006—2020 年）》、659 个受访者对《科学技术进步法》（2007 年修订）、679 个受访者对《国家知识产权战略纲要》的发布实施作用进行了判断。其中，有

73.5% 的企业认为《国家知识产权战略纲要》的发布对专利申请量增长的作用大或很大；51.7% 的企业认为 2007 年修订的《科学技术进步法》对专利申请量增长的作用大或很大；47.3% 的企业认为《国家中长期科学和技术发展规划纲要（2006—2020 年）》的发布对专利申请量增长的作用大或很大（图 6.19）。

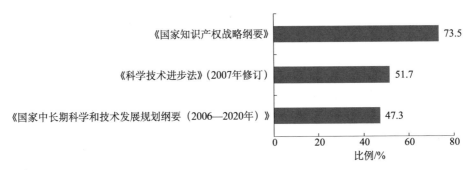

图 6.19　认为三大法律和纲要对专利申请量增长作用大或很大的比例

3. 专利资助政策

1）国家专利费用减缓政策

国家专利费用减缓政策对发明专利申请量增长的促进作用较为明显，国家对向国外申请专利的资助政策对企业 PCT / 国际专利申请的促进作用相对较弱。经统计，分别有 696 个、672 个和 632 个受访者对国家专利费用减缓政策对发明、实用新型和外观设计专利申请量影响情况进行了判断。59.8% 的企业认为国家专利费用减缓政策对发明专利申请量增长影响作用大或很大；55.4% 的企业认为国家专利费用减缓政策对实用新型专利申请量增长影响作用大或很大；48.6% 的企业认为国家专利费用减缓政策对外观设计专利申请量增长影响作用大或很大（图 6.20）。

国家专利费用减缓政策没有削弱专利费用作为经济杠杆剔除低质量专利申请的作用。经统计，有 687 个受访者对相关问题进行了回答，其中 74.5% 的企业认为国家专利费用减缓政策并没有削弱专利费用作为经济杠杆剔除低质量专利申请的作用（图 6.21）。

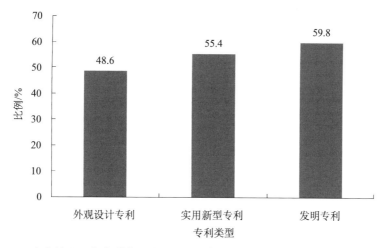

图 6.20　企业认为国家专利费用减缓政策对专利申请量增长的影响大或很大的比例

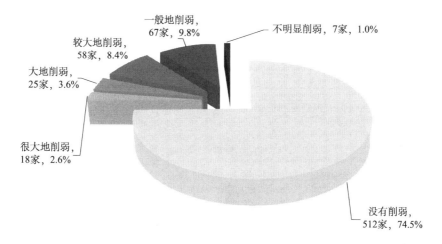

图 6.21　企业对国家专利费用减缓政策有没有削弱专利费用作为经济杠杆剔除低
质量专利申请的作用的判断

图中各比例之和为 99.9%，由四舍五入造成，实为 100%，下同

2）向国外申请专利资助政策

国家对向国外申请专利资助政策对企业 PCT/ 国际专利申请的促进作用比较弱。经统计，有 653 个受访者对此问题进行了回答。仅有 40.9% 的企业认为国家对向国外申请专利资助政策对企业 PCT/ 国际专利申请的促进作用大或很大（图 6.22）。

3）地方专利资助政策

地方专利资助政策对企业发明专利申请量增长的促进作用最明显。经统计，分别有 701 个、668 个、633 个和 586 个受访者对关于发明专利、实用新型专利、外观设计专利和 PCT/ 国际专利的问题进行了回答。其中，60.1% 的企业认为地方专利资助政策对发明专利申请量增长的影响大或很大，实用新型、外观设计和 PCT/ 国际专利的相应比例分别为 55.8%、46.0% 和 41.5%（图 6.23）。

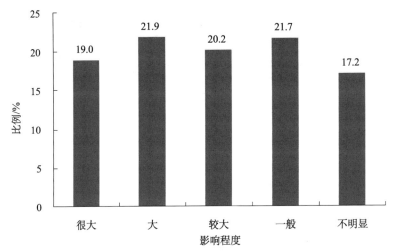

图 6.22　向国外申请专利资助政策对 PCT/ 国际专利申请的促进作用判断

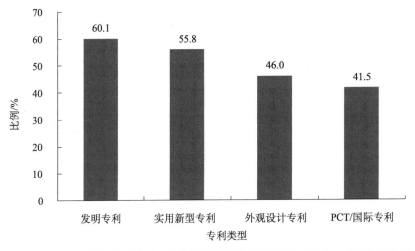

图 6.23　地方专利资助政策对企业各类型专利申请量增长的影响大或很大的比例

地方专利资助政策对企业发明专利质量提高有一定促进作用，对其他类型专利质量的影响相对较弱。经统计，分别有 700 个、670 个、618 个和 586 个受访者对关于发明专利、实用新型专利、外观设计专利和 PCT/ 国际专利的问题进行了回答。53.1% 的企业认为地方专利资助政策对企业发明专利质量提升的影响大或很大，实用新型、外观设计和 PCT/ 国际专利的相应比例分别为 49.9%、40.8% 和 39.1%（图 6.24）。

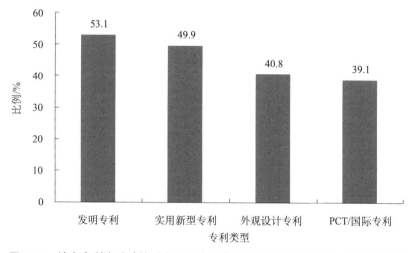

图 6.24　地方专利资助政策对企业各类型专利质量提高的影响大或很大的比例

企业专利申请多为自发行为，申请量的增长不完全依赖于国家和地方专利资助政策。经统计，有 703 个受访者对此问题进行了回答，其中 76.7% 的企业表示，如果没有获得国家和地方专利资助政策资助，企业也不会减少专利申请量（图 6.25）。

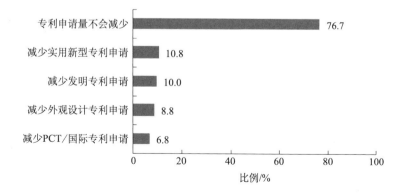

图 6.25　企业没有获得专利资助情形下对是否减少专利申请的判断

地方专利资助政策没有削弱专利费用作为经济杠杆剔除低质量专利申请的作用。经统计，共有 681 个受访者对相关问题进行了回答，其中 75.6% 的企业认为地方专利资助政策并没有削弱专利费用作为经济杠杆剔除低质量专利申请的作用（图 6.26）。

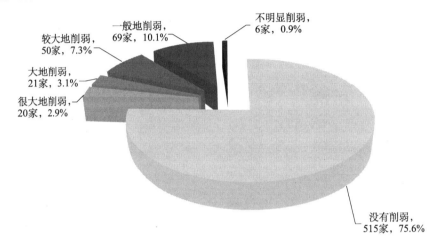

图 6.26 企业对地方专利资助政策有没有削弱专利费用作为经济杠杆剔除低质量专利申请的作用的判断

上述统计结果肯定了地方专利资助政策对专利申请特别是国内专利申请的促进作用，在此基础上，本书对企业认为的地方专利资助的重点专利费用、资助范围、资助对象、资助重点领域、存在的主要问题和改进原则进行分析，为地方专利资助政策的制定和完善提供建议。

（1）资助的重点专利费用与资助范围。企业关于当前地方专利资助政策应该资助的重点专利费用的判断如表 6.7 所示，可以看出，90% 以上的企业认为地方专利资助政策的资助重点应该是：授权后的发明专利、PCT/ 国际专利的申请费、实审费、年费、维持费，对授权前的发明专利申请费和实审费、实用新型和外观设计的申请费的资助可以适当减弱。

表 6.7 企业认为地方专利资助政策应该资助的重点

是否应该资助	是		否	
	总数 / 家	比例 /%	总数 / 家	比例 /%
授权前的发明专利申请费和实审费	530	80.1	132	19.9

续表

是否应该资助	是		否	
	总数/家	比例/%	总数/家	比例/%
授权后的发明专利申请费和实审费	629	94.7	35	5.3
授权后的发明专利年费、维持费等	627	93.6	43	6.4
实用新型专利申请费	531	81.6	122	18.4
外观设计专利申请费	451	71.4	181	28.6
授权前的PCT/国际专利申请费	549	88.3	74	11.7
授权后的PCT/国际专利申请费	583	94.6	33	5.4
授权后的PCT/国际专利年费、维持费等	545	92.8	42	7.2

关于地方专利资助政策的资助范围的问题，分别共有 700 个、625 个、568 个、583 个受访者做了回答。统计结果如表 6.8 所示，被调查企业认为国内发明专利、PCT/国际专利的资助范围主要是申请费、实审费、年费；实用新型和外观设计专利的资助范围主要是申请费；另外，有部分被调查企业认为发明、PCT/国际专利的维持费以及各类专利申请代理费应该纳入资助范围（表 6.8）。

表 6.8　企业认为地方专利资助政策的资助范围　　　　单位：%

专利类型	申请费	实审费	年费	维持费	代理费	其他
发明专利	82.4	70.0	74.0	55.0	54.6	1.1
实用新型专利	84.8				60.0	4.2
外观设计专利	85.6				59.2	4.1
PCT/国际专利	85.8	70.7	68.6	52.1	59.3	1.2

（2）资助对象。地方专利资助政策应该向中小微企业和产学研合作倾斜。经统计，分别有 688 个和 646 个受访者对专利资助政策是否应该向中小微企业、产学研合作倾斜问题做了回答。结果显示，91.1% 的企业认为应该向中小微企业倾斜，85.3% 的企业认为应该向产学研合作倾斜（图 6.27）。

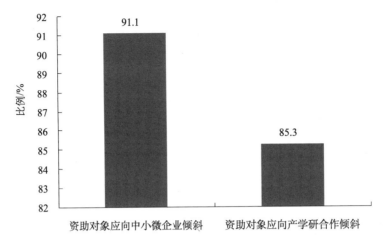

图 6.27　企业认为地方专利资助政策应向中小微企业和产学研合作倾斜的比例

（3）资助重点领域。经统计，有 707 个受访者对此问题进行了回答，其中 77.9% 的企业认为应该对其他技术含量高的技术产品给予重点资助，74.5% 的企业认为应该对国家重点技术领域或行业给予资助（图 6.28）。

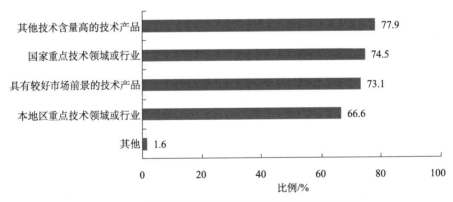

图 6.28　企业认为地方专利资助政策应该资助的领域

（4）存在的主要问题。地方专利资助政策存在的主要问题是：重专利申请数量，轻专利质量；对本地区重点行业和技术领域的扶持力度不足；缺乏对非正常专利申请和低质量专利申请的防范措施；对中小微企业专利申请的扶持力度不足等。有 700 个受访者对此问题进行了回答。其中，61.3% 的企业认为地方专利资助政策重专利申请数量，轻专利质量，46.4% 的企业认为地方专利资助政策对本地区重点行业和技术领域的扶持力度不足，42.4% 的企业认为地方专利资助政策缺乏对非正常专利申请和低质量专利申请的防范措施，还有 37.1% 的企业认为地方专利资助政策对中小微企业专利申请的扶持力度不足（图 6.29）。

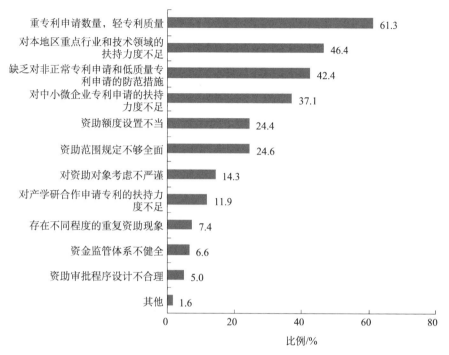

图 6.29　专利资助政策存在的问题

（5）地方专利资助政策改进应体现的原则。企业的专利质量意识明显提高，多数企业认为地方专利资助政策改进应该更加关注专利质量，尤其是申请量增长与质量提高的协调发展。共有 707 个受访者就相关问题做了回答，其中，67.6%的企业认为今后地方专利资助政策改进应该更加关注专利申请量增长与专利质量提高的协调发展，62.5% 的企业认为应该更加关注专利申请的质量（图 6.30）。

4. 国家和地方科技计划项目

国家和地方科技计划项目对企业专利申请有重要影响，其中国家重大科技专项和地方科技计划项目的作用较为明显，而 863 计划项目、973 计划项目的作用相对较弱。经统计，有近 600 个受访者对此问题做了回答。其中，65.4%的企业认为国家重大科技专项对专利申请促进作用大或很大，63.5% 的企业认为地方科技计划项目对专利申请促进作用大或很大，59.0%的企业认为863计划项目对专利申请促进作用大或很大，仅56.3%的企业认为973计划项目对专利申请促进作用大或很大（图6.31）。

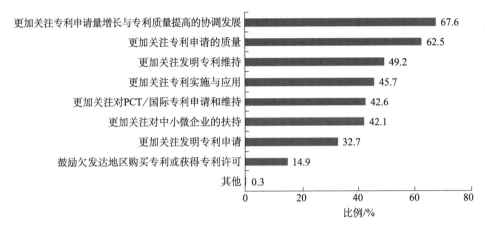

图6.30　企业对地方专利资助政策改进应该体现的原则的判断

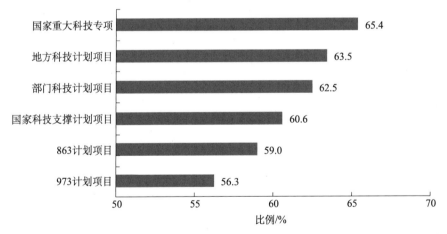

图6.31　企业认为国家和地方科技计划项目对企业专利申请的促进作用大或很大的比例

5. 高新技术企业认定、专利权质押融资、专利转化与产业化资助政策等创新政策

高新技术企业认定的作用最为明显，专利权质押融资政策作用不太明显。

经统计，分别有 699 个、682 个、696 个受访者对这 3 个问题进行了回答，其中 62.7% 的企业认为高新技术企业认定对专利申请促进作用大或很大，仅有 30.4% 的企业认为专利权质押融资政策对企业专利申请促进作用大或很大（图 6.32）。

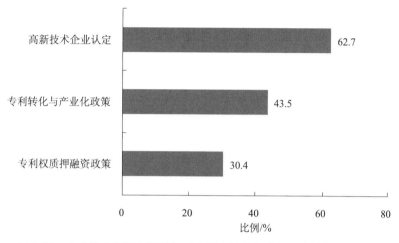

图 6.32 企业认为主要创新政策对专利申请的促进作用大或很大的比例

6. 国家、部门和地方科技奖励制度

国家、部门、地方科技奖励制度对企业专利申请促进作用都较为明显，其中，地方科技奖励制度的促进作用更为突出。经统计，分别有 687 个、666 个和 666 个受访者对国家、部门和地方科技奖励制度的作用进行了判断。其中，54.7% 的企业认为地方科技奖励制度对专利申请的促进作用大或很大（图 6.33）。

7. 国家和地方知识产权试点示范企业评选

国家和地方知识产权试点示范企业评选对企业专利申请促进作用都比较明显。分别有 683 个和 682 个受访者对国家和地方知识产权试点示范企业评选促进专利申请的作用进行了判断，其中 61.0% 的企业认为地方知识产权试点示范企业评选对企业专利申请的促进作用大或很大；59.7% 的企业认为国家知识产权试点示范企业评选的作用大或很大（图 6.34）。

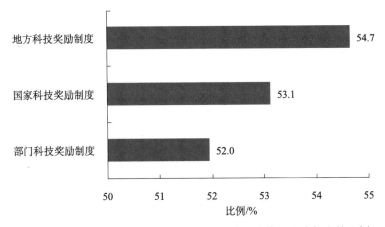

图 6.33　企业认为科技奖励制度对专利申请促进作用大或很大的比例

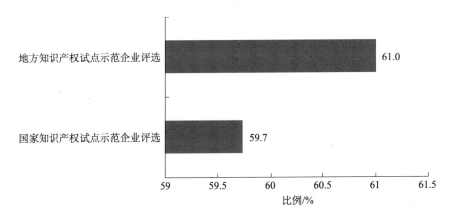

图 6.34　企业认为国家和地方知识产权试点示范企业评选对
专利申请促进作用大或很大的比例

8. 国家专利奖励和地方专利奖励

地方专利奖励制度对企业专利申请的促进作用相对突出，国家专利奖励因数量有限作用不明显。经统计，分别有 689 个和 686 个受访者对国家专利奖励和地方专利奖励的促进作用进行了判断。其中，55.1% 的企业认为地方专利奖励对企业专利申请的促进作用大或很大；50.7% 的企业认为国家专利奖励对企业专利申请的促进作用大或很大（图 6.35）。

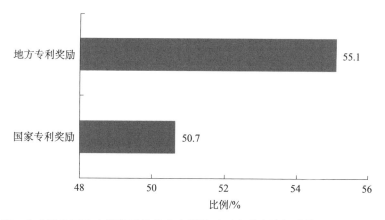

图 6.35　企业认为国家专利奖励和地方专利奖励对专利申请促进作用大或很大的比例

9. 专利代理机构

地方专利代理机构服务质量还有待提高，政府应当给予服务质量好的专利代理机构一定的奖励资助。经统计，分别有 674 个和 698 个受访者对专利代理机构的服务质量问题进行了回答。其中，仅有 10.2% 的企业认为地方专利代理机构服务质量很高，49.6% 的企业认为地方专利代理机构服务质量较高，35.5% 的企业认为专利代理机构服务质量一般。同时，有 68.9% 的企业认为应该给予专利代理机构奖励资助，以促进专利代理机构服务质量的提高（图 6.36、图 6.37）。

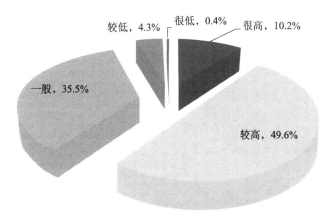

图 6.36　企业对地方专利代理机构服务质量的判断

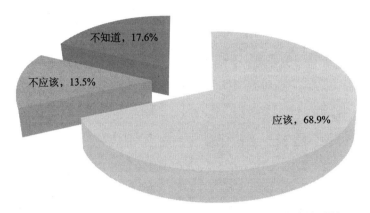

图 6.37 企业对是否应该给予专利代理机构奖励资助的判断

10. 专利审查管理

当前专利审查标准适宜，执行效果良好，对于企业专利申请有重要的影响。经统计，分别有 694 个和 685 个受访者对我国发明专利审查标准及其执行效果进行了判断。其中，55.6% 的企业认为现行专利审查标准较高或过高，42.9% 的企业认为现行专利审查标准适中；49.1% 的企业认为现行专利审查标准执行得好或很好，43.1% 的企业认为现行专利审查标准执行得较好，仅有 7.9% 的企业认为执行效果一般（图 6.38、图 6.39）。

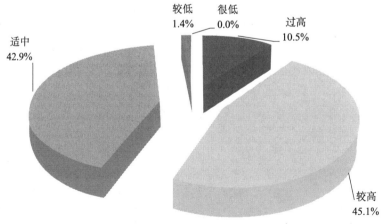

图 6.38 企业对我国现行发明专利审查标准的判断

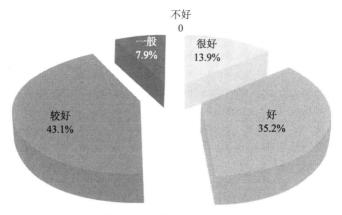

图 6.39 企业对现行审查标准执行效果的判断

6.2.6 对我国专利质量的综合判断

1. 专利质量发展状况

经统计分析，近年来，我国各类专利质量都有所提高。其中，85.1% 的企业认为国内发明专利质量提高或显著提高，认为实用新型和外观设计专利质量提高或显著提高的分别占 78.0%、73.2%（表 6.9）。

表 6.9 企业对近年来我国各类专利质量发展状况的判断

专利类型	显著提高		提高		提高不明显		有所下降		下降严重	
	数量/家	比例/%	数量/家	比例/%	数量/家	比例/%	数量/家	比例/%	数量/家	比例/%
发明	213	30.8	375	54.3	99	14.3	4	0.6	0	0
实用新型	184	27.1	346	50.9	134	19.7	16	2.4	0	0
外观设计	155	24.0	318	49.2	156	24.1	13	2.0	4	0.6
PCT/ 国际	135	22.5	332	55.4	127	21.2	5	0.8	0	0

2. 不同阶段影响专利质量主要因素的重要程度的判断

从发明创造、专利申请、专利审查、专利保护四个阶段看，每个阶段影响专利质量的最关键因素分别是：企业技术创新能力不足；高校和科研机构评价机制导致重申请、轻维持和实施应用；新技术领域审查难度加大；专利维权成本高，维权困难。从综合平均分值的因素排序看，影响专利质量的主要因素是：专利维权成本高，维权困难；企业技术创新能力不足，难以形成高水平成果；专利侵权代价低，保护力度弱；新技术突破难度加大、技术生命周期缩短，不易形成高质量专利。可见，知识产权保护环境的强与弱、企业技术创新能力的高与低是影响专利质量的关键因素（表6.10）。

表6.10　企业对各阶段影响专利质量主要因素重要程度的判断

阶段	影响专利质量的主要因素	平均分值／分
发明创造	企业技术创新能力不足，难以形成高水平成果	3.78
	新技术突破难度加大、技术生命周期缩短，不易形成高质量专利	3.65
	专利技术研发对已有技术的检索和借鉴不充分	3.36
	个人发明创造的比例相对较高	2.85
专利申请	高校和科研机构评价机制导致重申请、轻维持和实施应用	3.44
	专利申请与绩效和待遇挂钩，政府和单位考核重数量轻质量	3.38
	申请人和代理人水平低，专利申请文献撰写不好	3.18
	申请人根据专利战略需要，采取重数量轻质量的申请策略	3.16
	政府资助专利申请，申请专利成本低	3.07
专利审查	新技术领域审查难度加大	3.46
	缺乏针对重复申请等非正常申请行为的有效管理、监督和惩罚机制	3.25
	专利无效程序复杂，无法及时剔除低质量专利	3.17
	实用新型和外观设计不经过实质审查就授权	3.13
	专利申请过多，审查人员没有足够时间和精力进行细致审查	3.02
	专利审查质量管理不严格，缺乏有效的质量管理手段	2.93
	发明专利审查标准低，使低质量专利被不当授权	2.85
专利保护	专利维权成本高，维权困难	3.81
	专利侵权代价低，保护力度弱	3.71
	专利实施条件和环境不佳	3.32

6.2.7　主要结论

（1）企业专利申请、授权、获资助及实施和转让情况表明，近年来，被调查企业的专利申请量和授权量显著增长，普遍获得过国家和地方的专利资助，其中，发明专利申请和授权是专利资助的重点，但一级财政资助不能覆盖全部费用，企业发明专利申请和授权获资助额占实际总费用的39.0%，企业自身需要承担代理费、年费、维持费等费用。大多数企业还没有实施专利许可和转让，但是，已实施许可和转让的企业收益较好。目前，我国专利权质押融资还在探索中，规模还很小，实施中尚存在诸多困难。被调查企业大多数发明专利维持时间较短（5年以下占38.0%，5～10年占45.6%），专利技术落后和资金保障不足是企业主动放弃专利权的主要原因。

（2）企业专利申请量增长的动机、原因和激励机制调查表明，有相当一批企业申请专利主要是为了完成上级规定的专利数量考核指标，获得职称、奖金、报酬等待遇以及获得政府的专利资助费等，与企业自身的专利战略以及市场竞争的关联不大。企业申请专利的战略性动机表现为：抢占或拓展市场；塑造产品形象，形成宣传效应；防止被抄袭，维持盈利能力等。企业专利申请量增长的主要原因是企业提高了知识产权意识、加强了知识产权管理、加大了研发投入、提升了技术创新能力。企业鼓励研发人员申请专利的主要措施是：设立专项奖金、专利转让收益提成、职称评定或人事晋升激励等。

（3）企业专利申请与质量表现的调查结果显示，近年来，企业自主创新能力有了较大的提升，企业专利申请的主要来源是自主创新。在企业专利申请量增长的同时，企业专利质量也有明显的提升。在一定程度上还存在非正常专利申请行为，主要表现为：抄袭他人的专利、将一项发明专利拆成几项申请、只申请不维持、将早已公开的技术再申请专利等。

（4）随着国家自主创新战略实施和国家知识产权战略推进，我国知识产权保护不断加强，专利审查管理不断改进，企业创新意识和创新能力不断提高，对于促进专利申请量增长产生了重要的影响。近年来，《科学技术进步法》（2007年修订）、《国家中长期科学和技术发展规划纲要（2006—2020年）》、《国家知识产权战略纲要》的发布，对专利申请量增长均产生了深刻的影响。

（5）专利资助政策对专利申请量增长影响的调查表明，国家专利费用减缓政策对发明专利申请量增长的促进作用较为明显，国家对向外国申请专利的资助政策对企业PCT/国际专利申请的促进作用相对较弱，主要原因可能是被调查企业中有相当一部分企业还没有 PCT/ 国际专利申请，另外，国家财政对 PCT/ 国际专利申请的专项经费有限，只能提供一部分 PCT/ 国际专利申请的资助。地方专利资助政策对企业发明专利申请量增长的促进作用最明显，同时对企业发明专利质量提高也有一定促进作用，对其他类型专利质量的影响相对较弱。国家的专利费用减缓政策和地方专利资助政策没有削弱专利费用作为经济杠杆剔除低质量专利申请的作用，企业专利申请量的增长主要出于自身的需要，并不完全由国家和地方的专利资助政策所推动，国家和地方的专利资助政策有助于减少企业申请专利的成本，对企业申请专利给予鼓励和扶持。

（6）现行地方专利资助政策存在的主要问题是：重专利申请数量，轻专利质量；对本地区重点行业和技术领域的扶持力度不足；缺乏对非正常专利申请和低质量专利申请的防范措施；对中小微企业专利申请的扶持力度不足等。90% 以上的被调查企业认为地方专利资助政策应该重点资助授权后的发明专利、PCT/ 国际专利的申请费、实审费、年费、维持费等，对授权前的发明专利申请费和实审费、实用新型和外观设计的申请费的资助可以适当减弱，另有部分被调查企业认为 PCT/ 国际专利的维持费以及各类专利的代理费应纳入专利资助范围。地方专利资助政策应该向中小微企业和产学研合作倾斜。大多数企业认为地方专利资助政策改进应该更加关注专利质量，尤其是申请量增长与质量提高的协调发展。

（7）国家和地方科技计划项目对专利申请影响的调查显示，随着国家和地方科技计划项目对企业的支持越来越多，国家和地方科技计划对企业专利申请量增长的影响也逐步显现，其中，国家重大科技专项和地方科技计划的作用较为明显，而 863 计划、973 计划的作用相对较弱。

（8）有关创新政策对专利申请影响的调查显示，高新技术企业认定的作用最为明显，专利权质押融资政策的作用不太明显。国家、部门、地方的科技奖励制度对企业专利申请的促进作用都较为明显，其中，地方科技奖励制度的促进作用更为突出。国家和地方知识产权试点示范企业评选对企业专利申请的促进作用都比较明显。地方专利奖励制度对企业专利申请的促进作用相对突出，国家专利奖励因数量有限作用不明显。

（9）专利代理机构和专利审查管理对企业专利申请影响的调查显示，地方专利代理机构服务质量还有待提高，政府应当对服务质量好的专利代理机构予以适当的奖励资助。当前专利审查标准适宜，执行效果良好，对于企业专利申请有重要的影响。

（10）对我国专利质量综合判断的调查结果显示，近年来，我国各类专利质量都有所提高，其中，85.1%的企业认为国内发明专利质量提高或显著提高，认为实用新型和外观设计专利质量提高或显著提高的分别占78.0%、73.2%。从影响因素的综合平均分值的排序看，影响专利质量的主要因素是：专利维权成本高，维权困难；企业技术创新能力不足，难以形成高水平成果；专利侵权代价低，保护力度弱；新技术突破难度加大、技术生命周期缩短，不易形成高质量专利。可见，知识产权保护环境的强与弱、企业技术创新能力的高与低是影响专利质量的关键因素。

6.3 高校和科研机构专利申请量增长的影响因素调查分析

6.3.1 样本基本情况

课题组对66份高校和科研机构的有效调查问卷进行统计整理，从单位类型、所属部门、是否为知识产权试点示范单位三个方面对回函样本进行基本情况分析。

1. 单位类型

样本中有58家高校和科研机构对单位类型进行了选择。其中，科研机构35家，占有效问卷数的60.3%；普通高校13家，占22.4%；重点高校10家，其中"211"高校7家，"985"高校3家，分别占有效问卷数的12.1%、5.2%（图6.40）。

2. 所属部门分布

66家样本单位中共有59家高校和科研机构对所属部门进行了选择，其中49%是地方部门，20%隶属教育部，14%隶属中国科学院，12%是转制科研机构（图6.41）。

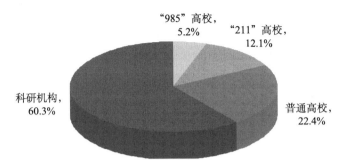

图 6.40　样本高校和科研机构的单位类型分布

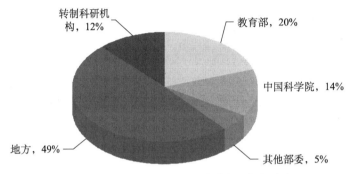

图 6.41　样本高校和科研机构的所属部门分布

3. 知识产权试点示范情况

样本单位中共有 55 家高校和科研机构对知识产权试点示范情况进行了回答，其中 18 家是知识产权试点示范单位，占有效问卷数的 33%，16% 是国家级知识产权试点示范单位，13% 是省级试点示范单位，4% 是市级试点示范单位，37 家不是知识产权试点示范单位，占有效问卷数的 67%（图 6.42）。

6.3.2　高校和科研机构专利申请、授权、获资助及许可转让和维持情况

1. 专利申请情况

高校和科研机构专利申请量增长明显，单位平均专利申请量逐年上升。样本单位中共有 64 家对专利申请情况进行了回答。经统计，2007～2011 年，发明、

实用新型和外观设计专利申请量的年均增长率分别为44.4%、57.5%和31.8%，高于全国平均增长率。单位平均发明专利申请量从2007年的24.64件提高到2011年的104.11件，实用新型专利申请量从2007年的5.69件提高到2011年的33.30件，外观设计专利申请量从2007年的0.25件提高到2011年的16.52件。

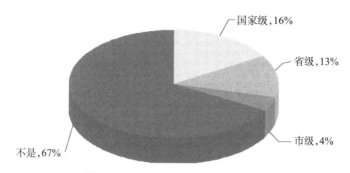

图6.42　样本高校和科研机构的知识产权试点示范情况

表6.11　高校和科研机构平均专利申请数　　　　　单位：件

年份	发明专利	实用新型专利	外观设计专利	PCT/ 国际专利
2007	24.64	5.69	0.25	0.36
2008	34.63	7.89	1.38	0.44
2009	41.27	10.17	11.19	1.56
2010	63.88	17.48	6.59	4.14
2011	104.11	33.30	16.52	7.28

2. 专利授权情况

高校和科研机构专利授权量增长明显，单位平均专利授权数和有效专利数较多。样本单位中共有53个对专利授权情况进行了回答，经统计，发明、实用新型和外观设计授权专利的年均增长率分别达到36.36%、31.3%和116.2%。2007～2011年高校和科研机构的平均专利授权量逐渐上升，发明专利从2007年的10.09件增加到2011年的34.60件，实用新型专利从2007年的7.00件逐渐增加到2011年的19.89件，外观设计专利从2007年的0.17件增加到2011年的2.08件。高校和科研机构平均有效发明专利为103.11件，实用新型专利有效数为 56.08 件，而 PCT/ 国际专利有效数仅为 0.75 件（表 6.12）。

表 6.12　高校和科研机构平均专利授权数和有效专利数　　　　　单位：件

年份	发明专利	实用新型专利	外观设计专利	PCT/ 国际专利
2007	10.09	7.00	0.17	0.04
2008	15.13	7.58	0.30	0.00
2009	19.62	8.92	1.30	0.08
2010	24.94	14.45	1.40	0.21
2011	34.60	19.89	2.08	0.34
有效专利数	103.11	56.08	3.62	0.75

3. 专利资助情况

经统计，共有 38 家高校和科研机构对专利资助情况进行了回答，对获资助件数、获资助总额、申请费、实审费、年费、维持费、代理费、实际总费用等进行统计后，得出数据如表 6.13 所示。统计结果显示，专利资助政策侧重于对发明专利的资助，多资助专利代理费和申请费。发明专利资助额占实际总费用的55.5%，实用新型专利获资助额占实际总费用的 17.4%，外观设计专利资助额占实际总费用的 53.6%。

表 6.13　高校和科研机构专利资助情况

专利类型	获资助件数/件	获资助总额/万元	申请费/万元	实审费/万元	年费/万元	维持费/万元	代理费/万元	实际总费用/万元
发明专利	6368	1399.6	535.36	375.30	62.21	4.5	1117.2	2521.5
实用新型专利	1057	43.72	84.21	1.4	6.75	3.8	118.67	251.12
外观设计专利	1578	56.92	38.59	0	3.9	0	73.84	106.18

高校和科研机构 PCT/ 国际专利获资助方面，样本中共有 13 家高校和科研机构进行了回答，经统计，PCT/ 国际专利申请国家资助件数 221 件，资助总额750.5 万元；地方资助件数 38 件，资助总额 33.1 万元。PCT/ 国际专利授权国家资助件数 4 件，资助总额 77 万元；地方资助件数 18 件，资助总额 46 万元（表 6.14）。

表 6.14　高校和科研机构 PCT/ 国际专利申请、授权获资助情况

项目	获国家资助 件数 / 件	获国家资助 总额 / 万元	获地方资助 件数 / 件	获地方资助 总额 / 万元
PCT/ 国际专利申请	221	750.5	38	33.1
PCT/ 国际专利授权	4	77	18	46

4. 专利许可、转让情况

72.7% 以上的高校和科研机构无专利许可行为，77.3% 以上的高校和科研机构无专利转让行为，且平均每件专利转让或许可收入较低。样本单位中共有 25 家对专利许可、转让情况的问题进行了回答，经统计，平均每件发明专利许可收入 38.4 万元，转让收入 58.4 万元；平均每件实用新型专利许可收入 4.3 万元，转让收入 22.7 万元（表 6.15）。

表 6.15　高校和科研机构专利许可或转让情况

专利类型	对外许可		对外转让	
	件数 / 件	收入 / 万元	件数 / 件	收入 / 万元
发明专利	518	19 895.4	240	14 006.85
实用新型专利	49	213	21	476.25
外观设计专利	5	130	0	0
PCT/ 国际专利	3	500	5	83.5

高校和科研机构专利转让或许可的受让方主要为内资中小企业和国有大型企业。样本单位中共有 52 家高校和科研机构对专利转让或许可的受让方进行了选择，其中 39 家高校和科研机构选择内资中小企业，占有效问卷数的 75.0%，50.0% 选择国有大型企业，仅 5.7% 选择国外知识产权经营公司和国外跨国公司（图 6.43）。

5. 专利维持情况

59.2% 的专利维持时间在 10 年以下，其中，39.7% 的专利维持时间在 5 年以下。主动放弃授权专利的原因主要是资金保障不足和专利技术落后。样本单

位中共有 44 家对专利维持时间进行了选择，经统计，获授权的中国发明专利中，维持时间 5 年以下的专利占 39.7%，维持时间 5 ～ 10 年的专利占 19.5%，维持时间 10 ～ 15 年的专利占 12.7%，仅 28.1% 的专利维持时间在 15 年以上。调查问卷结果表明，高校和科研机构的多数专利维持时间不长。在主动放弃专利的原因方面，样本中共有 37 份有效答案，统计后发现 67.7% 的高校和科研机构认为资金保障不足是主动放弃专利的原因，54.8% 认为专利技术落后是主要原因（图 6.44）。

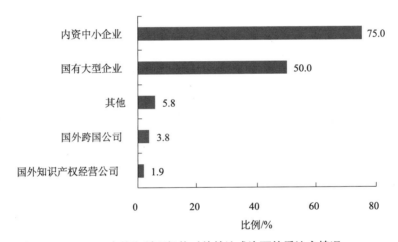

图 6.43　高校和科研机构对外转让或许可的受让方情况

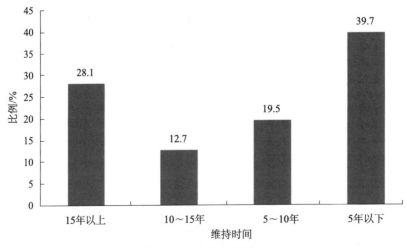

图 6.44　获授权的中国发明专利的维持时间情况

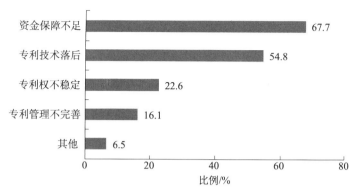

图 6.45　高校和科研机构主动放弃发明专利权的原因

影响专利权维持和实施应用的制约因素方面，样本中共有 58 份有效答案，统计后得出，主要制约因素包括：重申请、授权，轻维权、实施和应用；缺乏专利权维持的资金保障；专利转让或许可的信息渠道不畅；缺乏专利成果转化应用的内在动力；专利技术交易市场不完善。

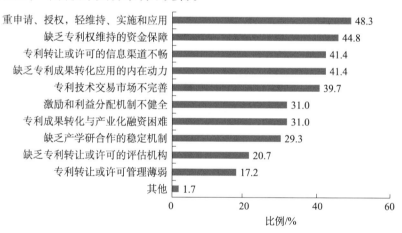

图 6.46　影响专利权维持和实施应用的制约因素

6.3.3　高校和科研机构专利申请量增长的动机、原因和激励机制

1. 高校和科研机构专利申请的动机

加强本单位的知识产权保护是高校和科研机构申请专利最重要的动机，其

后依次是完成政府科技计划项目考核指标、争取政府科技计划项目、获得职称晋升、提高本单位的学术排名等。样本单位中共有 64 份有效答案，课题组采用李克特 5 点量表法，1 表示最弱，5 表示最强，问卷统计时将每个动机的各高校和科研机构的分值平均，得到各专利申请动机的平均分数，如图 6.47 所示。加强本单位的知识产权保护是专利申请的重要动机，而获得专利转让或许可收益、评选知识产权试点示范单位、获得国家和地方的专利资助费不是高校和科研机构申请专利的主要动机。这是因为，保护发明不被模仿是基于专利制度的传统动机；高校和科研机构是承担国家科技计划项目的重要主体，而专利往往作为国家科技计划项目的考核指标，高校和科研机构为争取国家科技计划项目、完成项目考核数量指标往往需要申请专利；目前多数高校和科研机构将专利指标纳入绩效考核体系中，直接影响研发人员的职位晋升和薪资待遇等。

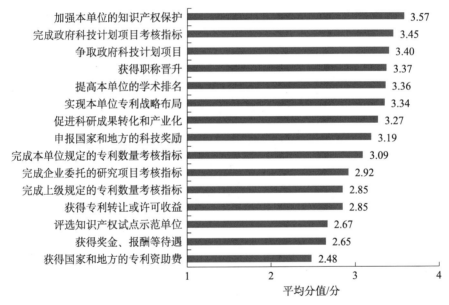

图 6.47　高校和科研机构专利申请动机的表现程度

2. 高校和科研机构专利申请量增长的主要原因

高校和科研机构专利申请量增长的主要原因是知识产权意识明显提高、知识产权管理加强、自主研发投入增加、技术创新能力明显提高、将专利产出列入科技人员考核指标等。样本中共有 66 家高校和科研机构对相关问题进行了回答，由图 6.48 可以看出，78.8% 的高校和科研机构申请专利是因为知识产权意识明显提高，66.7% 认为知识产权管理加强是专利申请量增长的重要原因，59.1% 认为自主研发投入增加是专利申请量增长更为重要的因素。结果表明，促进科研成果转化和产业化不是高校和科研机构专利申请最主要的动机，且主体行为对专利申请量增长的影响较为显著，而国家政策的推动，如国家对知识产权保护加强、国家和地方知识产权试点示范计划推进、获得地方科技计划项目资助增加等，对高校和科研机构专利申请量的增长影响不大（图 6.48）。

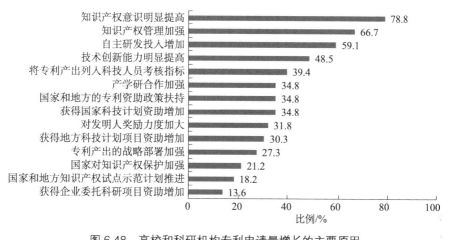

图 6.48　高校和科研机构专利申请量增长的主要原因

3. 高校和科研机构专利申请的激励措施

76.6% 的高校和科研机构规定了高于或相当于国家"一奖两酬"标准的职务发明人奖酬标准。样本中共有 64 份为有效答案，经统计，45.3% 的高校和科研机构设定的奖酬标准与细则相当，31.3% 高于细则规定的奖酬标准，只有 23.5% 低于细则的奖酬标准或没有建立奖酬标准（图 6.49）。

高校及科研机构鼓励研发人员申请专利的激励措施主要是专项奖金、职称评定或人事晋升激励、专利转让或许可收益提成等方式。样本中共有 65 家高校和科研机构对此问题进行了回答，统计后如图 6.50 所示，69.2% 的高校和科研机构采用专项奖金方式，61.5% 采用职称评定或人事晋升激励方式，采用专利转让收益提成方式激励专利申请的高校和科研机构不多，占 33.8%。结果表明，高校和科研机构对"一奖两酬"中规定的转化收益提成激励实施率较低，这说明高校和科研机构往往将专利数量作为考核和奖励的指标，而对专利质量的关注不足。

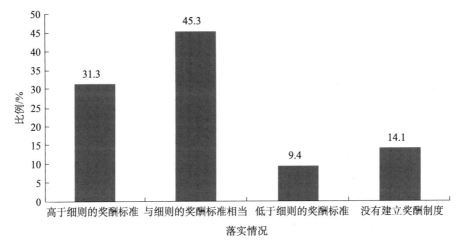

图 6.49 高校和科研机构落实"一奖两酬"制度的情况

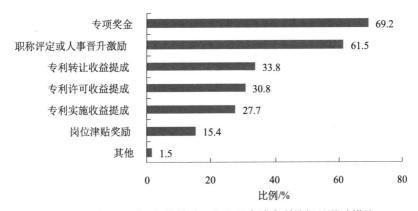

图 6.50 高校和科研机构鼓励研发人员申请专利的相关激励措施

在激励措施的影响程度方面，样本中共有 61 份为有效答案，统计后如图 6.51 所示，55.7% 的高校和科研机构认为专项奖金、职称评定或人事晋升激励、专利转让收益提成等措施对专利申请量增长的影响是很显著和显著的，26.2% 认为影响是较显著的，只有 3.3% 认为作用不明显。

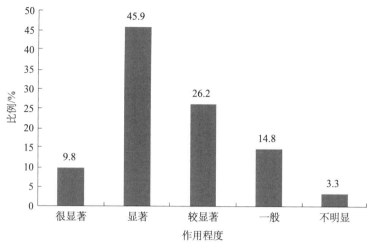

图 6.51　专项奖金、职称评定或人事晋升激励等措施对专利申请量增长的激励作用

6.3.4　高校和科研机构专利申请与质量表现

1. 职务专利申请的来源

承担国家、部门、地方科技计划项目是高校和科研机构职务专利申请的主要来源（占 57.2%），单位自筹资金支持的科研项目及企业委托项目产出专利占有一定的比例（33.0%）。样本中共有 52 份为有效答案，经统计，来自国家科技计划项目和单位自筹资金支持的科研项目的专利占 48.4%，部门科技计划项目产生专利的比重为 17.2%，地方科技计划项目产生专利的比重为 14.6%，外国或国际组织资助项目产生专利的比重仅为 4.3%（图 6.52）。

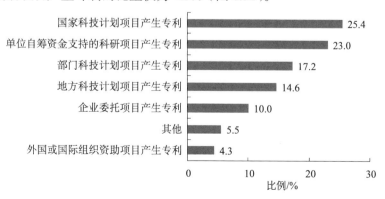

图 6.52　职务专利申请的来源

2. 非正常专利行为

高校和科研机构的被调查单位认为国内专利申请中存在的非正常申请行为主要是：只申请不实施应用、只申请不维持、为获得政府专利资助申请专利、将一项发明创造拆成几项申请、只注重申请不关注授权。样本中共有 65 份有效答案，经统计，60.0% 的高校和科研机构认为只申请不实施应用是重要的非正常专利行为，分别有 38.5% 认为只申请不维持、为获得政府专利资助申请专利是非正常专利行为。结果表明，高校和科研机构往往重数量、轻质量，不重视专利的实施转化，存在为获得专利资助、完成单位绩效考核指标而申请专利的现象，这不仅造成资源浪费，也导致大量低质量专利产生（图 6.53）。

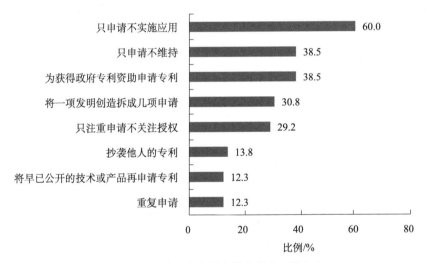

图 6.53　目前国内专利申请中的非正常行为

3. 专利申请量与专利质量的综合表现

57.1% 的高校和科研机构认为专利申请量增长，同时专利质量明显提高。样本中共有 63 家高校和科研机构对相关问题进行了回答，结果显示，57.1% 的高校和科研机构认为专利申请量增长，专利质量提高明显；31.7% 认为专利质量基本不变，仅 9.5% 认为专利质量相对降低（图 6.54）。

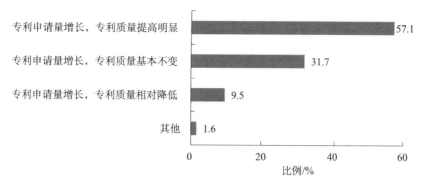

图 6.54　专利申请量与专利质量的综合表现

6.3.5　相关制度和政策对专利申请量增长及专利质量的影响

对 65 份有效问卷统计显示，我国专利申请量增长的主要宏观影响因素是：国家自主创新战略实施、国家知识产权战略推动、国家对科研投入增加、国家知识产权保护加强。此外，产学研知识产权意识增强、国内外市场竞争加剧也是影响专利申请量的因素（图 6.55）。

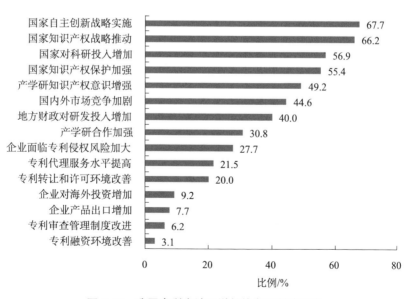

图 6.55　我国专利申请量增长的宏观影响因素

专利申请量增长的宏观影响因素初步确定后，利用调查问卷数据对各因素进行研究，进一步确定各宏观影响因素对专利申请量增长的影响程度。主要宏观影响因素包括：国家科技立法、科技和知识产权战略实施；国家、地方资助政策；国家和地方科技计划项目；专利权质押融资政策；专利转化与产业化资助政策；国家、部门和地方的科技奖励制度；知识产权试点示范单位评选；专利代理机构。

1. 国家科技立法、科技和知识产权战略实施

国家科技立法、科技和知识产权战略实施对专利申请量增长的影响是显著的。《国家中长期科学和技术发展规划纲要（2006—2020 年）》《科学技术进步法》（2007 年修订）、《国家知识产权战略纲要》是国家科技立法、知识产权战略实施的重要法律和政策法规依据，本书将影响程度划分为很大、大、较大、一般、不明显 5 个等级，对上述立法和纲要的影响程度进行问卷调查，有效答案数为 64 份。分析结果显示，54.7% 的高校和科研机构认为《国家中长期科学和技术发展规划纲要（2006—2020 年）》对专利申请量增长影响程度大或很大，50.8% 认为《科学技术进步法》（2007 年修订）的影响程度大或很大，68.7% 认为《国家知识产权战略纲要》的影响作用大或很大（表 6.16）。

表 6.16　科技立法和知识产权战略实施对国内专利申请的促进作用　单位：%

相关政策	很大	大	较大	一般	不明显
《国家中长期科学和技术发展规划纲要（2006—2020 年）》	23.4	31.3	18.8	21.9	4.7
《科学技术进步法》（2007 年修订）	22.2	28.6	20.6	25.4	3.2
《国家知识产权战略纲要》	48.4	20.3	18.8	10.9	1.6

2. 国家和地方的资助政策

资助政策分为国家、地方两个层面，其中国家层面的资助政策包括国家专利费用减缓政策、向国外申请专利的资助政策两类。本书对专利费用减缓政策、向国外申请专利的资助政策、地方资助政策的影响作用分别进行分析。

在对没有国家和地方的专利资助情况下高校和科研机构专利申请量变化情

况的调查中发现，共有 45 家高校和科研机构认为不会减少专利申请量，占有效答案数的 69.2%（图 6.56）。这说明国家和地方专利资助政策对专利申请量增长有一定的影响，但是高校和科研机构的专利申请多是自发行为，申请量的增长不完全依赖于国家和地方专利资助政策。

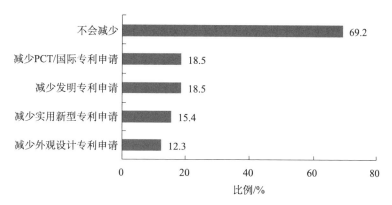

图 6.56　如果没有国家和地方的专利资助各单位的专利申请量变化情况

1）专利费用减缓政策

国家专利费用减缓政策对专利申请的促进作用较为明显。样本中针对发明、实用新型、外观设计方面分别有 64 份、60 份、57 份有效答案，统计后得出，认为专利费用减缓政策对发明专利申请影响大或很大的占 59.4%，对实用新型专利申请影响大或很大的占 53.3%，对外观设计专利申请影响大或很大的占 45.6%（表 6.17）。但是统计结果发现，如图 6.57 所示，75.8% 的高校和科研机构认为国家专利费用减缓政策没有削弱专利费用作为经济杠杆剔除低质量专利申请的作用。

表 6.17　国家专利费用减缓政策对国内专利申请的促进作用　　　　单位：%

专利类型	很大	大	较大	一般	不明显
发明专利	46.9	12.5	17.2	20.3	3.1
实用新型专利	33.3	20.0	20.0	18.3	8.3
外观设计专利	29.8	15.8	12.3	28.1	14.0

注：表中有的项各比例之和非100%，由四舍五入造成，实为100%，下同

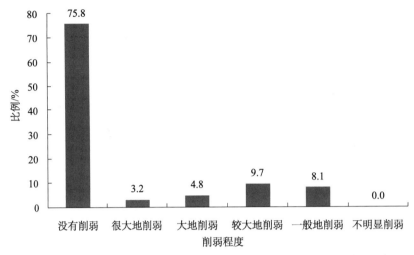

图 6.57　国家专利费用减缓政策对剔除低质量专利申请作用的削弱程度

2）向国外申请专利的资助政策

向国外申请专利的资助政策对 PCT/ 国际专利申请的促进作用不显著。样本中共有 62 家高校和科研机构对此问题进行了回答，统计结果如图 6.58 所示。21.0% 的高校和科研机构认为向国外申请专利的资助政策对专利申请的促进作用很大，14.5% 认为促进作用大，53.2% 的高校和科研机构认为促进作用一般或不明显。这是因为国家的资助额度相对于申请 PCT/ 国际专利的申请费、代理费、维持费等成本来说是非常有限的，向国外申请专利的资助政策的促进作用不显著。

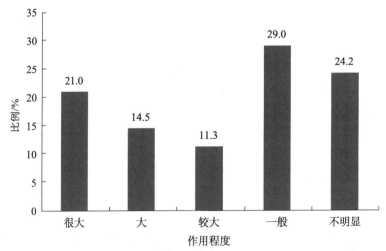

图 6.58　国家向国外申请专利的资助政策对 PCT/ 国际专利申请的促进作用

3）地方专利资助政策

地方专利资助政策对国内专利申请量增长的促进作用显著，对 PCT/ 国际专利申请量增长的促进作用不显著，对专利质量提高的促进作用不显著。样本中针对发明、实用新型、外观设计、PCT/ 国际专利方面分别有 62 份、58 份、56 份、56 份有效答案。统计结果发现，66.2% 的高校和科研机构认为地方专利资助政策对发明专利促进作用大或很大，60.3% 认为对实用新型专利的促进作用大或很大，51.7% 认为对外观设计专利的促进作用大或很大，仅有 37.5% 认为对 PCT/ 国际专利的促进作用大或很大，即地方专利资助政策对 PCT/ 国际专利的影响作用不显著（表 6.18）。

表 6.18　地方专利资助政策对各类专利申请的促进作用　　　　单位：%

专利类型	很大	大	较大	一般	不明显
发明专利	45.2	21.0	16.1	16.1	1.6
实用新型专利	37.9	22.4	15.5	17.2	6.9
外观设计专利	32.1	19.6	8.9	16.1	23.2
PCT/ 国际专利	23.2	14.3	14.3	25.0	23.2

在地方专利资助政策对专利质量提高的促进作用方面，46.0% 的高校和科研机构认为资助政策对发明专利质量提高的促进作用大或很大；46.7% 认为资助政策对实用新型专利质量提高的促进作用大或很大；40.8% 认为资助政策对外观设计专利质量提高的促进作用大或很大；34.5% 认为资助政策对 PCT/ 国际专利质量提高的促进作用大或很大（表 6.19）。统计结果显示，73.3% 的高校和科研机构认为地方专利资助政策没有削弱专利费用作为经济杠杆剔除低质量专利申请的作用（图 6.59）。

表 6.19　地方专利资助政策对各类专利质量提高的促进作用　　　　单位：%

专利类型	很大	大	较大	一般	不明显
发明专利	25.4	20.6	31.7	12.7	9.5
实用新型专利	26.7	20.0	28.3	11.7	13.3
外观设计专利	20.4	20.4	20.4	14.8	24.1
PCT/ 国际专利	20.0	14.5	20.0	21.8	23.6

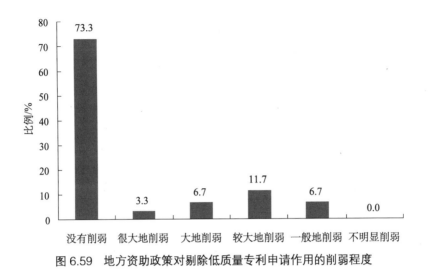

图 6.59　地方资助政策对剔除低质量专利申请作用的削弱程度

　　上述统计结果肯定了地方专利资助政策对专利申请特别是国内专利申请的促进作用，在此基础上，本书对高校和科研机构认为的地方专利资助政策资助范围、资助对象、资助方式、资助的重点领域、存在的主要问题和改进原则进行分析，为地方专利资助政策的制定和完善提供建议。

　　（1）资助范围。70% 以上的高校和科研机构认为地方专利资助政策的资助范围应涵盖发明专利申请费及实审费、实用新型专利申请费、外观设计专利申请费、PCT/ 国际专利申请费和实审费。样本中针对发明、实用新型、外观设计、PCT/ 国际专利方面分别有 58 份、47 份、42 份、46 份有效答案。经统计，60% 以上的高校和科研机构认为年费、代理费及发明专利维持费也应予以资助，认为应资助 PCT/ 国际专利维持费的单位相对较少（表 6.20）。

表 6.20　高校和科研机构认为地方专利资助政策的资助范围　　　　　单位：%

专利类型	申请费	实审费	年费	维持费	代理费	其他
发明专利	79.3	75.9	69.0	60.3	60.3	1.7
实用新型专利	89.4				68.1	4.3
外观设计专利	85.7				69.0	4.8
PCT/ 国际专利	76.1	78.3	65.2	58.7	60.9	6.5

对地方专利资助政策资助重点的统计结果显示，90%以上的高校和科研机构认为地方专利资助政策的资助重点是：授权后的发明专利申请费和实审费、授权后的发明专利年费、维持费等、授权后的PCT/国际专利申请费、授权后的PCT/国际专利年费、维持费等（表6.21）。

表6.21　高校和科研机构认为地方专利资助政策的资助重点

是否应该资助	是		否	
	总数/家	比例/%	总数/家	比例/%
授权前的发明专利申请费和实审费	43	75.4	14	24.6
授权后的发明专利申请费和实审费	52	92.9	4	7.1
授权后的发明专利年费、维持费等	56	94.9	3	5.1
实用新型申请费	39	72.2	15	27.8
外观设计申请费	36	67.9	17	32.1
授权前的PCT/国际专利申请费	42	84.0	8	16.0
授权后的PCT/国际专利申请费	46	93.9	3	6.1
授权后的PCT/国际专利年费、维持费等	44	91.7	4	8.3

（2）资助对象和资助方式。86%的高校和科研机构认为资助对象应该向产学研合作申请专利倾斜，78.3%认为应该向中小微企业倾斜（图6.60）。样本中对两问题分别有60份、57份有效答案，统计后发现，绝大多数高校和科研机构认为应向中小微企业、产学研合作申请专利倾斜。在资助方式方面，选择定额资助和全额资助的单位数量相等，都为57家，高校和科研机构对资助方式没有倾向性。

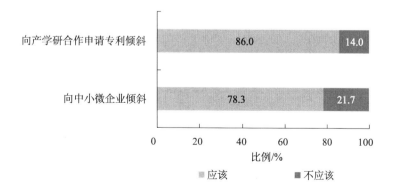

图6.60　高校和科研机构认为地方专利资助政策的资助对象

（3）资助的重点领域。83.1%的高校和科研机构认为应该资助国家重点技术领域或行业，69.2%认为应资助本地区重点技术领域或行业。样本中共有65家高校和科研机构回答了此问题，经统计，国家重点技术领域或行业、本地区重点技术领域或行业是资助的重点领域，分别有66.2%、63.1%认为具有较好市场前景的技术产品、技术含量高的技术产品也是地方专利资助政策的重点领域（图6.61）。

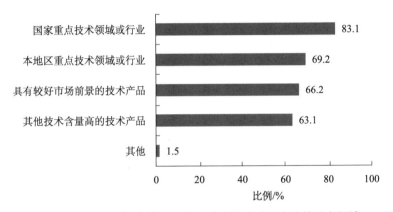

图 6.61　高校和科研机构认为地方专利资助政策资助的重点领域

（4）存在的主要问题。现行地方专利资助政策存在的主要问题为：重专利申请数量，轻专利质量；缺乏对非正常专利申请和低质量专利申请的防范措施；对本地区重点行业和技术领域的扶持力度不足；对产学研合作申请专利的扶持力度不足；对中小微企业申请专利的扶持力度不足等。样本中共有65份有效答案，统计结果显示，地方专利资助政策中，专利质量难以保证和控制是最重要的问题，对中小微企业申请专利、产学研合作申请专利、本地区重点行业和技术领域扶持力度不足也是资助政策的主要问题（图6.62）。

（5）资助政策改进应体现的原则。现行地方专利资助政策改进的原则主要是更加关注专利申请的质量、更加关注专利申请量与专利质量的协调发展、更加关注专利实施与应用、更加关注发明专利权维权、更加关注高校和科研机构向企业转让许可专利等。样本中共有65家高校和科研机构回答了相关问题，统计结果显示，高校及科研机构认为资助政策不再仅仅关注专利的数量，更应加强对专利质量的重视，对专利的实施、许可、转让等给予一定的扶持（图6.63）。

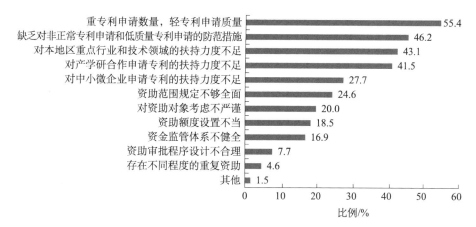

图 6.62　现行地方专利资助政策存在的主要问题

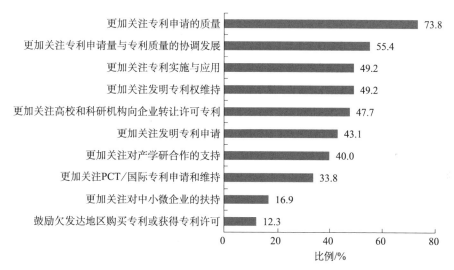

图 6.63　地方专利资助政策改进应体现的原则

3. 国家和地方科技计划

国家和地方科技计划项目对高校和科研机构专利申请的促进作用显著。统计结果显示，60% 以上的高校和科研机构认为国家和地方科技计划项目对专利申请的促进作用大或很大，其中，认为国家重大科技专项对专利申请的促进作用大或很大的比例最高，为 76.2%，其次是国家科技支撑计划项目、863 计划项目、973 计划项目、部门科技计划项目、地方科技计划项目、国家自然科学基金项目（表 6.22）。

表 6.22　国家和地方科技计划项目对专利申请的促进作用　　　　单位：%

国家和地方科技计划项目	很大	大	较大	一般	不明显
国家重大科技专项	52.4	23.8	17.5	3.2	3.2
973 计划项目	44.8	19.0	24.1	6.9	5.2
863 计划项目	47.4	17.5	22.8	5.3	7.0
国家科技支撑计划项目	43.9	21.1	28.1	3.5	3.5
国家自然科学基金项目	32.1	28.6	25.0	8.9	5.4
部门科技计划项目	40.0	23.3	28.3	6.7	1.7
地方科技计划项目	35.0	26.7	25.0	11.7	1.7

4. 专利权质押融资政策、专利转化与产业化资助政策

专利权质押融资政策、专利转化与产业化资助政策对专利申请的促进作用不显著。仅 14 家高校和科研机构认为专利权质押融资政策对专利申请的促进作用大或很大，占 21.9%；仅 17 家高校和科研机构认为专利转化与产业化资助政策对专利申请的促进作用大或很大，占 26.1%。这说明专利权质押融资政策、专利转化与产业化资助政策对专利申请的影响作用不显著（图 6.64、图 6.65）。

5. 国家、部门和地方的科技奖励制度

国家、部门和地方科技奖励制度及国家专利奖励、地方专利奖励对专利申请量增长有一定的促进作用。科技奖励制度方面，样本中共有 65 份有效答案，经统计，近 50% 的高校和科研机构认为国家科技奖励制度、部门科技奖励励、地方科技奖励制度对专利申请的促进作用大或很大（表 6.23）。国家专利奖励、地方专利奖励方面，两个问题分别有 62 份、61 份有效答案，统计后发现，46.8% 的高校和科研机构认为国家专利奖励对专利申请的促进作用大或很大；45.9% 的高校和科研机构认为地方专利奖励对专利申请的促进作用大或很大（表 6.24）。

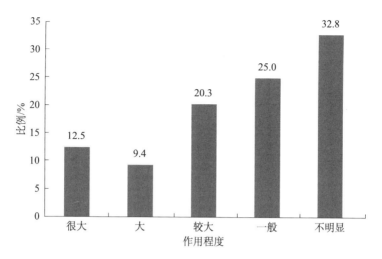

图 6.64　专利权质押融资政策对专利申请的促进作用

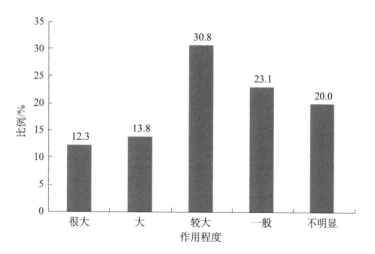

图 6.65　专利转化与产业化资助政策对专利申请的促进作用

表 6.23　科技奖励制度对专利申请的促进作用　　　　　单位：%

科技奖励制度	很大	大	较大	一般	不明显
国家科技奖励制度	27.7	21.5	33.8	10.8	6.2
部门科技奖励制度	18.5	30.8	32.3	13.8	4.6
地方科技奖励制度	21.5	27.7	32.3	15.4	3.1

表 6.24　国家专利奖励和地方专利奖励对专利申请的促进作用　　　单位：%

项目	很大	大	较大	一般	不明显
国家专利奖励	25.8	21.0	29.0	11.3	12.9
地方专利奖励	26.2	19.7	29.5	13.1	11.5

6. 知识产权试点示范单位评选

知识产权试点示范单位评选对专利申请量增长的促进作用显著。样本中共有 62 份有效答案，调查结果显示，50.0% 的高校和科研机构认为国家知识产权试点示范单位评选对专利申请的促进作用大或很大，46.1% 的单位认为地方知识产权试点示范单位评选对专利申请的促进作用大或很大（表 6.25）。

表 6.25　知识产权试点示范单位评选对专利申请的促进作用　　　单位：%

项目	很大	大	较大	一般	不明显
国家知识产权试点示范单位评选	19.4	30.6	24.2	19.4	6.5
地方知识产权试点示范单位评选	17.5	28.6	23.8	22.2	7.9

7. 专利代理机构

地方专利代理机构服务水平有待提高，政府应当给予服务质量好的专利代理机构一定奖励资助。样本中有 66 家高校和科研机构回答了此问题，其中 9.1% 的高校和科研机构认为所在地的专利代理机构的服务质量很高，51.5% 认为服务质量较高，36.4% 认为服务质量一般，仅 3.0% 认为服务质量较低（图 6.66）。69.4% 的高校和科研机构认为应该对专利申请服务质量好的专利代理机构给予一定的奖励资助，20.8% 表示不知道，仅 9.7% 认为不应该给予资助（图 6.67）。

8. 专利审查管理

当前专利审查标准较高，执行效果较好，专利审查对专利申请量增长有一定的影响。经统计，有 63 家高校和科研机构对相关问题做出了回答，其中

50.8%的高校和科研机构认为现行专利审查标准过高或较高，42.9%的高校和科研机构认为现行专利审查标准适中（图6.68）；47.5%的高校和科研机构认为专利审查标准执行效果很好和好，9.8%认为专利审查标准执行效果一般（图6.69）。

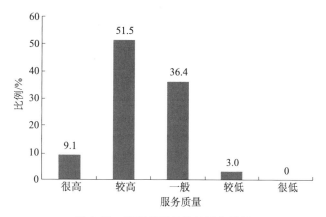

图 6.66　专利代理机构的服务质量

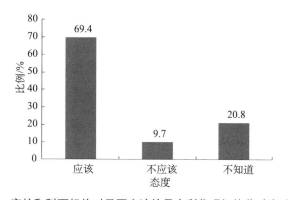

图 6.67　高校和科研机构对是否应该给予专利代理机构奖励资助的判断

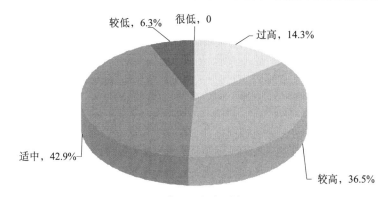

图 6.68　我国现行专利审查标准

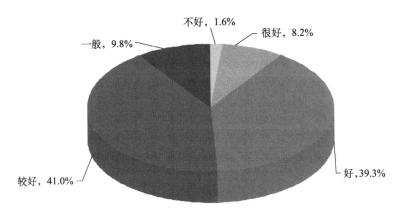

图 6.69　我国现行专利审查标准执行效果

6.3.6　对我国专利质量的综合判断

1. 我国专利质量的发展状况

近年来我国专利质量有所提高。统计结果显示，82.9% 的高校和科研机构认为我国发明专利质量显著提高或提高，78.0% 认为实用新型专利质量显著提高或提高，75.4% 认为外观设计专利质量显著提高或提高，70.0% 认为 PCT/ 国际专利质量显著提高或提高（表 6.26 ）。

表 6.26　近年来我国各类专利质量的发展状况

专利类型	显著提高		提高		提高不明显		有所下降		下降严重	
	总数 /件	比例 /%	总数 /件	比例 /%	总数 /件	比例 /%	总数 /件	比例 /%	总数 /件	比例 /%
发明	17	26.6	36	56.3	11	17.2	0	0	0	0
实用新型	8	13.6	38	64.4	12	20.3	1	1.7	0	0
外观设计	9	15.8	34	59.6	14	24.6	0	0	0	0
PCT/ 国际	7	14.0	28	56.0	14	28.0	1	2.0	0	0

2. 不同阶段影响专利质量主要因素的重要程度的判断

在发明创造、专利申请、专利审查、专利保护四个阶段，影响专利质量的最关键因素是：自主创新能力不足，难以形成高水平成果；高校和科研机构评价机制导致重申请而轻维持和实施应用；专利无效程序复杂，无法及时剔除低质量专利；专利维权成本高，维权困难。从平均分值的高低情况看，影响专利质量的主要因素是：专利维权成本高，维权困难；专利实施条件和环境不佳；自主创新能力不足，难以形成高水平成果；专利侵权代价低，保护力度弱；高校和科研机构评价机制导致重申请而轻维持和实施应用（表6.27）。

表 6.27　影响专利质量的主要因素

阶段	影响专利质量的主要因素	平均分值 / 分
发明创造	自主创新能力不足，难以形成高水平成果	3.33
	新技术突破难度加大、技术生命周期缩短，不易形成高质量专利	3.19
	专利技术研发对已有技术的检索和借鉴不充分	3.06
	个人发明创造的比例相对较高	2.53
发明申请	高校和科研机构评价机制导致重申请而轻维持和实施应用	3.22
	专利申请与绩效和待遇挂钩，政府和单位考核重数量轻质量	2.92
	申请人根据专利战略需要，采取重数量轻质量的申请策略	2.89
	申请人和代理人水平低，专利申请文献撰写不好	2.80
	政府资助专利申请，申请专利成本低	2.64
专利审查	专利无效程序复杂，无法及时剔除低质量专利	2.97
	缺乏针对重复申请等非正常申请行为的有效管理、监督和惩罚机制	2.94
	新技术领域审查难度加大	2.92
	专利审查质量管理不严格，缺乏有效的质量管理手段	2.86
	发明专利审查标准低，使低质量专利被不当授权	2.66
	实用新型和外观设计专利不经过实质审查就授权	2.61
	专利申请过多，审查人员没有足够时间和精力进行细致审查	2.81
专利保护	专利维权成本高，维权困难	3.41
	专利实施条件和环境不佳	3.34
	专利侵权代价低，保护力度弱	3.28

6.3.7　主要结论

（1）高校和科研机构专利申请、授权、获资助及许可转让和维持情况表明：

近年来，被调查的高校和科研机构的专利申请量和授权量显著增长，普遍获得过国家和地方的专利资助，其中发明专利申请和授权是专利资助的重点，但一级财政资助不能覆盖全部费用，高校和科研机构需要承担代理费、年费、维持费等。大多数高校和科研机构无专利许可和转让行为。大多数高校和科研机构专利维持时间较短（5 年以下占 39.7%，5 ～ 10 年占 19.5%），主动放弃授权专利的原因主要是资金保障不足和专利技术落后。影响专利权维持和实施应用的主要制约因素包括：重申请、授权，轻维权、实施和应用；缺乏专利权维持的资金保障；专利转让 / 许可的信息渠道不畅；缺乏专利成果转化应用的内在动力；专利技术交易市场不完善。

（2）高校和科研机构专利申请量增长的动机、原因和激励机制调查表明，有相当一批高校和科研机构专利申请的主要动机是加强本单位的知识产权保护、完成政府科技计划项目考核指标、争取政府科技计划项目、获得职称晋升、提高本单位的学术排名。高校和科研机构专利申请量增长的主要原因是知识产权意识明显提高、知识产权管理加强、自主研发投入增加。76.6% 的高校和科研机构规定了高于或相当于国家"一奖两酬"标准的职务发明人奖酬标准。高校和科研机构鼓励研发人员申请专利的主要措施是：设立专项奖金、职称评定或人事晋升激励、专利转让和许可收益提成。

（3）高校和科研机构专利申请与质量表现的调查结果显示，高校和科研机构职务专利申请的来源主要是：国家科技计划项目、单位自筹资金支持的科研项目、部门科技计划项目、地方科技计划项目。近年来，高校和科研机构专利申请量增长的同时，专利质量也有明显的提升。但是高校和科研机构仍在一定程度上存在非正常专利申请行为，主要表现为：只申请不实施应用、只申请不维持、为获得政府专利资助申请专利、将一项发明创造拆成几项申请、只注重申请不关注授权。

（4）国家自主创新战略的实施和国家知识产权战略的推进对专利申请量增长的促进作用明显。《科学技术进步法》（2007 年修订）、《国家中长期科学和技术发展规划纲要（2006—2020 年）》、《国家知识产权战略纲要》的发布，对专利申请量增长均产生了深刻的影响。

（5）专利资助政策对专利申请量增长影响的调查表明，国家和地方专利资助政策对专利申请量增长有一定的影响，但是高校和科研机构的专利申请多是自发行为，申请量的增长不完全依赖于国家和地方专利资助政策。国家专利费用减缓政策对专利申请的促进作用较为明显，向国外申请专利的资助政策对 PCT/ 国际专利申请的促进作用相对较弱，主要原因是国家财政对 PCT/ 国际专利申请的专项经费相对有限。地方专利资助政策对国内专利申请量增长的促进作用较明显，对 PCT/ 国际专利申请量增长的促进作用并不明显，对专利质量提高的促进作用不明显。国家的专利费用减缓政策和地方专利资助政策没有完全削弱专利费用作为经济杠杆剔除低质量专利申请的作用。

（6）现行地方专利资助政策存在的主要问题是：重专利申请数量，轻专利质量；缺乏对非正常专利申请和低质量专利申请的防范措施；对本地区重点行业和技术领域的扶持力度不足；对产学研合作申请专利的扶持力度不足；对中小微企业申请专利的扶持力度不足等。以上被调查高校和科研机构认为地方专利资助政策应该是重点资助发明专利申请费和实审费、实用新型专利申请费、外观设计专利申请费、PCT/ 国际专利申请费和实审费。地方专利资助政策应该向中小微企业和产学研合作倾斜，重点资助国家重点技术领域或行业、本地区重点技术领域或行业、具有较好市场前景的技术产品、其他技术含量高的技术产品。大多数高校和科研机构认为地方专利资助政策改进应该更加关注专利质量，尤其是专利申请量增长与专利质量提高的协调发展。

（7）国家和地方科技计划对专利申请影响的调查显示，国家和地方科技计划项目对高校和科研机构专利申请的促进作用显著，其中，国家重大科技专项对高校和科研机构专利申请的促进作用最为突出，其后依次是国家科技支撑计划项目、863 计划项目、973 计划项目、部门科技计划项目、地方科技计划项目、国家自然科学基金项目。

（8）有关创新政策和知识产权政策对专利申请影响的调查显示，专利权质押融资政策、专利转化与产业化资助政策对专利申请的促进作用不明显。国家和地方科技奖励制度及国家专利奖、地方专利奖励对专利申请量增长有一定的促进作用。知识产权试点示范单位评选对专利申请量增长的促进作用较明显。

（9）专利代理机构和专利审查管理对高校和科研机构专利申请影响的调查

显示，地方专利代理机构服务水平还有待提高，政府应当对服务质量好的专利代理机构予以适当的奖励资助。当前专利审查标准较高，执行效果较好，对于高校和科研机构专利申请有重要的影响。

（10）对我国专利质量综合判断的调查结果显示，近年来，我国各类专利质量都有所提高，其中82.9%的高校和科研机构认为我国发明专利质量水平显著提高或提高，78.0%认为实用新型专利质量水平显著提高或提高，75.4%认为外观设计专利质量水平显著提高或提高。从平均分值的高低情况看，影响专利质量的主要因素是：专利维权成本高，维权困难；专利实施条件和环境不佳；自主创新能力不足，难以形成高水平成果；专利侵权代价低，保护力度弱；高校和科研机构评价机制导致重申请而轻维持和实施应用。可见，知识产权保护力度不够和自主创新能力薄弱是制约我国专利质量提升的关键因素。

6.4　知识产权管理部门关于专利申请量增长的影响因素调查分析

6.4.1　地方专利资助基本情况

（1）多年来，专利资助政策已经成了地方知识产权管理部门的基本政策。经统计，共有63个受访机构对相关问题进行了回答。其中，所有受访地区地方知识产权管理部门在2006年前后出台了专利资助政策，63.6%的受访地区根据工作实际对专利资助政策进行了平均2次的修改和调整。地方政府修改专利资助政策的主要原因在于鼓励申请发明专利、提高专利质量及提高专利申请总量（图6.70）。

（2）近年来，地方政府专利资助的投入力度逐年加大。经统计，有63个受访机构对此问题进行了回答。受调查管理部门中，专利资助总额由2007年的3018.92万元增长至2011年的15 655.87万元，年均增长率超过50%；平均资助额由2007年的67.09万元增长至2011年的265.35万元（图6.71）。

（3）发明专利和实用新型专利是地方重点资助的专利类型，职务发明专利是重点资助的对象。经统计，有 51 个受访者对相关问题进行了回答。从地方政府资助额度来看，2007 年以来，发明专利获资助的比重在 45% 左右，实用新型专利获资助的比重在 35% 左右（2008 年稍高），PCT 和外观设计专利获资助的比重较小（图 6.72）。从对发明专利资助的结构来看，职务发明专利所占比重在 90% 左右（图 6.73）。

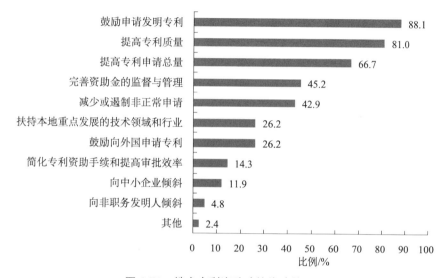

图 6.70　地方专利资助政策修改的原因

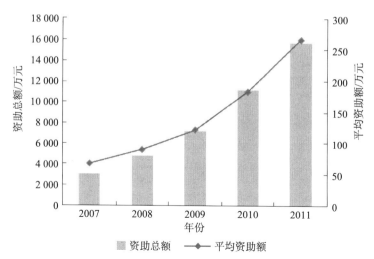

图 6.71　地方知识产权管理部门专利资助总额增长趋势

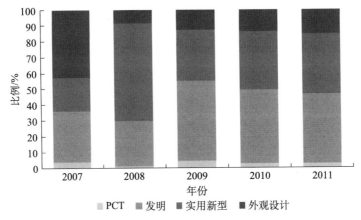

图 6.72　地方专利资助总额中各类型专利比重变化

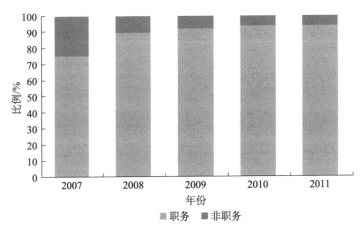

图 6.73　发明专利资助总额中职务和非职务发明专利的比重变化

（4）近年来，专利资助政策对中小企业和职务发明专利的资助倾斜较多。经统计，有 50 个受访者对相关问题进行了回答。从各地区专利资助总额的分配来看，个人专利（非职务）受资助的比重越来越小，由 2007 年的 80% 降至 2011 年的 15%；而中小企业受资助的比重越来越大，由 2007 年的 9% 增至 2011 年的 46.5%（图 6.74）。

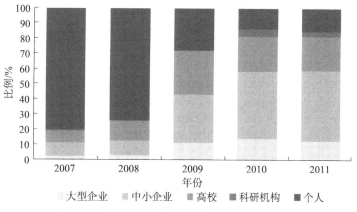

图 6.74　地方专利资助总额按各创新主体的分布

（5）优化专利资助政策的资助范围和标准是地方政府专利资助改进的重点。经统计，有 42 个受访者对相关问题进行了回答。其中，60.6% 的管理机构认为拟在优化资助金资助范围和标准方面进行改进；分别有 42.4% 的管理机构拟对专利技术产业化和本地重点发展的技术领域或行业予以倾斜（图 6.75）。

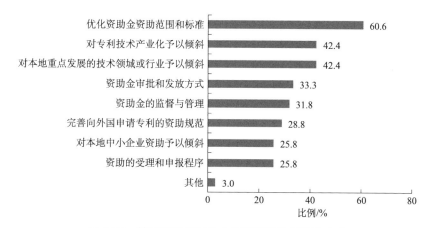

图 6.75　管理部门拟对地方专利资助政策修改内容

（6）当前，由于缺乏完善的专利技术交易市场，专利成果转化与产业化融资困难等原因，地区专利权维持和实施应用发展水平较低。经统计，有 66 个受访者对相关问题进行了回答。其中，67.1% 的知识产权管理部门认为专利成果转化与产业化融资困难，62.9% 认为专利技术交易市场不完善是制约专利权维持和实施应用的主要因素（图 6.76）。

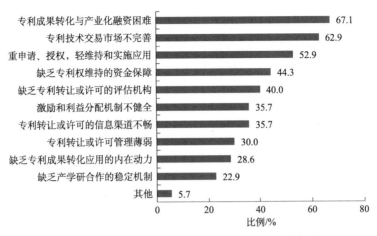

图 6.76　影响地方专利权维持和实施应用的制约因素

6.4.2　专利申请量增长的影响因素、动机及质量表现

1. 知识产权管理部门关于专利申请量增长影响因素的判断

专利申请量增长的影响因素主要是：政府引导和鼓励专利申请的政策和措施加强、知识产权的宣传、培训加强、各级地方政府将专利列入考核指标、企业作为技术创新主体的地位提高等。样本中有 68 份有效答案，本书采用李克特5 点量表法，1～5 分别代表由弱至强 5 个不同分值，如图 6.77 所示，政府引导和鼓励专利申请的政策和措施加强的平均分值为 4.00，各级地方政府将专利列入考核指标，以及国家和地方科技计划项目将专利作为成果指标的平均分值分别为3.97 和 3.83。

2. 产学研申请专利动机

地方产学研申请专利的主要动机是：认定高新技术企业、促进科研成果转化和产业化、加强本单位的知识产权保护、申报国家和地方的科技奖励、完成政府科技计划项目考核指标等。样本中有 66 份有效答案，如图 6.78 所示，认定高新技术企业的平均分值为 3.71。

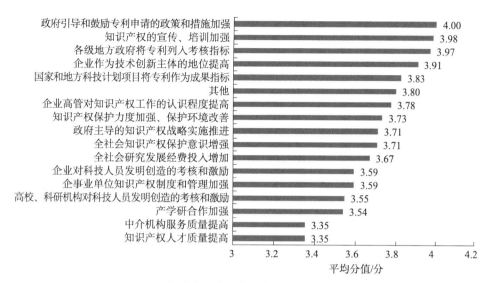

图 6.77 各影响因素对专利申请量增长的促进作用

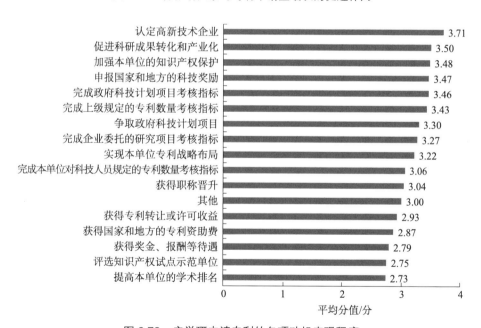

图 6.78 产学研申请专利的各项动机表现程度

3. 知识产权管理部门关于专利申请激励措施的判断

《专利法实施细则》规定的对职务发明人或设计人给予"一奖两酬"的规

定在地方的落实情况不够理想，需要进一步加强落实。样本中有 71 份有效答案，如图 6.79 所示，只有 34% 的知识产权管理部门认为该规定落实得很好或好，31% 的知识产权管理部门认为落实得较好，还有 35% 的知识产权管理部门认为落实得一般或不好。

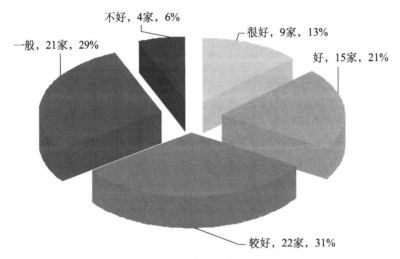

图 6.79 《专利法实施细则》对职务发明人或设计人"一奖两酬"的落实情况

4. 知识产权管理部门关于专利申请与质量表现的判断

随着专利申请量的增长，专利质量也有明显提高。样本中有 68 份有效答案，如图 6.80 所示，77.9% 的知识产权管理部门认为专利申请量增长，专利质量也明显提高；11.8% 的知识产权管理部门认为专利申请量增长，专利质量基本不变；10.3% 的知识产权管理部门认为专利申请量增长，专利质量相对降低。

5. 非正常专利申请行为

被调查的地方知识产权管理部门认为在一定程度上存在非正常专利申请行为。样本中有 70 份有效答案，统计显示，非正常申请的主要行为是：只申请不实施应用、以获得政府专利资助为目的申请专利、只申请不维持、为提高专利申请量而将一项发明创造拆分为几项申请等（图 6.81）。

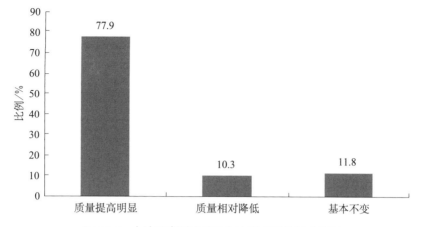

图 6.80 本地区专利申请量与专利质量的综合表现

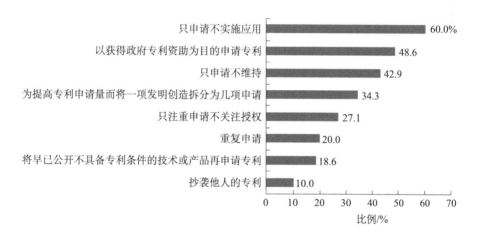

图 6.81 主要的非正常专利申请行为判断

6.4.3 相关制度和政策对专利申请量增长和专利质量的影响

国家知识产权战略推动、国家自主创新战略实施、企业技术创新能力提高、国内外市场竞争加剧、国家知识产权保护加强、企业面临的专利侵权风险加大等因素对促进专利申请量的增长产生了重要影响。我国专利申请量增长的宏观影响因素调查中,样本中有 71 份有效答案,67.6% 的知识产权管理部门认为国家知识产权战略推动、66.2% 的知识产权管理部门认为国家自主创新战略实施是我国专利申请量增长的宏观影响因素(图 6.82)。

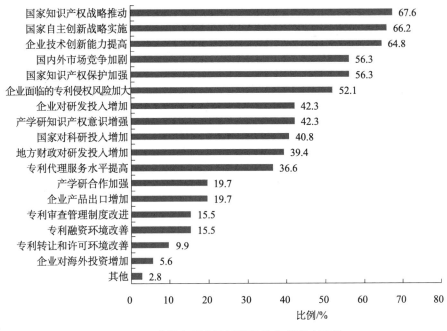

图 6.82　我国专利申请量增长的宏观影响因素

1. 国家科技立法、科技和知识产权战略实施

《国家知识产权战略纲要》的发布和实施对专利申请量增长的影响最为明显。在调查样本中有 69 份有效答案，63.4% 的知识产权管理部门认为《国家知识产权战略纲要》对专利申请量增长的影响大或很大；30.4% 的知识产权管理部门认为《科学技术进步法》（2007 年修订）对专利申请量增长的影响大或很大；29.4% 的知识产权管理部门认为《国家中长期科学和技术发展规划纲要（2006—2020 年）》对专利申请量增长的影响大或很大（图 6.83）。

2. 国家、地方专利资助政策

国家和地方专利资助政策，对本地区专利申请量有显著影响。在对知识产权管理部门的调查中，样本中有 71 份有效答案。64.8% 的知识产权管理部门认为没有国家和地方专利资助政策，会减少发明专利申请，62.0% 认为会减少实用新型专利申请，57.7% 认为会减少外观设计专利申请。同时，仅有 11.3% 的知识产权管理部门表示，如果没有获得国家和地方专利资助政策，本地区的专利申请量不会减少（图6.84）。

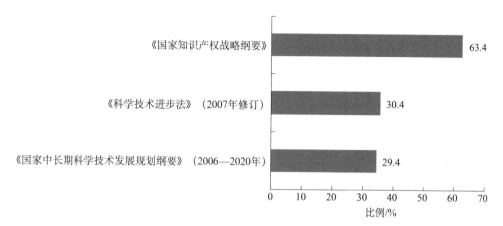

图6.83　三个代表性的法律法规或纲要对专利申请量增长的影响大或很大的比例

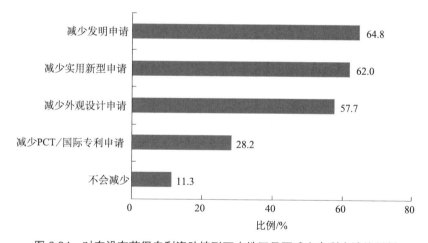

图6.84　对在没有获得专利资助情形下本地区是否减少专利申请的判断

1）国家专利费用减缓政策

国家专利费用减缓政策对发明专利申请量增长的促进作用最为明显。样本中有71份有效答案，66.2%的知识产权管理部门认为国家专利费用减缓政策对发明专利申请量增长的促进作用大或很大；64.8%的知识产权管理部门认为国家专利费用减缓政策对实用新型专利申请量增长的促进作用大或很大；60.0%的知识产权管理部门认为国家专利费用减缓政策对外观设计专利申请量增长的促进作用大或很大（图 6.85）。

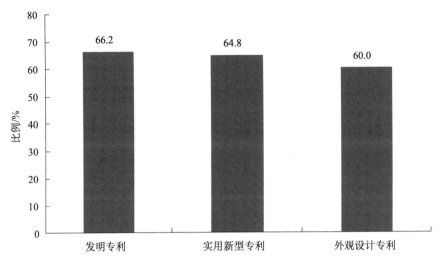

图 6.85　国家专利费用减缓政策对专利申请量增长的促进作用大或很大的比例

国家专利费用减缓政策没有削弱专利费用作为经济杠杆剔除低质量专利申请的作用。样本中有 67 份有效答案，其中 73.1% 的知识产权管理部门认为国家专利费用减缓政策没有削弱专利费用作为经济杠杆剔除低质量专利申请的作用（图 6.86）。

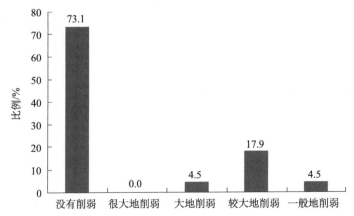

图 6.86　国家专利费用减缓政策对专利费用作为经济杠杆剔除低质量专利申请的削弱作用

2）对向国外申请专利的资助政策

国家对向国外申请专利的资助政策对本地区 PCT/ 国际专利申请的促进作用不是十分突出。样本中有 69 份有效答案，47.8% 的知识产权管理部门认为国家对向国外申请专利的资助政策对 PCT/ 国际专利申请促进作用大或很大，超过 30% 的知识产权管理部门认为一般或不明显（图 6.87）。

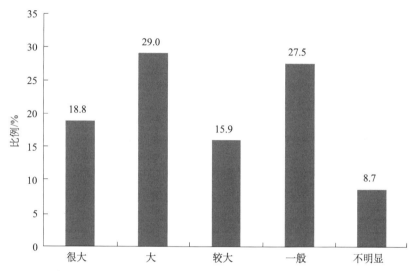

图 6.87　国家对向国外申请专利的资助政策对本地区 PCT/ 国际专利申请的促进作用

3）地方专利资助政策

地方专利资助政策对本地区发明、实用新型、外观设计专利申请量增长的促进作用均较显著，其中，对发明专利申请量增长的促进作用最为突出，而对 PCT/ 国际专利申请量增长的促进作用一般。样本中有 68 份有效答案，80.9% 的知识产权管理部门认为地方专利资助政策对本地区发明专利申请量增长的促进作用大或很大，实用新型、外观设计和 PCT/ 国际专利的相应比例分别为 76.5%、73.1% 和 41.0%（图 6.88）。

地方专利资助政策对本地区各类型专利质量提高的促进作用较为显著。样本中有 69 份有效答案，58.0% 的知识产权管理部门对本地区发明专利质量提高的促进作用大或很大，44.9% 认为地方专利资助政策对本地区实用新型专利质量提高的促进作用大或很大（图 6.89）。

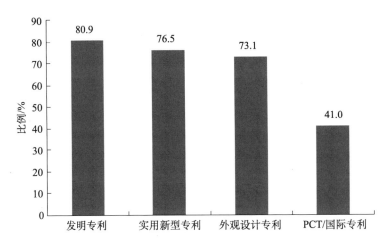

图 6.88　地方专利资助政策对本地区各类型专利申请量增长促进作用大或很大的比例

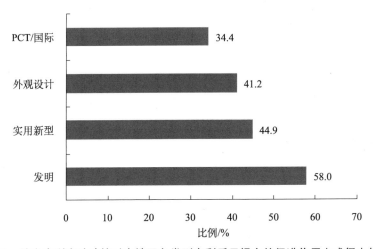

图 6.89　地方专利资助政策对本地区各类型专利质量提高的促进作用大或很大的比例

　　地方专利资助政策没有削弱专利费用作为经济杠杆剔除低质量专利申请的作用。样本中有 67 份有效答案，其中 65.7% 的知识产权管理部门认为地方专利资助政策没有削弱专利费用作为经济杠杆剔除低质量专利申请的作用（图 6.90）。

　　本书对知识产权管理部门认为的地方专利资助政策资助范围、资助对象、资助方式、资助的重点领域、资助的重点专利费用、存在的主要问题和改进原则进行分析，为地方专利资助政策的制定和完善提供建议。

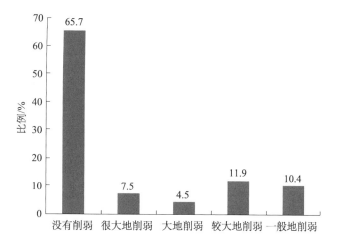

图 6.90　地方专利资助政策对专利费用作为经济杠杆剔除低质量专利申请的削弱作用

（1）资助范围。知识产权管理部门更加关注地方专利资助政策对不同类型专利申请费用方面的资助。在回收的调查问卷中共有 53 份问卷针对发明专利的资助范围这一问题进行了回答，针对实用新型、外观设计和 PCT/ 国际专利资助范围的回答分别是 53 份、48 份和 53 份。资助范围统计结果如表 6.28 所示，可以看出大部分知识产权管理部门认为各类型专利的申请费都应当予以资助，一部分知识产权管理部门认为各类型专利的代理费都应当予以资助，而实审费、年费和维持费的资助对象主要集中在发明专利及 PCT/ 国际专利上，这些问卷中 65% 以上的知识产权管理部门认为实审费的资助是必要的，而不足一半（发明专利年费比例超过一半）的部门认为应当予以年费及维持费的资助。

表 6.28　知识产权管理部门认为地方专利资助政策的资助范围　　　　单位：%

专利类型	申请费	实审费	年费	维持费	代理费	其他
发明	80.6	65.7	52.2	46.3	41.8	9.0
实用新型	89.8				40.7	5.1
外观设计	90.6				32.1	7.5
PCT/ 国际	88.3	70.0	41.7	46.7	48.3	5.0

（2）资助的重点领域。知识产权管理部门对专利资助重点领域的选择更加倾向于本地区重点技术领域和具有较好市场前景的技术产品。样本中共有 69 家

知识产权管理部门回答了此问题，经统计，近 80% 的知识产权管理部门认为本地区重点技术领域或行业和具有较好市场前景的技术产品应该是资助的重点领域，另外 68% 以上的知识产权管理部门认为本地区国家重点技术领域或行业和其他技术含量高的技术产品应当是资助的重点领域（图 6.91）。

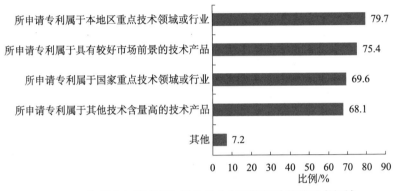

图 6.91　知识产权管理部门认为地方专利资助政策的重点领域

（3）资助的重点专利费用。地方专利资助政策资助的重点专利费用应该是：PCT/国际专利申请费、年费、维持费，国内发明专利申请费、实审费、年费、维持费，实用新型专利申请费。样本中有 69 份有效答案，96.8% 的知识产权管理部门认为授权后的 PCT/国际专利申请费应予以重点资助，95.3% 认为授权后的发明专利申请费和实审费应予以重点资助（图 6.92）。

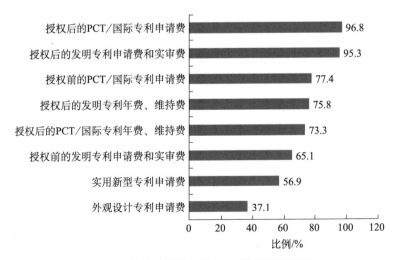

图 6.92　地方专利资助政策应予以资助的重点

（4）资助对象和资助方式。87.5%的知识产权管理部门认为资助对象应该向中小微企业倾斜，83.3%认为应该向产学研合作申请专利倾斜，另外，知识产权管理部门在资助方式的选择上更倾向于定额资助方式。样本中分别有64份和60份问卷对相关问题进行了回答，统计后发现，绝大多数知识产权管理部门认为应向中小微企业、产学研合作申请专利倾斜。另外有63份问卷对资助方式进行回答，其中48家部门选择定额资助的方式，占全部问卷的76.2%（图6.93）。

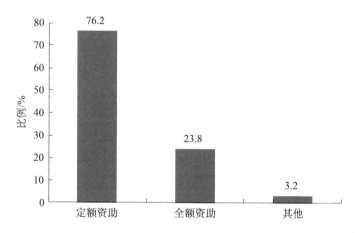

图6.93　知识产权管理机构认为地方专利资助政策的资助方式（多选题）

（5）存在的主要问题。地方专利资助政策存在着对本地区重点行业和技术领域扶持力度不足，重专利申请数量、轻专利质量，对中小微企业申请专利的扶持力度不足等问题。样本中有68份有效答案，57.4%的知识产权管理部门认为地方专利资助政策对本地区重点行业和技术领域的扶持力度不足，55.9%的知识产权管理部门认为地方专利资助政策重专利申请数量、轻专利质量，51.5%的知识产权管理部门认为地方专利资助政策对中小微企业申请专利的扶持力度不足，50.0%的知识产权管理部门认为地方专利资助政策缺乏对非正常专利申请和低质量专利申请的防范措施（图6.94）。

（6）资助政策改进应体现的原则。大多数地方知识产权管理部门认为地方专利资助政策改进应该更加关注专利质量，更加关注促进专利申请量持续增长与专利质量提高的协调发展，更加关注专利实施与应用，更加关注发明专利申请。

样本中有 71 份有效答案，78.9% 的知识产权管理部门认为今后地方专利资助政策改进应该更加关注专利质量，70.4% 的知识产权管理部门认为应更加关注专利申请量持续增长与专利质量提高的协调发展，67.6% 的知识产权管理部门认为应更加关注专利实施与应用（图 6.95）。

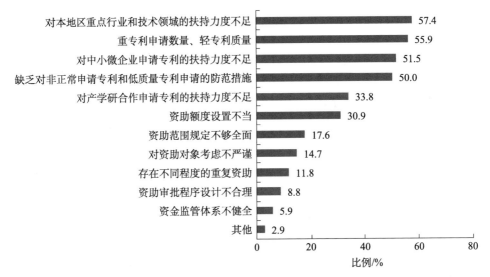

图 6.94 现行专利资助政策存在的主要问题

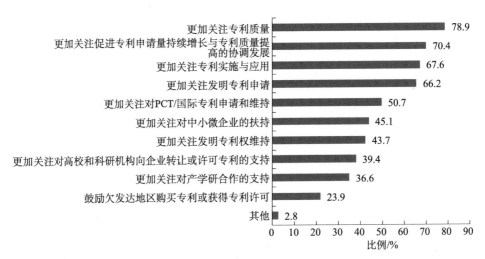

图 6.95 各部门对地方专利资助政策改进应该体现的原则的判断

3. 国家和地方科技计划

国家和地方科技计划项目对地区专利申请有一定影响，其中，国家重大科技专项和国家科技支撑计划项目的作用较为突出，而 863 计划项目、973 计划项目、国家自然科学基金项目的作用相对较弱。样本中有 70 份有效答案，55.7% 的知识产权管理部门认为国家重大科技专项对本地区专利申请促进作用大或很大，48.4% 知识产权管理部门认为国家科技支撑计划项目对本地区专利申请促进作用大或很大，45.5% 的知识产权管理部门认为部门科技计划项目对本地区专利申请促进作用大或很大（图 6.96）。

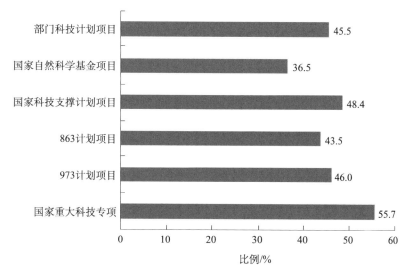

图 6.96 认为国家和地方科技计划项目对本地区专利申请的促进作用大或很大的比例

4. 专利权质押融资政策、专利转化与产业化资助政策

相关创新政策对地方专利申请产生一定影响，专利转化与产业化资助政策作用较明显。样本中有 68 份有效答案，49.3% 的知识产权管理部门认为专利转化与产业化资助政策对本地区专利申请的促进作用大或很大，36.8% 的知识产权管理部门认为专利权质押融资政策对企业专利申请的促进作用大或很大（图 6.97）。

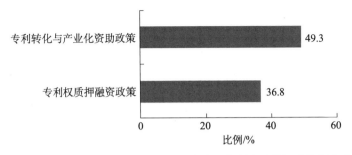

图 6.97　知识产权管理部门认为相关创新政策对本地区专利申请的促进作用大或很大的比例

5. 国家、部门和地方的科技奖励制度

国家、部门和地方的科技奖励制度对本地区专利申请有一定的促进作用。样本中分别有 70 份、69 份和 70 份有效答案，其中 47.1% 的知识产权管理部门认为地方科技奖励制度对本地区专利申请有大或很大的促进作用，43.5% 的知识产权管理部门认为部门科技奖励制度对本地区专利申请有大或很大的促进作用，41.4% 的知识产权管理部门认为国家科技奖励制度对本地区专利申请有大或很大的促进作用（图 6.98）。

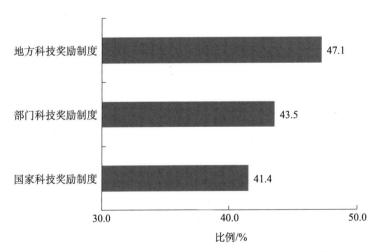

图 6.98　知识产权管理部门认为科技奖励制度对本地区专利申请的促进作用大或很大的比例

国家专利奖励和地方专利奖励对本地区专利质量提升作用较明显。样本中分别有 71 份和 70 份有效答案，60.0% 的知识产权管理部门认为地方专利奖励对

本地区的专利质量提升作用大或很大，53.5%的知识产权管理部门认为国家专利奖励对本地区专利质量提升作用大或很大（图6.99）。

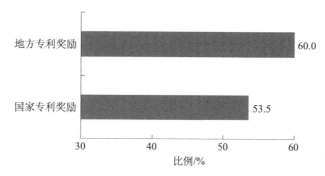

图6.99 国家专利奖励和地方专利奖励对专利质量提升作用大或很大的比例

6. 知识产权试点示范单位评选

国家和地方知识产权试点示范单位评选对本地区专利申请有积极的作用。样本中分别有68份和70份有效答案，其中55.9%的知识产权管理部门认为国家知识产权试点示范单位评选对本地区专利申请的促进作用大或很大（图6.100）。

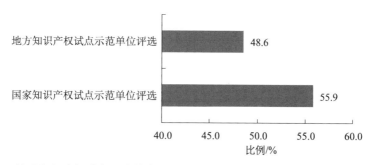

图6.100 认为知识产权试点示范单位评选对本地区专利申请的促进作用大或很大的比例

7. 专利代理机构

地方专利代理机构的服务水平较高。样本中有68份有效答案，其中60.0%的知识产权管理部门认为所在地区专利代理机构的服务水平高或很高，21.4%的

知识产权管理部门认为所在地区的专利代理机构的服务水平较高，仅有 18.6%
的知识产权管理部门认为所在地区的专利代理机构的服务水平一般或不明显
（图 6.101）。

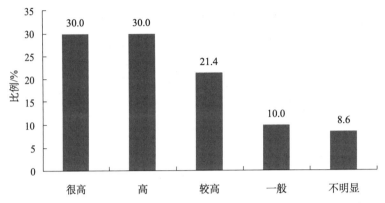

图 6.101 知识产权管理部门对本地区专利代理机构服务水平的判断

政府应该对专利服务质量好的专利代理机构给予一定的奖励资助。样本中
有 69 份有效答案，78.3% 的知识产权管理部门认为政府应该对专利服务质量好
的专利代理机构给予一定的奖励资助（图 6.102）。

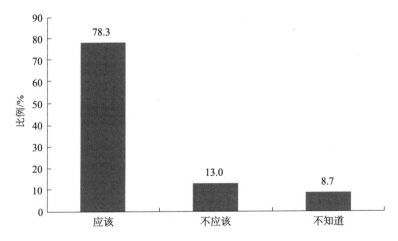

图 6.102 知识产权管理部门对是否应该给予专利服务质量
好的专利代理机构奖励资助的判断

8. 专利审查管理

目前，国家规定的专利审查标准适宜，执行效果好，对于企业专利申请也有重要的影响。样本中分别有 69 份和 67 份有效答案，其中，44% 的知识产权管理部门认为本地区当前专利审查标准较高或过高，51% 的知识产权管理部门认为本地区当前专利审查标准适宜（图 6.103）；51% 的知识产权管理部门认为本地区专利审查标准执行得好或很好，42% 的知识产权管理部门认为专利审查标准执行得较好，仅有 7% 的知识产权管理部门认为执行效果一般（图 6.104）。

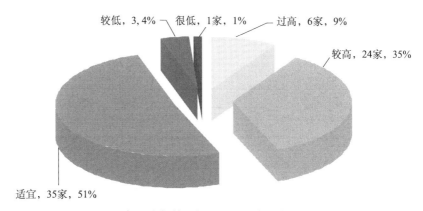

图 6.103　知识产权管理部门对现行专利审查标准的判断

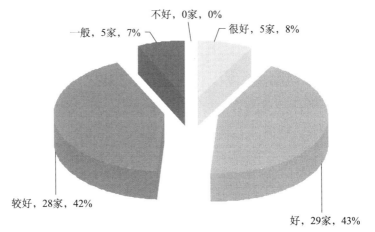

图 6.104　知识产权管理部门对现行专利审查标准执行效果的判断

6.4.4 对我国专利质量情况的综合判断

1. 我国专利质量的发展状况

近年来，我国各类专利质量有明显的提高。如表 6.29 所示，87.0% 的知识产权管理部门认为发明专利质量有显著提高或提高，70.0% 的知识产权管理部门认为实用新型专利质量有显著提高或提高，61.8% 的知识产权管理部门认为外观设计专利质量有显著提高或提高，83.0% 的知识产权管理部门认为 PCT/ 国际专利质量有显著提高或提高。

表 6.29　近年来我国各类专利质量的发展状况

专利类型	显著提高		提高		提高不明显		有所下降		下降严重	
	数量/件	比例/%	数量/件	比例/%	数量/件	比例/%	数量/件	比例/%	数量/件	比例/%
发明	26	37.70	34	49.30	7	10.10	2	2.90	0	0
实用新型	16	22.90	33	47.10	18	25.70	2	2.90	1	1.40
外观设计	15	22.10	27	39.70	22	32.40	3	4.40	1	1.50
PCT/ 国际	17	28.80	32	54.20	9	15.30	1	1.70	0	0

2. 影响专利质量的主要因素

从发明创造、专利申请、专利审查、专利保护四个阶段看，每个阶段影响专利质量的关键因素分别是：技术创新能力不足，难以形成高水平成果；专利申请与绩效和待遇挂钩，政府和单位考核重数量轻质量；实用新型和外观设计专利不经过实质审查就授权；专利维权成本高，维权困难。从平均分值的因素排序看，影响专利质量的主要因素是：专利维权成本高，维权困难；技术创新能力不足，难以形成高水平成果；专利侵权代价低，保护力度弱；实用新型和外观设计专利不经过实质审查就授权。可见，知识产权保护力度不强、技术创新能力不足及国内三类专利审查标准不同等是制约我国专利质量的主要因素（表 6.30）。

表 6.30　影响专利质量的主要因素

阶段	影响专利质量的主要因素	平均分值 / 分
发明创造	技术创新能力不足，难以形成高水平成果	3.87
	新技术突破难度加大、技术生命周期缩短，不易形成高质量专利	3.60
	专利技术研发对已有技术的检索和借鉴不充分	3.44
	个人发明创造的比例相对较高	3.08
专利申请	专利申请与绩效和待遇挂钩，政府和单位考核重数量轻质量	3.68
	高校和科研机构评价机制导致重申请轻维持和实施应用	3.41
	申请人根据专利战略需要，采取重数量轻质量的申请策略	3.17
	政府资助专利申请，申请专利成本低	3.06
	申请人和代理人水平低，专利申请文献撰写不好	2.95
专利审查	实用新型和外观设计专利不经过实质审查就授权	3.76
	专利无效程序复杂，无法及时剔除低质量专利	3.41
	新技术领域审查难度加大	3.37
	缺乏针对重复申请等非正常申请行为的有效管理、监督和惩罚机制	3.33
	专利申请过多，审查人员没有足够时间和精力进行细致审查	3.24
	专利审查质量管理不严格，缺乏有效的质量管理手段	3.06
	发明专利审查标准低，使低质量专利被不当授权	2.94
专利保护	专利维权成本高，维权困难	3.94
	专利侵权代价低，保护力度弱	3.85
	专利实施条件和环境不佳	3.58

6.4.5　主要结论

（1）地方专利资助的基本情况调查表明，近年来，专利资助政策已经成了地方知识产权管理部门的基本政策。几乎所有地区地方知识产权管理部门在2006年前后都出台了专利资助政策，63.6%的地区根据工作实际对专利资助政策进行了平均2次左右的修改和调整，以改进专利资助金的资助范围和标准。另外，专利资助力度加大，资助金额年均增长超过 50%。当前，发明专利和实用新型专利是地方重点资助的类型，职务发明专利是重点资助的对象，专利资助政策对中小企业和职务发明专利的资助倾斜较多。由于缺乏完善的专利技术交易市场，专利成果转化和产业化融资困难等原因，地区专利权维持和实施应用发展水平较低。

（2）专利申请量增长的影响因素、动机及质量表现的调查表明，促进地区专利申请量增长的主要因素是：政府引导和鼓励专利申请的政策和措施加强，知识产权的宣传、培训加强，各级地方政府将专利列入考核指标，企业作为技术创新主体的地位提高等。地区产学研申请专利的主要动机表现为：认定高新技术企业，促进科研成果转化和产业化及加强本单位的知识产权保护。

（3）专利申请量与质量表现的调查结果显示：近年来，随着地方专利申请量快速增长，专利质量也有明显提高。但是，在一定程度上还存在非正常专利申请行为，主要表现为：只申请不实施应用、以获得政府专利资助为目的申请专利、只申请不维持等。

（4）随着国家知识产权战略推动和国家自主创新战略实施，企业为了适应国内外市场竞争，提高技术创新能力，对于促进专利申请量的增长产生了积极影响。国家科技立法、科技和知识产权战略对专利申请量增长的影响有一定作用。近年来，《国家知识产权战略纲要》《国家中长期科学和技术发展规划纲要（2006—2020 年）》《科学技术进步法》（2007 年修订）的陆续发布，对专利申请量增长均产生了深刻的影响。

（5）国家和地方专利资助政策，对本地区专利申请量有显著影响。国家专利费用减缓政策对发明专利申请量增长的促进作用最为明显。国家对向国外申请专利的资助政策对本地区 PCT/ 国际专利申请促进作用相对较弱。地方专利资助政策对各地区发明专利申请量的促进作用最明显。各地区专利申请大多依靠地方专利资助政策，地方专利资助政策对本地区各类专利质量提高作用较为显著。

（6）大部分地区知识产权管理部门认为地方专利申请对专利资助政策产生了较大的依赖作用。如果没有国家和地方的专利资助政策，将分别有 64.8%、62.0% 和 57.7% 的地区会减少发明专利、实用新型专利和外观设计专利的申请，

28.2% 会减少 PCT/ 国际专利的申请。这与企业、高校和科研机构的判断存在很大不同。

（7）地方专利资助政策存在着对本地区重点行业和技术领域扶持力度不足，重专利申请数量、轻专利质量，对中小微企业申请专利的扶持力度不足等问题。96.8% 的知识产权管理部门认为授权后的 PCT/ 国际专利申请费应予以重点资助，95.3% 认为授权后的发明专利申请费和实审费应予以重点资助。87.5% 的知识产权管理部门认为资助对象应该向中小微企业倾斜，83.3% 认为应该向产学研合作申请专利倾斜，另外知识产权管理部门在资助方式的选择上更倾向于定额资助方式。资助政策改进应体现的原则主要有：更加关注专利质量，更加关注促进专利申请量持续增长与专利质量提高的协调发展等。

（8）国家和地方科技计划对专利申请影响的调查显示：国家和地方科技计划项目对地区专利申请有一定影响，其中国家重大科技专项和国家科技支撑计划项目的作用相对明显，而863计划项目、973计划项目、国家自然科学基金项目的作用相对较弱。

（9）有关创新政策和知识产权政策对专利申请影响的调查显示：专利转化与产业化资助政策作用较明显，专利权质押融资政策影响相对较弱。国家、部门和地方的科技奖励制度对本地区专利申请有一定的促进作用，地方的科技奖励制度相对突出。国家专利奖励和地方专利奖励对本地区专利质量提升作用较明显。知识产权试点示范单位评选特别是国家知识产权试点示范单位评选对本地区专利申请有积极作用。

（10）专利代理机构和专利审查管理对企业专利申请影响的调查显示：地方专利代理机构服务水平较高，政府应当对服务质量好的专利代理机构予以适当的奖励资助。当前专利审查标准适宜，执行效果较好，对企业专利申请有重要的影响。

（11）对我国专利质量综合判断的调查结果显示：近年来，我国各类专利质量都有所提高，其中，87.0% 的知识产权管理部门认为国内发明专利质量提高或显著提高，认为实用新型和外观设计专利质量提高或显著提高的分别占 70.0% 和 61.8%。从平均分值的因素排序看，影响专利质量的主要因素是：专利维权成本高，维权困难；技术创新能力不足，难以形成高水平成果；专利侵权代价低，保护力度弱；实用新型和外观设计专利不经过实质审查就授权。可见，知识产权保护力度不强、技术创新能力不足及国内三类专利审查标准不同等是制约我国专利质量的主要因素。

6.5 本章小结

通过对企业、高校和科研机构及知识产权管理部门问卷调查结果的对比分析和总结，得出结论如下。

（1）受调查的创新主体各类专利申请和授权增长迅速，企业专利授权增长速度、高校和科研机构专利申请和授权增长速度高于同期全国水平。高校和科研机构在各类专利申请增长速度、授权增长速度、平均专利申请数和授权数等方面都高于企业。高校和科研机构平均有效发明专利、实用新型专利拥有数高于企业，有效外观设计和PCT/国际专利拥有数低于企业。无论是企业还是高校和科研机构，专利转让和许可的比例都较低，高校专利许可和转让以发明专利为主，而企业以实用新型和发明专利为主，各类创新主体仅有少量国际专利许可和转让行为。各创新主体的专利权多因为技术落后及资金保障不足而维持时间短，高校和科研机构维持时间整体比企业短。

（2）我国专利申请量增长的原因在于政府、企业、高校和科研机构对专利重视程度的提高。重视专利不等同于专利意识的提升，政府重视专利体现在把专利列入考核指标，通过各种创新政策和战略引导和鼓励创新主体申请专利。在这种情况下，很多企业、高校和科研机构等创新主体对专利的重视体现在完成上级规定的专利数量指标，争取政策扶持和政府科技计划项目等，这些创新主体往往缺乏对专利战略、专利保护和应用的考虑。为了实现专利申请增长的数量指标，各创新主体通过加大创新投入、获取更多外部资源、加强知识产权管理及实践"一奖两酬"制度，促进和鼓励发明创造和专利申请。

（3）在追求专利申请量增长的同时，大部分创新主体的专利质量也有了明显提升，一方面，这与我国专利制度的完善，特别是专利审查管理制度的健全相关，另一方面，也说明创新主体专利质量意识的逐步提高。

（4）专利资助政策已经成为地方知识产权管理的基本政策，资助额度提升明显，资助政策在资助重点、资助范围和资助方式上也进行了调整和完善。现阶段，专利资助政策对发明专利、PCT/国际专利比较重视，对企业的资助多于其他创新主体，对发明专利申请量和质量的促进作用要高于其他专利类型。

（5）政府和创新主体对专利资助政策的认识存在一定差异。绝大部分企业、高校和科研机构认为即使没有国家和地方专利资助政策，也不会减少专利申请；而大部分地方知识产权管理部门则认为，各创新主体对专利资助政策产生了比较严重的依赖性，如果没有获得资助，将会有较少的专利特别是发明专利的申请。这种认知差异的存在，或许与当前地方政府专利资助政策存在一定漏洞，导致部分企业等为了获得资助而进行非正常申请有关。本书选择的调查对象，多为知识产权试点示范企事业单位和高新技术企业，其专利申请多为自发行为，不会过多考虑专利资助。

（6）当前政府实行的创新政策中，高新技术企业认定、知识产权试点示范对专利申请的促进作用比较明显，而专利转化与产业化资助政策特别是专利权质押融资政策效果不太明显。这或许与当前专利转化与产业化、专利权质押融资的规模较小、影响有限有关。

（7）从政府科技计划来看，国家重大科技专项和地方科技计划对专利申请的促进作用比较明显，而863计划、973计划的作用相对较弱。这与国家重大科技专项的战略定位及对知识产权的重视程度有关。

（8）地方专利代理机构服务水平还有待提升，政府应当对服务质量好的专利代理机构予以适当的奖励资助。当前专利审查标准适宜，执行效果良好，对于企业专利申请有重要的影响。

（9）我国专利在申请量增长的同时，各类专利质量的整体水平也有了很大提高。然而，创新主体的技术创新能力不足、考核评价重数量轻质量、专利维权成本高等已经成为制约我国专利质量提高的关键因素。

第7章

推进我国专利申请量与专利质量协调发展的政策建议

随着知识经济和经济全球化的深入发展，专利日益成为国家发展的战略性资源。强化核心技术的专利保护，成为越来越多的国家巩固创新成果及产业优势的重要措施。面对更加激烈的国际竞争，我国必须充分发挥专利制度在提高国家核心竞争力中的基础性作用，积极创造参与国际经济合作与竞争的新优势。

《国家中长期科学和技术发展规划纲要（2006—2020 年）》提出，建立健全知识产权激励机制和知识产权交易制度，建立对企业并购、技术交易等重大经济活动知识产权特别审查机制，将知识产权管理纳入科技管理全过程，充分发挥行业协会在保护知识产权方面的重要作用，并在专利申请方面予以支持。《国家知识产权战略纲要》进一步提出"激励创新、有效运用、依法保护、科学管理"16字方针。《国家中长期科学和技术发展规划纲要（2006—2020 年）》和《国家知识产权战略纲要》提出的要求，不仅着眼于专利数量的增加，更关注知识产权的创造性与运用目的，即关注知识产权"质"的提升。针对我国专利质量的问题进行制度和政策改进，对于实现我国从专利大国向专利强国转变，实现创新型国家建设目标将起到重要的推动作用。

7.1 我国专利申请量增长的主要特点

根据《世界知识产权指标 2012》公布的统计数字，2011 年全球发明专利申请量近 200 万件，排在发明专利申请量前 5 名的国家或组织是中国、美国、日本、韩国和欧盟。2011 年，我国发明专利申请量达到 52.6 万件，其中，国内发明专利申请量占 79.1%；发明专利授权量 17.2 万件，其中，国内发明专利授权量占 65.1%。从专利数量看，我国已成为专利大国。通过数据分析可知，我国专利发展呈现出以下特点。

7.1.1 专利申请与授权持续较快增长

基于国际数据的比较，2005 ～ 2011 年，我国国内发明专利申请量增长了 3.4 倍，年均增长率达 30.4%，在各国中处于领先位置。从 2000 ～ 2011 年我国发明专利授权情况来看，自 2000 年开始，授权国外发明专利数与授权国内发明专利数之间的差距开始扩大，授权国外发明专利数增长速度快于授权国内，2003 ～ 2004 年，授权国外与授权国内发明专利数的差距达到最大值；2005 年以后，差距呈逐步缩小趋势；2009 年，授权国内发明专利数开始超过授权国外，2011 年，授权国内发明专利约 11.23 万件，授权国外发明专利约 5.98 万件（图 7.1）。这表明我国创新活跃程度增高，市场竞争加剧，企业的市场竞争更加依靠创新与科技进步，专利成为企业竞争制胜的利器。

7.1.2 企业发明专利增长显著

我国专利增长构成主体分析表明，授权企业发明专利增长速度尤其突出。2000 ～ 2011 年，我国专利授权量年均增长 22.9%，其中，发明专利授权量年均增长 28.0%；在发明专利授权中，授权国内发明专利年均增长 33.1%；在国内发明专利授权中，授权国内企业的发明专利年均增长高达 47.9%。2000 ～ 2011 年，高校发明专利授权量增长了 39.8 倍，科研机构发明专利授权量增长了 9.2 倍，企业发明专利授权量增长了 56.4 倍；并且，企业发明专利授权量占职务发明专利授权总量的比例，也由 2000 年的 36% 增长到了 2011 年的 52%。企业发明专利授权量不仅增长速度显著提高，而且竞争力也有所提升。在我国民营企业发展活跃的东南沿海地区，出现了一些国际化企业，不仅产品实现了"走出去"，其专利也已经"走出去"。例如，2011 年，中兴和华为公司的 PCT 专利申请量分别为 2826 件和 1831 件，分别名列世界第一和世界第三。PCT 专利申请量和拥有量是衡量一个国家或地区创新能力或竞争力的重要指标，在某种程度上反映了一个国家或地区产业的国际竞争力（图 7.2）。

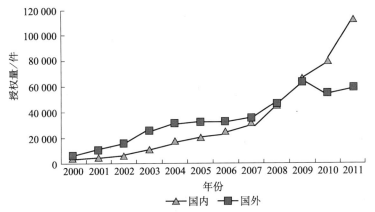

图 7.1 我国发明专利授权情况（2000 ～ 2011 年）

资料来源：国家知识产权局专利年报

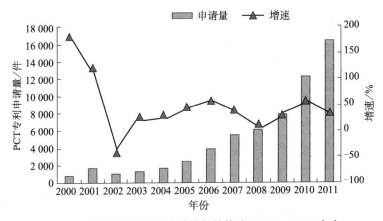

图 7.2 我国 PCT 专利申请增长趋势（2000 ～ 2011 年）

资料来源：WIPO. PCT Yearly Review：The International Patent System（2012 edition）

7.1.3 科技投入的专利产出效率稳步提高

科技投入的专利产出效率，用"研发经费专利效率"和"研发人员专利效率"为指标进行衡量。"研发经费专利效率"可以衡量一件发明专利不同时期所需研发经费的变化，也在一定程度上反映该时期研发经费的使用效率。"研发人员专利效率"可以衡量一件发明专利不同时期所需全时研发人员数量的变化，也在一定程度上反映该时期研发人员的成果产出效率。考虑到研发投入与成果产出的时滞周期，一项发明专利可以是两三年前当年研发投入的成果，或者是 2～3 年累计研发投入的成果，也可以是若干年累计研发投入的成果。本书在测算时，选取 2 年作为投入产出的时滞周期。测算"研发经费专利效率"，用当年国内职务发明专利申请数与 2 年前全国研发经费支出相比计算得出；测算"研发人员专利效率"，用当年国内职务发明专利数与 2 年前研发人员全时当量相比计算得出。据测算，2011 年，我国"研发经费专利效率"为 55.9 件/亿元，比 2005 年提高了 40%；"研发人员专利效率"为 1414.9 件/万人年，比 2005 年提高了 1.5 倍（图 7.3）。2011 年，单位职务发明专利（申请）研发经费投入为 267.9 万元，2005 年为 393.4 万元，2011 年比 2005 年减少了 125.5 万元；2010 年，单位职务发明专利（申请）研发人员投入为 1.5 人年，2006 年为 3.2 人年，2010 年比 2006 年减少 1.7 人年。数据表明，科技投入的专利产出效率在稳步提高。

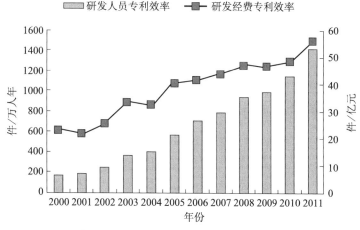

图 7.3 我国科技投入的专利产出效率（2000～2011 年）

资料来源：国家知识产权局专利年报

7.2 我国专利申请量持续增长的环境与动力

7.2.1 全社会专利意识的觉醒与提升成为专利申请量增长的根基

随着对知识产权在知识经济和全球化时代战略地位认识的深化，政府、产学研创新主体以及社会公众专利意识的普遍觉醒和提升，成为我国专利申请量增长的根基。专利同各社会成员的社会分工和社会职能的关联越来越紧密，特别是在政府层面，知识产权战略成为提高自主创新能力，建设创新型国家的重要内容和途径。专利申请量、授权量指标成为中央和地方政府及相关职能部门"十一五""十二五""十三五"期间国民经济与社会发展和科学与技术发展等方面重要纲领性、指导性规划的重要发展目标和考察内容。

与上述规划相衔接和补充的，还有知识产权管理部门制定并实施的知识产权或专利发展规划。例如，在国家层面，《全国专利事业发展战略（2011—2020年）》提出，到 2020 年，每百万人发明专利拥有量和对外专利申请量翻两番，规模以上工业企业专利申请的比例达到 10%。当前，专利工作已经常态化，并日益占据重要地位，政府部门为实现规划目标，制定并实施了一系列鼓励发明创造和专利申请的激励措施，引导甚至主导产学研创新主体专利申请等相关行为。随着政府的积极推动、国际化程度不断提高以及市场机制的日益成熟，产学研创新主体特别是企业专利意识觉醒和提升明显，不断增加研发投入，提升研发能力，专利申请量也随之增加。

7.2.2 科技体制改革成为专利申请量持续增长的助推器

专利是创新的产物，研发经费、研发人员等创新资源的投入是影响我国专利申请的重要因素。在一定时期，创新资源投入的多少、创新资源配置效率的高低，将从根本上影响专利的产出，资源配置问题与科技体制密切相关。《国家中长期科学和技术发展规划纲要（2006—2020 年）》《关于深化科技体制改革加快国家创新体系建设的意见》等明确了我国科技体制改革的目标、方向和路径，这也为我国专利申请量的持续增长提供了新的动力。

　　一是全社会研发经费总量及其占 GDP 比重有明显提高。通过科技体制改革，首先确立企业在技术创新中的主体地位，企业研发投入明显提高，创新能力普遍增强，2015 年全社会研发经费占 GDP 的 2.2%，2020 年全社会研发经费将占 GDP 的 2.5% 以上，大中型工业企业平均研发投入占主营业务收入比例将提高到 1.5%。可以预见的是，研发投入的增加必然引起科技成果产出的增加及专利申请量的增长。

　　二是高水平人才数量增加，科技人员积极性提升明显。通过科技体制改革，完善人才发展机制，激发科技人员积极性和创造性，加快高素质创新人才队伍建设，至 2020 年，每万名就业人员的研发人员投入达到 43 人年。

　　三是高校和科研机构创新能力明显增强。通过科技体制改革，推进科研院所和高等学校科研体制机制改革，建立适应不同类型科研活动特点的管理制度和运行机制，提升创新能力和服务水平，在满足经济社会发展需求以及基础研究和前沿技术研发上取得重要突破。加快建设若干一流科研机构，创新能力和研究成果进入世界同类科研机构前列；加快建设一批高水平研究型大学，使一批优势学科达到世界一流水平。

　　四是科技管理体制机制不断优化。改革科技管理体制机制，推进科技项目和经费管理改革、科技评价和奖励制度改革，形成激励创新的正确导向，打破行业壁垒和部门分割，实现创新资源合理配置和高效利用。

　　国家科技体制改革有利于形成创新资源高效配置的局面、产学研紧密结合的局面、科技与经济相互促进的局面，并最终形成促进科技成果产出和专利申请量增长的局面。科技体制改革对专利产出的影响是根本、深远的，决定着我国专利申请量增长的未来趋势。

7.2.3　科技重大专项和战略性新兴产业成为专利申请量增长的新源泉

　　《国家中长期科学和技术发展规划纲要（2006—2020 年）》确定了 16 个重大专项，涉及信息、生物、能源、资源、环境、人民健康等重大紧迫问题和战略性产业领域，还涉及军民两用技术和国家尖端技术。战略性新兴产业是新兴科技和新兴产业的深度融合，既代表科技创新的方向，也代表产业发展的方向。

《"十二五"国家战略性新兴产业发展规划》明确提出了"十二五"时期上述七个重点领域的重点发展方向和主要任务；通过建立科技有效支撑产业发展的机制，围绕战略性新兴产业需求部署创新链，突破技术瓶颈，掌握核心关键技术，推动节能环保、新一代信息技术、生物、高端装备制造、新能源、新材料、新能源汽车等产业快速发展，增强市场竞争力，到 2020 年战略性新兴产业增加值占 GDP 的比重力争达到 15% 左右。

国家科技重大专项及战略性新兴产业的发展，体现了"举国体制"对推动我国在关键技术领域跨越发展的重要作用，同时也为我国专利申请量增长提供了新源泉。上述科技规划项目涉及领域广泛、技术难度和创新潜力大、创新资源投入多且国际竞争激烈，对知识产权保护需求高，这些特征将十分有利于我国专利申请量的增长。

7.3 我国专利申请进入新的发展阶段

自 1985 年我国首次受理专利申请至 2011 年的 26 年来，国家知识产权局受理三种专利申请总量持续增长，特别是 2000 年以后，专利申请量呈现加速增长的态势。在此期间，我国专利申请量经历了从原始积累、数量扩张阶段进入以提升质量、提高竞争力、提高专利运用能力为主的战略转型阶段。国家知识产权局前局长田力普指出，当前，我国知识产权事业正在步入转型发展期：规则制定从顺应国际规则向更符合中国国情转变；工作重心从注重制度构建向注重制度实施转变；工作导向从重数量向求质量、见效益转变；工作职能从政府主导向引导和服务市场主体转变。[①] 这一时期是我国专利申请量增长发展的新阶段。

7.3.1 专利申请进入由数量扩张到质量提升的转型阶段

经过 30 多年的快速发展，中国已经成为世界第一的发明专利申请大国，这一方面意味着我国创新能力的提高和知识产权保护环境的改善，另一方面也引发

---

① 国家知识产权局，全国人大教科文卫委员会听取国家知识产权战略实施工作情况汇报，http://www.sipo.gov.cn/yw/2012/201209/t20120906_748581.html[2012-09-30]。

了对专利质量的关注。如前文所述，从国际比较来看，我国专利质量与国际水平还存在一定差距，因此由专利数量扩张到专利质量提升的转型已经是大势所趋。转型阶段要实现专利申请量保持稳定增长的同时，改善专利申请结构，提高发明专利、职务发明、企业专利的申请数量和比例，掌握关键技术、核心技术专利，促进专利质量的整体提升。

7.3.2　树立以提高专利质量、竞争力和运用能力为核心的专利申请价值观

专利制度是市场经济的产物，在发达的市场经济中，创新主体申请专利的根本目的在于通过专利布局获取竞争优势并盈利，因此专利质量、专利价值及专利对企业竞争力的贡献是企业申请专利的重要考虑因素。而当前我国产学研创新主体专利申请行为受到了诸多非市场化因素的影响，为获得政府资助、政策优惠及完成上级指标等而申请专利的现象仍在一定范围内存在。随着我国专利事业的发展，逐步培养产学研创新主体树立以提高专利质量、竞争力和运用能力为核心的专利价值观成为重要的发展趋势和需求。

7.3.3　促进专利申请量与专利质量的协调发展

当前我国专利申请增速快、总量可观，然而与国际水平相比，专利质量存在较大的差距。从国际经验来看，专利申请量的增长与专利质量的提升并不矛盾，建立和完善我国专利申请量与专利质量的协调发展的体制机制，在促进专利申请量增长的同时，有效遏制低质量、非正常专利申请，成为当前改进我国专利制度及相关政策的关键。

7.4　促进专利申请量与专利质量协调发展的战略思路

经过 30 多年的发展，我国专利事业取得长足发展，专利申请进入新的发展时期，专利质量、专利的社会经济效益开始受到关注，推进专利申请与专利质量

协调发展已经成为当务之急。经过深入的研究分析，笔者认为，首先应当明确科学的发展思路。

7.4.1 引导创新主体提高专利质量

促进专利申请量与专利质量协调发展首先要关注的就是产学研创新主体的专利质量意识，这是促进专利质量提升的落脚点。中央和地方各级部门应积极探索政策引导和宣传教育的有效工作机制，根据不同创新主体特征制定和选择有效的方式予以引导。

7.4.2 鼓励专利获权、维持和转化应用

专利申请要以专利运用为根本目的，因此，在积极推进专利申请量和专利质量的同时，还应鼓励专利获权、专利维持及转化运用，体现专利制度为经济服务的重要特征。应鼓励创新主体的研究发展以应用为导向，提高专利申请质量和授权量，建立有效的专利维持费用解决机制，积极推动专利技术的转化；建立和完善专利保护制度、优化商业化环境，为不同创新主体的发明创造与专利技术的开发运用提供良好的条件和环境。

7.4.3 政策扶持与市场机制相结合

同西方发达国家相比，我国专利事业尚处于初步发展阶段，政府除了提供有效的专利保护机制和平台外，还承担着培养和提高创新主体专利意识等重要责任，在某些方面政府甚至起到了主导性作用，政策扶持对于专利申请的促进作用比较明显。在新的发展阶段，政府的作用仍不可少，政府应当将政策扶持与市场机制有效结合，对于重点行业、重点领域给予重点扶持，逐步培养市场化运作的条件和能力，逐步降低企业等对政府扶持的依赖，实现我国专利制度的深化发展。

7.4.4 鼓励和支持以企业为主体的专利申请和实施应用

企业是国家创新体系的重要主体，同时也是专利发挥为经济服务作用的重要载体，企业的研究开发、专利申请与应用等创新行为是提升我国自主创新能力

的关键。充分发挥企业的作用，鼓励和支持以企业为主体的专利申请特别是实施
应用是解决科技和经济两大问题的关键。

7.4.5 鼓励和支持高校与科研机构的专利申请和转让许可

高校和科研机构是知识创造和传播的重要组织，同时也是我国专利申请的
重要主体。高校和科研机构承担了大量国家科技计划项目，论文、专利等科技成
果产出丰富，然而很多高校和科研机构的科研活动与市场需求不匹配，研究成果
可专利性和商业化价值不高。应通过鼓励和支持高校与科研机构的专利申请和转
让许可，清除制度障碍、健全市场机制，有效地解决专利申请和维持费用、市场
交易机制和平台方面的问题等，提升高校和科研机构专利成果的社会经济价值。

7.4.6 鼓励和支持创新主体专利申请、获权、维持的国际化

积极主动参与全球竞争是经济全球化背景下国家、产业及各创新主体实现
可持续发展的唯一途径。应通过扩大对企业等创新主体海外专利事务的扶持范
围，加大扶持力度，鼓励和支持各创新主体实施"走出去"战略，通过 PCT 等
途径申请国际专利，对海外市场进行专利布局，通过海外专利的申请、获取、维
持及专利诉讼等积累经验，提升国际竞争力。

7.4.7 支持国家和区域经济社会发展重点领域的专利申请

应加强重点产业专利布局，在关键技术领域超前部署，掌握一批核心技术的专
利，支撑我国高新技术产业和战略性新兴产业发展。各地区制定和实施专利促进政
策应以本地产业布局特点为依据，对重点优势产业的专利申请给予重点扶持。

7.4.8 推进科技经济领域重大活动的知识产权管理

为了降低国家科技事业财政投入的风险，最终引导企业建立自己的知识产
权审查模式，推进科技经济领域重大活动的知识产权管理意义重大。《国家中长
期科学和技术发展规划纲要（2006—2020 年）》明确提出，建立对企业并购、技
术交易等重大经济活动知识产权特别审查机制，避免自主知识产权流失。《国务

院关于印发实施〈国家中长期科学和技术发展规划纲要（2006—2020 年〉〉若干配套政策的通知》进一步明确了我国建立重大经济活动知识产权特别审查机制的基本要求，即有关部门组织组建专门委员会，对涉及国家利益并具有重要自主知识产权的企业并购、技术出口等活动进行监督或调查，避免自主知识产权流失和危害国家安全。这一规定为我国建立重大经济活动知识产权特别审查机制提供了政策依据，但对于审查的内容、形式、制度保障等没有做出明确规定。首先，应该在国家层面建立知识产权审查制度。其次，制定具体的实施办法，用于指导、规范知识产权审查活动的开展。鼓励企业积极开展知识产权方面的审查，对政府投入的重大经济活动实行强制性审查。将重大经济活动知识产权审查、评估工作纳入政府采购公共服务体系，为开展重大经济活动的企业提供高质量的服务。

7.5 促进专利申请量与专利质量协调发展的政策建议

7.5.1 推进专利制度改革，聚焦发明专利的保护和应用

推动《专利法》修改，将实用新型和外观设计专利单独立法。由于发明专利、实用新型和外观设计专利在技术含量上差别较大，《专利法》对"三性"的要求不尽相同，而实用新型和外观设计不需要实质性审查即可获得授权。因此，笔者认为有必要对专利立法进行修改，建议三类专利单独立法、分离保护。通过三法分立，促使我国《专利法》聚焦于发明专利保护。这种规定不仅是国际惯例，同时也有利于明确我国专利质量提升的主客体和途径。同时也可以在适当时机对实用新型专利增加实质审查环节。此外，我国现行《专利法》以专利创造和保护为主要内容，对专利转让、许可、奖励等方面的规定相对缺乏，在《专利法》修订过程中，有必要进一步加强对这些薄弱环节的关注，提升专利为经济服务的功能。

建立和完善落实"一奖两酬"规定的有效机制。"一奖两酬"是保护专利发明人基本权益，鼓励职务发明创造和专利申请与应用的重要规定，意义重大。尽管《专利法》及其实施细则对"一奖两酬"进行了规定，最低标准也多次上调，然而从整体来看，"一奖两酬"缺乏有效的落实机制。鉴于"一奖两酬"的重要

意义和落实无保障的现状，笔者建议完善立法，增加对单位落实"一奖两酬"的奖惩规定，对于落实不认真、不到位的单位给予通报批评，在政府财税资助和补贴方面延后考虑；在条件允许情况下，可以考虑政府—企业配套设置奖酬基金，引导和鼓励单位加强知识产权管理。此外，还可以把"一奖两酬"落实情况作为产学研主体获得高新技术企业认定、知识产权试点示范及争取政府科技项目的一个重要标准。

7.5.2　以专利质量为导向，提升专利资助政策的效果与效率

当前，专利资助已经成为知识产权管理部门的基本政策，形成了范围广、受众多、影响深的资助格局。为了提高专利资助金的利用效率，进一步促进专利申请量增长与专利质量提高的协调发展，需要对专利资助政策进行调整。

笔者建议各地稳步推进专利资助向质量导向转变。各地应根据本地专利事业发展状况，尤其是专利结构现状，逐步实现转向发明专利、国际专利等技术性强、经济价值高的专利申请的资助，同时对获得授权的专利进行资助。具体来讲，专利申请量优势地区如广东、江苏等，应加快推进向国内发明专利申请、PCT专利申请及授权后专利申请资助转变；对于专利申请量弱势地区，如青海、宁夏等，要由重数量向数量和质量并重转变；同时建议北京、上海等地区加快取消对实用新型和外观设计专利的资助。各级专利管理部门应根据地方财力状况，或自建机构或与第三方评估机构合作，逐步建立资助专利的质量评估机制，稳步推进专利资助的质量化转变，以专利质量作为资助的核心标准。

对重点领域和主体给予重点资助。各地应在充分调研的基础上，明确本地的产业特征、创新主体类型与规模分布、创新能力现状等情况，针对不同细分类型对象制定、调整和选择相应资助方式。对于高新技术领域、优势产业、重大科技项目、重点技术领域的发明创造给予重点资助；对于首次专利申请特别是发明专利申请的企业，应当给予重点支持，鼓励和引导更多科技型企业实现专利申请"零突破"；对于获得高新技术企业认定、知识产权试点示范评选、重点发展领域的科技型中小型企业应当给予重点资助；对于专利申请量有明显增长、专利质量有明显提升和专利实施应用有明显成效的企业应给予重点资助和奖励。此外，各地还需改变以定额资助为主的粗放式资助方式，而根据申请人的类型制定多元

化的资助方式。

以省级行政区为单位，加强统筹协调，构建体系化的专利资助格局。各省级政府和知识产权管理部门应制定和完善专利资助政策体系，协调建立专利资助统一管理机制，打破各自为政的现状。应积极探索省、市、区、县资助金的匹配机制，形成以市级为主体的专利资助体系，省级财政向下、区县财政向上进行配套，资助对象和额度最终以市级决定为准，省级、县区级向市级推荐和建议，各级财政的匹配比例应当视各地财政收入状况和专利申请状况而定。

建立和完善专利资助信用管理制度。专利资助政策的质量导向要求相关管理部门能够对资助对象和类型进行有效甄别，对于质量高的专利申请要给予更多资助和鼓励，对于非正常专利申请要进行有效遏制。然而，专利质量评估成本高、现有技术和能力难以实现，因此，需要转变思路，探索和建立新的管理体制。建议各省（自治区、直辖市）通过信息化手段，建立全省（自治区、直辖市）统一的企业专利资助信用数据库，该数据库与国家知识产权局专利数据库、本地区工商管理部门企业信用数据库进行有效衔接，对企业专利申请情况、授权情况、受资助情况甚至实施应用情况进行跟踪监测。企业专利资助申请、审核均通过电子平台实现，资助管理部门通过对企业经营规模、工商管理部门信用记录、专利申请及资助等信用记录的情况，决定是否给予资助及资助的额度和方式。对于存在交易不诚信、违规申请资助、非正常申请资助等行为的企业给予重点监测，问题严重的记入黑名单，不再给予资助。

需要强调的是，尽管我国已经成为专利申请大国，但与专利强国还有较大差距，我国仍处于专利事业发展的初级阶段、粗放式增长阶段。因此，专利资助政策等创新政策在较长时间内仍然很有必要延续和发展。与大量的专利申请相比，我国专利资助的投入仍然较低，资助的比例还有待提高，各地在提高科技经费投入的同时，还应加大对专利事业发展尤其是专利资助的投入力度。因此，我国专利资助政策的发展方向总结起来就是增加投入、优化结构和提高效率。

7.5.3　建立对国家重大科技专项和科技计划项目的知识产权审议和评估机制

国家重大科技专项和科技计划项目具有国家投资大、应用要求高的特点，其目标围绕掌握关键技术和核心专利，项目产生的研究成果直接面向行业共性、关键技术支撑，解决国民经济和社会重大问题。国家重大科技专项和科技计划项目不仅要落实《国家中长期科学和技术发展规划纲要（2006—2020年）》的战略任务，产出关键技术，还应使这些关键技术更好地专利化，形成自主知识产权，落实好《国家知识产权战略纲要》的工作重点，在提高我国关键技术领域的专利质量和水平方面发挥主导作用。

因此，建议国务院相关部门特别是国家重大科技专项具体负责部门，联合国家科技管理部门、知识产权管理部门，建立联席工作机制，共同对国家重大科技专项实施前、实施过程中及完成阶段的知识产权进行统一指导和管理。

建立国家重大科技专项和科技计划项目"专利专员"制度，专利专员的职责是督促并协助项目实施单位进行专利分析与设计，专利专员提供方法咨询、参与分析设计等。专利专员应该是知识产权领域的技术专家和技术领域的知识产权专家。专利设计并不是简单的专利查新，而是进行"专利路线图""专利地图"设计，即通过基础的相关技术领域的专利分析，明确哪些专利空地是必须攻占的专利高地，哪些已有专利是必须获得许可的付费专利，哪些专利是可以有替代方案的非必要专利，并根据不同情况制定与其配套的专利策略。例如，针对付费专利，可考虑交叉许可等策略，在专利设计的基础上，提出合理的专利获取、实施与应用推广方案。

建立以国家知识产权局为主导的国家重大科技专项和科技计划项目的知识产权审议和评估机制，加强对国家重大科技专项和科技计划项目立项前的知识产权方案审议，以及对国家重大科技专项和科技计划项目结题后的知识产权创造、保护、运用、管理的评估，以促进国家重大科技专项和科技计划项目知识产权工作更有效地开展，推进我国在重大关键技术领域的自主创新和专利质量及应用水平的提高。

7.5.4　改进高新技术企业的知识产权认定标准

企业是国家自主创新体系的重要主体，高新技术企业对国家创新体系的作用尤为关键。高新技术企业认定应该遵循宁缺毋滥的原则，突出对"高"和"新"的要求，应进一步提高对企业专利权的要求。专利标准的提高主要包括以下几个方面。

（1）进一步提高知识产权拥有量的要求。随着我国发明专利申请总量的提升和创新能力的调高，有必要提高对核心自主知识产权数量的要求，尤其是对发明专利的要求。此外，在高新技术企业复查的过程中，还应对专利申请量以及其他知识产权数量的增长提出要求。对于享受3年政策补贴而没有专利申请量及其他知识产权数量增长的企业，应当考虑不予通过复查。

（2）进一步加强对独占许可专利的管理。对于企业以独占许可方式获取专利而申请高新技术企业认定的情形，应要求首先将许可合同拿到国家知识产权局进行登记管理，同时应把独占许可合同涉及的成交金额、专利让与人在本技术领域的影响力等作为评分的重要依据。另外，国家知识产权管理部门应进一步加强对专利实施许可合同登记管理，建立跟踪机制，防止仅为获得认定而独占许可低质量、无关性的专利。

（3）把拥有自主知识产权的质量也纳入指标体系中。现有认定标准对知识产权数量和相关性有比较明确的要求，在新的发展形势下，应当把拥有的知识产权的质量作为重要的考核标准。当然，这一建议的实施首先需要建立和完善相关的质量评估机制，尤其要发展社会第三方知识产权评估体系。

7.5.5 加大对企业高管专利战略运用能力的培训

专利战略的实施是一项系统工程，需要一定的资源投入，因此获得企业高层的重视十分重要。当前，我国仍有大量企业无专利申请行为，这些企业中有相当一部分具有一定的创新能力，然而缺乏对专利的认识，尤其是企业高管专利意识淡薄，成为企业实施专利战略的重要限制。另外，即便是很多已经突破专利零申请的企业，也并没有有效利用专利工具的能力和意识，专利活动往往止于申请阶段。因此，有必要加大对企业高管专利战略运用能力的培训，在企业发展过程中可能遇到的专利申请流程、技巧、保护和诉讼策略方面对其进行指导。各地知识产权管理部门应建立本地企业高管的知识产权培训班、开办短期课程和讲座，充分调动社会资源，邀请知识产权审查、知识产权法律法规、专利申请等方面的专家开展对企业高管专利战略运用能力的培训。引导和支持企业与知识产权专家、中介服务机构建立稳定业务指导与合作关系，推进企业专利战略的有效制定和实施。

7.5.6　鼓励和支持产学研建立专利战略联盟

组建专利战略联盟，是产学研创新主体适应经济科技全球化、参与国际竞争的需要，也是在竞争日益激烈的国际环境下，加强合作，争取双赢或多赢的需要。政府应在促进产学研合作、构建产学研创新联盟相关政策的基础上，积极探寻鼓励和支持产学研建立专利战略联盟的机制，通过财政投入、政策引导，鼓励构建以企业为主体的、以应用为导向的专利战略联盟，以战略性新兴产业为突破口，努力探寻专利战略联盟中政府、企业、高校及科研机构的职能定位、利益分配机制、专利许可机制等。

7.5.7　培育高水平的专利代理机构和人才

专利中介服务对于我国专利事业发展具有不可替代的作用，专利中介服务体系的健全和服务质量的提升，对于提高专利申请效率和授权率、减少非正常专利申请、提高专利质量和促进专利技术应用转化具有重要的意义。当前我国专利中介服务体系发展水平和服务质量还有待提高，政府通过规划和引导，建立健全专利中介服务体系，提高专利服务质量成为当务之急。促进专利申请量增长与专利质量的提升，尤其要注意专利申请、专利评估和专利交易中介的建设。

加快推进专利代理机构发展，提高专利代理机构数量和服务质量，提高专利代理人的数量和业务素质，对专利申请量大及专利代理机构量少的地区给予重点扶持，减少并消除业务需求和业务供给之间的矛盾，鼓励北京等地区的优势代理机构到中西部地区设立分支机构。开展专利代理机构服务质量评价研究和服务质量提升工程，利用税收政策、专利资助政策对服务质量高的专利中介机构给予扶持和奖励。鼓励和支持国内代理机构与国际代理机构的合作与交流，加强专利代理人才的引进和培养，促进专利代理服务质量的整体提升。

加强专利评估的研究，充分吸取国外先进经验，推动专业评估机构的发展，构建适应我国专利事业发展的专利评估体系。推动专利评估与科研项目管理、高新技术企业认定、专利资助、专利融资、专利交易的有机融合，促进专利质量意识的提升和专利成果的应用转化。建立和完善专利交易的制度、平台和保障机制，健全专利中介服务体系，促进高等学校、科研院所科技成果与企业特别是中小企业技术创新需求的有效对接，促进专利成果的转化，扩大创新主体的收益，引导再创新投入。

7.5.8 完善标准、创新机制，提高专利审查质量和效率

完善专利审查制度，提高专利审查的质量和效率。专利审查是专利制度的关键环节，随着我国专利申请量的快速增长，创新主体对专利审查效率和质量期待越来越高，专利审查工作的负荷与专利审查人力资源之间的矛盾比较突出，专利审查制度急需改进和完善。笔者建议发展壮大专利审查队伍，提高专利审查能力。根据专利审查负荷增长情况及时调整人力资源配置，加强人才培养，提高专利审查员素质。完善专利审查标准，健全专利审查标准修订的制度机制，提高专利标准的执行能力。丰富和完善专利审查多轨制，除了对重点领域的专利审查绿色通道、专利巡回审查厅、关联审查等进行完善外，还应大胆创新，探索专利审查市场化运作模式，放宽专利审查的条件，在保证专利审查质量和效率提升的同时，允许符合条件的创新主体通过多支付审查费用的方式在合理的范围内加速专利审查。

7.5.9 加强专利保护，加大执法力度

专利侵权行为具有隐蔽性强、取证难等特点，专利维权难度大，维权收益往往低于维权成本，故意侵权、反复侵权、群体侵权、跨地区链条式侵权等恶性侵权现象时有发生。建立健全打击专利侵权的长效机制，进一步完善具有中国特色的专利保护制度，是促进我国专利申请和专利质量协调发展的关键。

笔者建议，要进一步加强司法机关和专利管理部门专利执法能力，强化其执法地位，建立高素质的专业执法队伍，加大对专利违法、专利侵权行为的查处力度。应当赋予相关的司法机关和行政执法机关对专利侵权案件的调查取证权，改变权利人在维权过程中常常处于无法取证、无力取证的困难境地，有效解决权利人在侵权纠纷案件中"取证难"的问题，建议通过有效法律制度保障和资源投入，提高专利管理部门的调查、取证能力。同时，还应当赋予专利管理部门查处和制止恶性侵权行为的职能，解决专利维权"成本高，效果差"的问题。应当把打击专利侵权行为工作转变为专利管理部门积极、主动出击的职能要求，改变其

接到投诉举报后再进行调查维权的传统。

在合理范围内增加管理专利工作的部门对侵权赔偿额的判定职能，提高专利维权实效性。依据现行《专利法》，专利管理部门处理专利侵权纠纷时，可以应当事人请求就侵权赔偿数额进行调解，调解不成的，当事人可以依照《民事诉讼法》向人民法院提起诉讼。因此，关于赔偿额的行政调解协议没有强制执行力，影响了权利人权益保护的效果和效率。建议研究确定赋予专利管理部门在合理范围内处理侵权纠纷时对赔偿数额的判定职能，提高其专利管理的主动性和权威性。

建立和完善对故意侵权行为的惩罚性赔偿制度，提高专利侵权成本。加大专利保护，除了应当降低专利权人的维权成本，还应当增加侵权成本。当前，我国专利侵权赔偿标准以专利权人的实际损失为基本标准。然而，作为无形资产，知识产权保护比有形财产的保护成本更高、难度更大，侵犯知识产权比侵犯有形财产风险更小、代价更低，从事知识产权侵权活动的收益远远大于其风险和代价。因此，应当加大对侵权的赔偿管理，提高赔偿标准，特别是对故意侵权行为采取严厉的惩罚性赔偿措施，培养和提升市场主体专利保护意识，有效增强创新主体发明创造和专利申请的信心。此外，还应当建立完善知识产权执法部门与工商行政管理、卫生防疫、技术监督等职能部门的联合执法机制，进一步加强整治力度，定期进行市场商品的专项治理，及时清理假冒伪劣商品，切实维护好市场的经济秩序。

参考文献

薄文广，马先标，冼国明．2005.外国直接投资对于中国技术创新作用的影响分析．中国软科学，（11）：45–51.

陈蕊．2004.新兴工业化背景下专利实施影响因素的定量分析及政策研究．合肥工业大学硕士学位论文．

程良友，汤珊芬．2006.我国专利质量现状、成因及对策探讨．科技与经济，（6）：33-36.

程良友，汤珊芬．2007.美国提高专利质量的对策及对我国的启示．科技与经济，20（3）：48-50.

程永顺．2009.《专利法》第三次修改留下的遗憾——以保护专利权为视角．电子知识产权，（5）：11-15.

戴建军．2007.我国企业科技投入和专利申请分析．海峡科技与产业，（6）：15-20.

邓建志．2012.中国专利行政保护制度绩效研究．中国软科学，（2）：80-87.

樊耀峰，崔越．2011.垃圾专利的鉴定成因与对策．经济研究导刊，（31）：91-93.

冯晓青．2008.我国企业专利申请存在问题、成因及对策研究——从企业专利申请与经济实力的关系论起．北京工业大学学报（社会科学版），8（6）：62-67.

傅利英，张晓东．2011.高校科技创新中专利高申请量现象的反思和对策．科学学与科学技术管理，32（3）：122-128.

付晔．2010.中国高校专利产出机制研究．华南理工大学博士学位论文．

高山行，郭华涛．2002.中国专利权质量估计及分析．管理工程学报，16（3）：66-68.

管煜武．2007.地方政府知识产权战略管理研究——以上海为例．同济大学博士学位论文．

管煜武．2008.基于专利价值的上海专利资助政策效应分析．中国科技论坛，（7）：102-106.

郭俊华，杨晓颖．2010.专利资助政策的评估及改进策略研究——以上海市为例．科学学研究，（1）：17-25.

郭俊华，黄思嘉，吕守军．2009.知识产权政策评估指标体系的构建及其应用研究．中国软科学，（7）：19-27.

郭秋梅.2004.中国高校科技投入与专利申请状况对比分析.西安建筑科技大学学报（社会科学版），（12）：58-78.

郭秋梅，刘莉.2005.高校科技投入、专利申请及专利管理分析.研究与发展管理，17（4）：87-93.

郝鹏飞，王少凡，王晓林，等.2011.基于灰色系统理论的我国高校专利申请影响因素分析.知识经济，（5）：7-8.

黄庆，曹津燕，瞿卫军，等.2004.专利评价指标体系（一）——专利评价指标体系的设计和构建.知识产权，14（5）：25-28.

姜胜建.2006.专利资助机制的分析与思考.今日科技，（9）：5-7.

江镇华，秘凤华.2004."专利申请资助办法"如是说.中国发明与专利，（1）：24-25.

黎峰.2006.中国自主创新能力影响因素的实证分析：1990—2004.世界经济与政治论坛，(5)：32-37.

李春燕，石荣.2008.专利质量指标评价探索.现代情报，2（2）：146-149.

李慧，黄静，吴和成.2010.基于面板数据的我国制造业R&D投入对专利产出的影响实证分析.价值工程，（34）：27-28.

李娟，任利成，吴翠花.2010.科研机构、高校、企业R&D支出与专利产出的关系研究.科技进步与对策，27（20）：103-108.

李平，刘建.2006.FDI、国外专利申请与中国各地区的技术进步——国际技术扩散视角的实证分析.国际贸易问题，（7）：99-104.

李伟.2010.专利资助政策的绩效分析——基于宁波的实证研究.中国科技论坛，（1）：79-82.

李伟.2011.企业专利能力影响因素实证研究.科学学研究，（6）：848-855.

李伟，夏向阳.2011.专利促进政策对区域专利增长的影响分析——以宁波为例.科学学研究，（8）：1176-1183.

李小丽.2009.中外在华有效专利存量的比较分析研究.情报杂志，（11）：5-9.

李玉清，钱宝英，田素妍，等.2005.高校科技产出影响因素研究分析.南京农业大学学报（社会科学版），5（2）：50-54.

梁津娣，李斌，卫马欢，等.2010.金融危机对专利申请量的影响探析.知识产权，（2）：48-51.

刘毕贝.2013.基于专利制度本旨的专利质量涵义的界定及解释.中国科技论坛，1（11）：98-103.

刘驰，靖继鹏，于洁 . 2009. 知识产权中的专利质量界定及组成要素分析 . 情报科学，27（11）：1710-1713.

刘丽萍，王雅林 . 2011. R&D 投入、专利申请量与中国企业自主创新能力 . 哈尔滨工程大学学报，32（11）：1522-1526.

刘林青，谭力文 . 2006. 为研发而申请专利还是为专利申请而研发 . 中国工业经济，（7）：86-93.

刘珊 . 2009. 中德企业软件专利申请行为及影响因素实证研究 . 华中科技大学博士学位论文 .

刘星，赵红 . 2009. FDI 对我国自主创新能力影响的实证研究 . 国际贸易问题，（10）：94-98.

刘洋，郭剑 . 2012. 我国专利质量状况与影响因素调查研究 . 知识产权，（9）：72-77.

骆建文，张钦红 . 2009. 基于专利质量的两阶段专利资助政策研究 . 上海交通大学学报，（9）：1417-1421.

马忠法 . 2008. 专利申请或授权资助政策对专利技术转化之影响 . 电子知识产权，（12）：36-39.

马忠法 . 2009. 完善现有专利资助政策为提高高校专利技术转化率创造条件 . 中国高校科技与产业化，（3）：70-73.

毛昊，刘澄，林瀚 . 2014. 基于调查的中国企业非实施专利申请动机实证研究 . 科研管理，（1）：73-81.

毛昊，张洪吉，王锦旺 . 2008. 基于我国地区经济实力、科技研发费用投入和职务发明专利申请数量产出的计量学分析 . 科技进步与对策，25（2）：110-115.

牟莉莉，汪克夷，钟琦 . 2009. 企业专利保护行为动机研究述评 . 科研管理，（3）：79-88.

钮京晖 . 2008. 垃圾专利问题的进化论视角 . 电子知识产权，（1）：3.

乔喆，刘云 . 2005. 我国专利申请的灰色分析与预测 . 中国信息系统研究与应用前沿，（11）：168-171.

任声策 . 2007. 专利联盟中企业的专利战略研究 . 上海交通大学博士学位论文 .

阮敏 . 2009. 专利与 GDP：基于面板数据的实证分析 . 技术经济与管理研究，（4）：3-5.

桑瑞聪，岳中刚 . 2011. 外商直接投资与区域创新能力——基于省际面板数据的实证研究 . 国际经贸探索，27（10）：41-45.

沈涤清 . 2008. 我国专利申请量与 R&D 投入关系研究 . 江西农业学报，20（7）：147-149.

舒成利，高山行 . 2008. 影响企业专利申请行为因素研究述评 . 情报杂志，（4）：47-50.

宋河发，穆荣平，陈芳 . 2010. 专利质量及其测度方法与测度指标体系研究 . 科技政策与管理，（4）：21-27.

宋青 . 2011. 技术创新对我国高技术产品出口贸易的影响研究 . 山东经济学院硕士学位论文 .

孙婷婷，唐五湘 . 2003. 专利申请量与 R&D 支出之关系的定量分析 . 北京机械工业学院学报，
　　（4）：47-51.

谭龙，刘云 . 2014. 从制度变革看中国专利申请量的增长 . 科技进步与对策，31（2）：113-117.

谭龙，刘云，侯媛媛 . 2012. 中国"拜杜法案"体系下高校专利申请增长分析 . 技术经济,（12）：
　　1-6.

谭晓 . 2010. 社会因素与专利产出相关性研究及对策 . 天津大学硕士学位论文 .

唐恒 . 2001. 试论制约我国高校专利工作发展的因素 . 科技进步与对策，（12）：114-116.

唐恒，李绍飞，赫英淇 . 2015. 专利资助政策下专利质量评价研究 . 情报杂志，（5）：23-28.

田力普 . 2009. 深入贯彻落实科学发展观 大力实施国家知识产权战略 . 记者观察月刊,（8）：4-7.

王锋 . 2003. 专利申请基金政府作用的体现 . 河南科技月刊，（3）：18-19.

王钦，高山行 . 2015. 专利申请中的战略动机——实证证据和政策启示 . 研究与发展管理，（4）：
　　110-121.

王庆元，张杰军，张赤东 . 2010. 我国创新型企业研发经费与发明专利申请量关系研究 . 科学
　　学与科学技术管理，31（11）：5-12.

王玉洁 . 2010. 中国高技术产品出口技术含量测定及其影响因素探讨 . 华东师范大学硕士学位
　　论文 .

王兆丁，李子和，夏亮辉 . 2002. 制约高校专利申请的因素分析及应对对策 . 科技管理，（8）：
　　27-28.

魏龙，李丽娟 . 2005. 技术创新对中国高技术产品出口影响的实证分析 . 国际贸易问题，（12）：
　　32-34.

魏衍亮 . 2007. 垃圾专利问题与防御垃圾专利的对策 . 电子知识产权，（12）：18-21.

文家春 . 2008a. 我国地方政府资助专利费用机制研究 . 华中科技大学博士学位论文 .

文家春 . 2008b. 政府资助专利费用引发垃圾专利的成因与对策 . 电子知识产权，（4）：25-28.

文家春，朱雪忠 . 2007. 我国地方政府资助专利费用政策若干问题研究 . 知识产权，（6）：23-
　　27.

文家春，朱雪忠 . 2008. 政府资助专利费用对我国专利制度运行的效应分析与对策 . 中国科技
　　论坛，（11）：21-25.

文家春，朱雪忠 . 2009a. 政府资助专利费用对我国技术创新的影响机理研究 . 科学学研究,（5）：
　　686-691.

文家春，朱雪忠 . 2009b. 政府资助专利费用及其对社会福利的影响分析 . 科研管理，（3）：89-95.

吴红 . 2006. 专利工作应由追求数量向调整结构和提高质量转变 . 科技管理研究，（2）：22-25.

吴玮 . 2010. 基于协整分析的专利申请与经济增长的实证研究 . 无锡商业职业技术学院学报，10（6）：14-18.

吴欣望，石杰 . 2007. 强化知识产权保护及其对策 . 山东社会科学，（4）：73-75.

谢兵 . 2008. 企业提高专利质量的对策分析——以江西汇仁集团为分析案例 . 中国医药技术经济与管理，2（7）：80-85.

谢黎，邓勇，任波 . 2014. 专利资助政策与问题专利的形成——基于灰色关联的实证研究 . 情报杂志，33（6）：49-52.

谢炜，葛中全 . 2005. 科研单位 R&D 支出来源、用途与其专利申请量之关系研究 . 价值工程，24（11）：30-32.

徐春骐，吴栋，李占宾 . 2010. 专利申请与授权的国际比较与我国 R&D 经费投入 . 知识产权，20（2）：42-47.

徐棣枫，陈瑶 . 2013. 中国专利促进政策的反思与调整——目标、机制、阶段性和开放性问题 . 重庆大学学报（社会科学版），19（6）：94-100.

徐金辉 . 2010. 对浙江省地方政府专利资助政策的思考 . 嘉兴学院学报，（S1）：49-52.

徐君，邵蓉 . 2008. 中国药品专利质量评价指标体系建立初探 . 中国医药技术经济与管理，2（4）：55-59.

徐凯，高山行 . 2006. 中国高校 R&D 支出与专利申请的相关关系研究 . 科学学研究，（24）：421-425.

徐明 . 2016. 专利申请量与 R&D 投入因素的弹性关系研究——基于 36 个产业面板数据的实证分析 . 科学学与科学技术管理，（1）：30-37.

徐明华 . 2008. 企业专利行为及其影响因素——基于浙江的分析 . 科学学研究，（2）：328-333.

徐晟，徐媛 . 2009. 基于 SEM 的区域专利申请驱动因素的实证研究 . 科技进步与对策，（12）：1-4.

许春明 . 2009. 知识产权制度与经济增长关系的实证研究 . 北京：知识产权出版社 .

闫金秋，董瑾 . 2007. 外商直接投资对中国区域创新技术的影响——基于我国 3 种专利申请量的分析，24（11）：173-176.

杨中楷，孙玉涛 . 2008. 外国在华专利申请影响因素实证分析 . 科技管理研究，（12）：455-457.

姚颉靖，彭辉 . 2011. 专利资助政策功能的实证研究——基于 2007 年中国 30 个省区的灰色关联分析 . 现代情报，31（7）：20-26.

叶静怡，宋芳 . 2006. 中国专利制度变革引致的创新效果研究 . 经济科学，（6）：86-96.

袁健红，刘晶晶 . 2014. 企业特征对专利申请决策影响的实证分析 . 科学学研究，（11）：1652-1660.

袁晓东，刘珍兰 . 2011. 美国专利申请人信息披露制度及其对专利质量的影响 . 情报杂志，（6）：14-19.

袁晓东，刘珍兰 . 2011. 专利质量问题及其应对策略研究 . 科技管理研究，（9）：157-160.

詹映 . 2015. 中国《专利法》第四次修改的焦点及其争议 . 中国科技论坛，（11）：125-130.

张国平，周俊 . 2010. 企业专利开发影响因素的实证分析 . 常熟理工学院学报，（3）：54-58.

张红漫，毛祖开 . 2011. 对专利资助机制的分析和探讨 . 科技管理研究，（15）：148-151.

张红漫，朱振宇，毛祖开 . 2011. 我国专利申请资助政策分析——以河南、江苏为例 . 知识产权，（1）：27-32.

张钦红，骆建文 . 2009. 上海市专利资助政策对专利申请量的影响作用分析 . 科学学研究，（5）：682-685.

张一纯 . 2005. 运用灰色系统分析影响高校专利数量的关键因素 . 科技管理研究，（1）：63-65.

张英 . 2013. 专利与经济增长：基于中国省际面板的实证研究 . 山东大学博士学位论文 .

赵文红，樊柳莹 . 2010. 高校教师专利发明影响因素的实证研究——动机的中介作用 . 科学学研究，28(1)：33-39.

赵喜仓，陈海波 . 2003. 我国 R&D 状况的区域比较分析 . 统计研究，（3）：38-42.

郑瑶 . 2010. 我国专利申请量与国民经济增长的关系研究 . 河南科技，（22）：52-53.

郑永平，党小梅，於林峰 . 2009. 从科研项目的专利状态看现阶段高校专利质量问题 . 科技进步与对策，（19）：183-186.

周建明，喻伟，王岩 . 2009. 企业专利申请质量提升研究 . 知识产权，19（3）：40-43.

周茜，胡玉明，叶志峰，等 . 2014. 知识产权保护制度促进了企业的创新吗？——基于研发效率和专利倾向效应的视角 . 管理学季刊，（2）：39-62.

朱平芳，徐伟民 . 2003. 政府的科技激励政策对大中型工业企业 R&D 投入及其专利产出的影响——上海市的实证研究 . 经济研究，（6）：45-53.

朱平芳，徐伟民 . 2005. 上海市大中型工业行业专利产出滞后机制研究 . 数量经济技术经济研究，（9）：136-142.

朱雪忠，周璐. 2015. 我国专利产生政策演化路径分析与构建——基于熵的视角. 科学学研究，33（7）：993-998.

朱月仙，方曙. 2007. 专利申请量与 R&D 经费支出关系的研究. 科学学研究，25（1）：123-127.

Abrams D S, Wagner R P. 2013. Poisoning the next apple? The America invents act and individual inventors. Stanford Law Review,（65）: 517-563.

Arnold T. 2006. Patent litigation: Patents, copyrights, trademarks, and literary property. Atti Della Accademia Dei Fisiocritici in Siena, Sezione Medico-fisica, 18（2）: 509-522.

Arundel A, Kabla I. 1998. What percentage of innovations is patented? Empirical estimates for European firms. Research Policy, 27（2）: 127-141.

Arundel A, van de Paal G, Soete L. 1995. PACE report: Innovation strategies of Europe's largest firms: Results of the PACE survey for information sources, public research, protection of innovations and government programmes. Final report, MERIT, University of Limburg, Maastricht.

Baesu V, Albulescu C T, Farkas Z B, et al. 2015. Determinants of the high-tech sector innovation performance in the European Union: A review. Procedia Technology, 19: 371-378.

Baldini N, Grimaldi R, Sobrero M. 2007. To patent or not to patent? A survey of Italian inventors on motivations, incentives, and obstacles to university patenting. Scientometrics, 70(2): 333-354.

Baldwin J, Hanel P, Sabourin D. 2002. Determinants of innovative activity in Canadian manufacturing firms//Buckley P. Innovation and Firm Performance. Houndsmill: Palgrave Macmillan: 105-112.

Berthon P, Hulbert J M. 1999. To serve or create? California Management Review, 42: 37-58.

Blazsek S, Escribano A. 2016. Patent propensity, R&D and market competition: Dynamic spillovers of innovation leaders and followers. Journal of Econometrics, 191（1）: 145-163.

Blind K, Edler J, Frietsch R, et al. 2006. Motives to patent: Empirical evidence from Germany. Research Policy, 35（5）: 655-672.

Brouwer E, Kleinknecht A. 1999. Innovative output, and a firm's propensity to patent: An exploration of CIS micro data. Research Policy, 28（6）: 615-624.

Carine P, van Pottelsberghe de la Potterie. 2006. Innovation strategy and the patenting behavior of firms. Journal of Evolutionary Economics, 16（1/2）: 109-135.

Cassiman B, Pérez-Castrillo D, Veugelers R. 2002. Endogenizing know-how flows through the nature of R&D investments. International Journal of Industrial Organization, 20（6）: 775-799.

Cheung K Y, Lin P. 2004. Spillover effects of FDI on innovation in China: Evidence from the provincial data. China Economic Review, 15（1）: 25-44.

Cohen W M, Levin R C. 1989. Chapter 18 empirical studies of innovation and market structure// Armstrong M A, Porter R H. Handbook of Industrial Organization. Amsterdam: Elsevier: 1059-1107.

Cohen W M, Goto A, Nagata A, et al. 2002. R&D spillovers, patents and the incentives to innovate in Japan and the United States. Research Policy, 31（8/9）: 1349-1367.

Cohen W M, Nelson R R, Walsh J P. 2000. Protecting their intellectual assets: Appropriability conditions and why US manufacturing firms patent（or not）. Cambridge: National Bureau of Economic Research.

Crepon B, Duguet E, Kabla I. 1996. Schumpeterian conjectures: A moderate support from various innovation measures//Determinants of Innovation. London: Palgrave Macmillan UK.

Crepon B, Kramarz F, Trognon A. 1998. Parameters of interest, nuisance parameters and orthogonality conditions an application to autoregressive error component models. Journal of Econometrics, 82（1）: 135-156.

Darroch J, Miles M P, Buisson T. 2005. Patenting strategy of entrepreneurial orientated firms in New Zealand. International Entrepreneurship & Management Journal, 1（1）: 45-59.

Duguet E, Kabla I. 1998. Appropriation strategy and the Motivations to use the patent system: An econometric analysis at the firm level in French manufacturing. Annales Déconomie Et De Statistique, （49/50）: 289-327.

Evenson R E. 1993. Patents,R&D,and invention potential: International evidence. American Economics Review, （83）: 463-468.

Friedman E S. 1981. The enforceability of patent settlement agreements after Lear, Inc. v. Adkins. University of Chicago Law Review, 48(3): 715-729.

Friedman J, Silberman J. 2003. University technology transfer: Do incentives, management and location matter? Journal of Technology Transfer, 28（1）: 17-30.

Griliches Z. 1979. Issues in assessing the contribution of R&D in productivity growth. Bell Journal of Economics, （1）: 92-116.

Griliches Z. 1991. Patent statistics as economic indicators: A survey. Journal of Economic Literature,

28（4）：1661-1707.

Gupta K. 2013. The patent policy debate in the high-tech world. Journal of Competition Law & Economics，（9）：827-858.

Hall B H. 2005. Exploring the patent explosion. Journal of Technology Transfer，30（1/2）：35-48.

Hall B H，Harhoff D. 2004. Post-grant reviews in the U.S. patent system: Design choices and expected impact. Berkeley Technology Law，19（3）：989-1016.

Hall B H，Ziedonis R H. 2001. The patent paradox revisited: An empirical study of patenting in the US semiconductor industry, 1979-1995. Rand Journal of Economics，32（1）：101-128.

Hall B H，Griliches Z，Hausman J A. 1983. Patents and R&D：Searching for a lag structure. Nber working papers.

Hall B H，Griliches Z，Hausman J A. 1986. Patents and R and D: Is there a lag? International Economic Review，27（2）：265-283.

Hall B H，Graham S，Harhoff D，et al. 2004. Prospects for improving U.S. patent quality via postgrant opposition. Innovation Policy and the Economy，（4）：116-138.

Harabi N. 1995. Determinants of technical change: An analysis from industrial economics perspective. General information.

Hausman J，Hall B H，Griliches Z. 1984. Econometric models for count data with an application to the patents-R&D relationship. Econometrics，52（4）：909-938.

Herschey M，Richardson V J. 2004. Are scientific indicator of patent quality useful to investor. Journal of Empirical Finance，11（1）：91-107.

Holgersson M. 2013. Patent management in entrepreneurial SMEs: A literature review and an empirical study of innovation appropriation, patent propensity, and motives. R&D Management，43（1）：21-36.

Hu A G，Jefferson G H. 2004. Returns to research and development in Chinese industry: Evidence from state-owned enterprises in Beijing. China Economic Review，（15）：86-107.

Hu A G，Jefferson G H. 2009. A great wall of patents: What is behind China's recent patent explosion? Journal of Development Economics，90（1）：57-68.

Johnes C. 1995. R&D-based models of economic growth. Journal of Political Economy，（8）：759-784.

Kondo M. 1995. Dynamic analyses on the relation between R&D and patent application in Japan.

Journal of Science Police and Research Management, （10）: 193-204.

Kondo M. 1999. R&D dynamics of creating patents in the Japanese industry. Research Policy, （6）: 587-600.

Kortum S. 1993. Equilibrium R&D and the patent R&D ratio: US evidence. American Economic Review, （83）: 450-457.

Kortum S, Lerner J. 1999. What is behind the recent surge in patenting? Research Policy, 28（1）: 1-22.

Lambert D. 1992. Zero-inflatted Poisson regression,with an application to defects in manufacturing. Technimetrics, 34（1）: 1-14.

Lanjouw J O, Pakes A. 1998. How to count patents and value intellectual property: The uses of patent renewal and application data. Journal of Industrial Economics, 46（4）: 405-432.

Lee Y G, Lee J D, Song Y I, et al. 2007. Anin-depth empirical analysis of patent citation counts using zero-inflated count data model: The case of kist. Scientometrics, 70（1）: 27-39.

Leveque F, Ménière Y. 2006. Patents and Innovation: Friends or Foes? Rochester: Social Science Electronic Publishing.

Levin R C, Klevorick A K, Nelson R R, et al. Appropriating the returns from industrial research and development. Brookings papers on economic activity: 783-820.

Li X. 2006. Regional innovation performance: Evidences from domestic patenting in China. Innovation: Management, Policy & Practice, 8（1/2）: 171-192.

Li X. 2008. An investigation into the R&D-patent relationship in Chinese Hi-Tech industries with count panel data models. China Journal of Economics, 3（1）: 132-148.

Li X. 2009. China's regional innovation capacity in transition: An empirical approach. Research Policy, 38(2): 338-357.

Li X. 2012. Behind the recent surge of Chinese patenting: An institutional view. Research Policy, 41（1）: 236-249.

Mansfield E. 1986. Patents and innovation: An empirical study. Management Science, 32（2）: 173-181.

Merges R P. 1988. Commercial success and patent standards: Economic perspective on innovation. California Law Review, 76（803）: 805-876.

Mowery D C, Ziedonis A A. Academic patent quality and quantity before and after the Bayh-Dole act in the United States. Research Policy, (31): 399-418.

Mulder C, Visser D. 2013. Proposals for streamlining the filing date requirements of the European patent convention. International Review of Intellectual Property and Competition Law, 44 (2): 220-230.

Nielsen A O. 1999. Patenting, R&D and market structure: Manufacturing firms in Denmark. Technological Forecasting & Social Change, 66 (1): 47-58.

Ouellette L L. 2015. Patent experimentalism. Virginia Law Review, (1): 65-128.

Pakes A, Griliches Z. 1980. Patents and R&D at the firm level: A first report. Economics Letters, 5 (4): 377-381.

Park W G. 2008. International patent protection: 1960-2005. Research Policy, (37): 761-766.

Pitkethly R H. 2001. Intellectual property strategy in Japanese and UK companies: Patent licensing decisions and learning opportunities. Research Policy, 30 (3): 425-442.

Sakakibara M, Branstetter L. 2001. Do stronger patents induce more innovation? Evidence from the 1988 Japanese patent law reforms. Rand Journal of Economics, 32(1): 77-100.

Scherer F M. 1965. Firm size, market structure, opportunity, and the output of patented inventions. American Economic Review, 55 (5): 1097-1125.

Schmookler J. 1962. Determinants of incentive activity. American Economic Review, (52): 108-119.

Schumpeter J A. 1942. Cost and demand functions of the individual firm. American Economic Review, (1): 157-166.

Song J. 2006. Intellectual property regimes,innovative capabilities, and patenting in Korea. Seoul Journal of Business, 12 (2): 57-75.

Sorek G. 2011. Patent and quantity growth in OLG economy. Journal of Macroeconomic, 33: 690-699.

Thomas J R. 2002. The responsibility of the rule maker: Comparative approaches to patent administration reform. Berkeley Technology Law Journal, 17: 728-761.

Thurow L C. 1997. Needed: A new system of intellectual property right. Harvard Business Review, 75 (5): 94.

van Ophem H, Brouwer R, Kleinknecht A, et al. 2001. The mutual relation between patents and R&D//Kleinknecht A, Mohnen P. Innovation and Firm Performance: Econometric Explorations of

Survey Data. New York: Palgrave: 175-186.

van Pottelsberghe de la Potterie B. 2011. The quality factor in patent systems. Industrial and Corporate Change, 20 (6): 1755-1793.

van Zeebroeck N, Stevnsborg N, van Pottelsberghe B, et al. 2008. Patent inflation in Europe. World Patent Information, (1): 43-52.

Verbeek A, Debackere K. 2006. Patent evolution in relation to public/private R&D investment and corporate profitability: Evidence from the United States. Journal of Scientometrics, (2): 279-294.

Wang L. 2015. Patenting-promoting policies and regional utility patent output: Evidence from provincial level data. Portland International Conference on Management of Engineering and Technology.

Zhang J, Rogers J D. 2009. The technological innovation performance of Chinese firms: The role of industrial and academic R&D, FDI and the markets in firm patenting. International Journal of Technology Management, 48 (4): 518-543.

Zhao C, Chen J. 2006. Trend of the third revision of China's patent law and its impact on China's pharmaceutical industry. China International Biopharmaceutical Symposium.

Zucker L, Darby M, Brewer M. 1998. Intellectual human capital and the birth of U.S. biotechnology enterprises. The American Economic Review, 88 (1): 290-306.

附录1　企业专利申请量增长影响因素调查问卷

一、公司基本信息

公司名称：　　　　　　　　　　所在省（自治区、直辖市）：

公司所在园区：　　　公司成立时间：　　年

公司性质：□国有企业　□集体企业　□私营/民营企业　□外资企业　□中外合资企业　□港澳台资企业　□有限责任公司　□股份有限公司　□其他

公司规模：□大型企业　□中型企业　□小型企业　□微型企业

公司所属行业：　　　　　　　是否上市：□是　□否

是否为高新技术企业：□是　□否；最初认定时间：　年，最近重新认定时间：　年

是否为知识产权（专利）试点示范企业：□国家级　□省级　□市级　□不是

填表人：　　E-mail:　　　　　电话（手机）：

二、贵公司专利申请、授权、获资助及实施和转让情况

1.贵公司申请中国专利和PCT/国际专利情况：

申请数 / 件	发明专利	实用新型专利	外观设计专利	PCT/ 国际专利
至今累计申请数				
2011 年申请数				
2010 年申请数				
2009 年申请数				
2008 年申请数				
2007 年申请数				

2. 贵公司获得中国专利和 PCT/ 国际专利授权情况：

授权数 / 件	发明专利	实用新型专利	外观设计专利	PCT/ 国际专利
至今累计授权数				
至今仍有效专利数				
2011 年授权数				
2010 年授权数				
2009 年授权数				
2008 年授权数				
2007 年授权数				

3. 贵公司国内三种专利申请、授权累计获得地方财政资助及实际费用情况：

项目	获资助数量/件	获资助总额/万元	申请费/万元	实审费/万元	年费/万元	维持费/万元	代理费/万元	实际总费用/万元
发明专利申请								
发明专利授权								
实用新型专利申请								
实用新型专利授权								
外观设计专利申请								
外观设计专利授权								

4. 贵公司 PCT/ 国际专利申请、授权累计获得国家和地方财政资助情况：

项目	获国家资助 数量 / 件	获国家资助 总额 / 万元	获地方资助 数量 / 件	获地方资助 总额 / 万元
PCT/ 国际专利申请				
PCT/ 国际专利授权				

5. 贵公司对外专利许可、转让的基本情况：

专利类型	对外许可		对外转让	
	数量 / 件	收入 / 万元	数量 / 件	收入 / 万元
发明专利				
实用新型专利				
外观设计专利				
PCT/ 国际专利				

6. 贵公司专利质押融资的基本情况：

项目	发明专利	实用新型专利	外观设计专利	PCT/ 国际专利
质押融资数 / 件				
质押融资金额 / 万元				
获财政补助金额 / 万元				

7. 贵公司获授权的国内发明专利维持有效的时间情况如何？

A. 维持时间 15 年以上的占　% B. 维持时间 10 ～ 15 年的占　%

C. 维持时间 5 ～ 10 年的占　% D. 维持时间 5 年以下的占　%

主动放弃的主要原因是：（可多选）

□ 专利技术落后，没有市场前景 □ 专利权不稳定，有无效的可能

□ 资金保障不足，难以维持权利 □ 专利管理不善，导致权利丧失

□ 其他（请补充）：

三、专利申请量增长的动机、原因及激励机制

8. 您认为贵公司申请专利的动机主要有哪些？（可多选）

□ 为完成上级规定的专利数量考核指标

□ 为获得高新技术企业认定

□ 为完成本单位对科技人员规定的专利数量考核指标

□ 为获得职称、奖金、报酬等待遇

□ 为评选知识产权试点示范企业

□ 为获得政府的专利资助费

□ 为提高企业的市场竞争力

□ 为加强企业的知识产权保护

□ 为实现企业专利战略布局

□ 其他（请补充）：

9. 您认为贵公司申请专利的战略性动机的表现程度如何？（在相应的数字上打"√"，1、2、3、4、5 分别代表由弱到强的 5 个不同分值）

	动机	分值 / 分				
1	实施数量优先的专利布局战略，构建专利池	1	2	3	4	5
2	获得专利许可收益	1	2	3	4	5
3	阻挠和牵制竞争对手	1	2	3	4	5
4	获得谈判筹码	1	2	3	4	5
5	塑造产品形象，形成宣传效应	1	2	3	4	5
6	抢占或拓展市场	1	2	3	4	5
7	吸引风险投资	1	2	3	4	5
8	防止被诉侵权	1	2	3	4	5
9	防止被抄袭，维持盈利能力	1	2	3	4	5
10	获得高新技术企业认定，争取国家优惠政策	1	2	3	4	5
11	获得专利权质押融资贷款	1	2	3	4	5
12	获得国家和地方科技计划项目资助	1	2	3	4	5
13	评选知识产权试点示范企业	1	2	3	4	5
14	其他（请补充）	1	2	3	4	5

10. 您认为贵公司专利申请量增长的原因主要有哪些？（可多选）

☐ 公司知识产权意识明显提高 ☐ 公司加强知识产权管理

☐ 公司自主研发投入增加 ☐ 公司获得国家科技计划资助增加

☐ 公司获得地方科技计划项目资助增加 ☐ 公司加强产学研合作

☐ 公司将专利产出列入科技人员考核指标 ☐ 公司对发明人奖励力度加大

☐ 公司加强对专利产出的战略部署 ☐ 市场竞争加剧

☐ 国家对知识产权保护加强 ☐ 公司技术创新能力明显提高

☐ 国家和地方的专利资助政策扶持 ☐ 国家和地方知识产权试点示范

☐ 其他（请补充）： 计划推进

11. 贵公司落实《专利法实施细则》规定的对职务发明人或设计人给予"一奖两酬"的政策情况如何？（单选）

A. 高于细则规定的奖酬标准 B. 与细则规定的奖酬标准相当

C. 低于细则规定的奖酬标准 D. 没有建立奖励和报酬制度

12. 贵公司鼓励研发人员申请专利的相关激励措施主要有：（可多选）

☐ 专项奖金 ☐ 岗位津贴奖励

☐ 专利实施收益提成 ☐ 专利转让收益提成

☐ 专利许可收益提成 ☐ 职称评定或人事晋升激励

☐ 其他（请补充）

上述措施对贵公司专利申请量增长的激励作用：（单选）

A. 很显著 B. 显著 C. 较显著

D. 一般 E. 不明显

四、专利申请与专利质量的表现

13. 贵公司专利申请的来源情况如何？

A. 企业自主创新产生专利占 ％ B. 产学研合作创新产生专利占 ％

C. 企业从外部购买专利占 ％ D. 其他（请补充） ％

14. 近年来，贵公司专利申请量与专利质量的综合表现如何？（单选）

A. 专利申请量增长，专利质量提高明显

B. 专利申请量增长，专利质量相对降低

C. 专利申请量增长，专利质量基本不变

D. 其他（请补充）：

15. 您认为目前国内专利申请中以下哪些非正常行为比较突出？（可多选）

□ 重复申请

□ 抄袭他人的专利

□ 以获得政府专利资助为目的申请专利

□ 将早已公开不具备专利条件的技术或产品再申请专利

□ 为提高专利申请量而将一项发明创造拆成几项申请

□ 只注重申请不关注授权

□ 只申请不维持

□ 只申请不实施应用

五、相关制度和政策对专利申请量增长以及专利质量的影响

16. 您认为我国专利申请量增长的宏观影响因素主要有哪些？（可多选）

□ 国家自主创新战略实施　　　□ 国家知识产权战略推动

□ 国家知识产权保护加强　　　□ 国内外市场竞争加剧

□ 产学研知识产权意识增强　　□ 国家对科研投入增加

□ 地方财政对研发投入增加　　□ 企业对研发投入增加

□ 企业产品出口增加　　　　　□ 企业对海外投资增加

□ 产学研合作加强　　　　　　□ 企业面临专利侵权风险加大

□ 企业技术创新能力提高　　　□ 专利代理服务水平提高

□ 专利融资环境改善　　　　　□ 专利转让和许可环境改善

□ 专利审查管理制度改进　　　□ 其他（请补充）：

17. 您认为国家科技立法、科技和知识产权战略实施对专利申请量增长的影响程度如何？

2006 年发布的《国家中长期科学和技术发展规划纲要 2006—2020 年》：

□ 很大　　□ 大　　□ 较大　　□ 一般　　□ 不明显

2007 年修订的《中华人民共和国科学技术进步法》：

□ 很大　　□ 大　　□ 较大　　□ 一般　　□ 不明显

2008 年发布的《国家知识产权战略纲要》：

☐ 很大　☐ 大　☐ 较大　☐ 一般　☐ 不明显

18. 您认为国家专利费用减缓政策对贵公司国内专利申请的促进作用如何？

（1）发明专利申请：　　☐ 很大　☐ 大　☐ 较大　☐ 一般　☐ 不明显

（2）实用新型专利申请：☐ 很大　☐ 大　☐ 较大　☐ 一般　☐ 不明显

（3）外观设计专利申请：☐ 很大　☐ 大　☐ 较大　☐ 一般　☐ 不明显

19. 您认为国家对向国外申请专利的资助政策对贵公司国外或 PCT 专利申请的促进作用如何？

☐ 很大　☐ 大　☐ 较大　☐ 一般　☐ 不明显

20. 您认为地方专利资助政策对贵公司各类专利申请的促进作用如何？

（1）发明专利申请量增长：　　☐ 很大　☐ 大　☐ 较大　☐ 一般
　　　　　　　　　　　　　　　☐ 不明显

（2）实用新型专利申请量增长：☐ 很大　☐ 大　☐ 较大　☐ 一般
　　　　　　　　　　　　　　　☐ 不明显

（3）外观设计专利申请量增长：☐ 很大　☐ 大　☐ 较大　☐ 一般
　　　　　　　　　　　　　　　☐ 不明显

（4）国外或 PCT 专利申请量增长：☐ 很大　☐ 大　☐ 较大　☐ 一般　☐ 不明显

21. 您认为地方专利资助政策对贵公司各类专利质量提高的促进作用如何？

（1）发明专利质量提高：　☐ 很大　☐ 大　☐ 较大　☐ 一般　☐ 不明显

（2）实用新型专利质量提高：☐ 很大　☐ 大　☐ 较大　☐ 一般　☐ 不明显

（3）外观设计专利质量提高：☐ 很大　☐ 大　☐ 较大　☐ 一般　☐ 不明显

（4）国外或 PCT 专利质量提高：☐ 很大　☐ 大　☐ 较大　☐ 一般　☐ 不明显

22. 若没有获得国家和地方的专利资助，贵公司是否会减少专利申请量：

☐ 是　☐ 否

如果"是"，可能会减少哪类专利申请：

☐ 发明专利申请　　☐ 实用新型专利申请　　☐ 外观设计专利申请　　☐ 国外或 PCT 专利申请

23. 现行的国家专利费用减缓政策是否削弱了专利费用作为经济杠杆剔除低质量专利申请的作用？

□ 是　□ 否

如果"是",削弱专利费用作为经济杠杆作用的程度如何:

□ 很大　□ 大　□ 较大　□ 一般　□ 不明显

24. 现行的地方专利资助政策是否削弱了专利费用作为经济杠杆剔除低质量专利申请的作用?

□ 是　□ 否

如果"是",削弱专利费用作为经济杠杆作用程度如何:

□ 很大　□ 大　□ 较大　□ 一般　□ 不明显

25. 为提高专利质量,贵公司认为地方专利资助政策的资助重点应该是:

(1) 对获得授权之前的发明专利申请费和实审费是否应予以资助:□ 是　□ 否

(2) 对获得授权之后的发明专利申请费和实审费是否应予以资助:□ 是　□ 否

(3) 对获得授权之后的发明专利年费、维持费等是否应予以资助:□ 是　□ 否

(4) 对实用新型专利申请费是否应予以资助:□ 是　□ 否

(5) 对外观设计专利申请费是否应予以资助:□ 是　□ 否

(6) 对获得授权之前的 PCT/ 国际专利申请费是否应予以资助:□ 是　□ 否

(7) 对获得授权之后的 PCT/ 国际专利申请费是否应予以资助:□ 是　□ 否

(8) 对获得授权之后的 PCT/ 国际专利年费、维持费等是否应予以资助:

□ 是　□ 否

26. 您认为现阶段地方专利资助政策的资助范围、对象和方式应该是:

(1) 资助范围:(可多选)

A. 发明专利:　　□申请费　　　□实审费　　　□年费
　　　　　　　　□维持费　　　□代理费　　　□其他

B. 实用新型专利:□申请费　　　□代理费　　　□其他

C. 外观设计专利:□申请费　　　□代理费　　　□其他

D. PCT/ 国际专利:□申请费　　　□实审费　　　□年费
　　　　　　　　□维持费　　　□代理费　　　□其他

(2) 资助对象:

A. 是否应该向中小微企业倾斜:□ 是　　□ 否

B. 是否应该向产学研合作申请专利倾斜:□ 是　　□ 否

(3) 资助方式:□ 定额资助　□ 全额资助　□ 其他

27.您认为现阶段地方专利资助政策的重点领域应该是：（可多选）

□ 所申请专利属于国家重点技术领域或行业

□ 所申请专利属于本地区重点技术领域或行业

□ 所申请专利属于其他技术含量高的技术产品

□ 所申请专利属于具有较好市场前景的技术产品

□ 其他（请补充）：

28.您认为现行地方专利资助政策存在的主要问题是：（可多选）

□ 重专利申请数量，轻专利质量

□ 对本地区重点行业和技术领域的扶持力度不足

□ 缺乏对非正常专利申请和低质量专利申请的防范措施

□ 对中小微企业申请专利的扶持力度不足

□ 对产学研合作申请专利的扶持力度不足

□ 对资助对象的选择不严谨

□ 资助范围规定不够全面

□ 资助额度设置不当

□ 存在不同程度的重复资助

□ 资助审批程序设计不合理

□ 资金监管体系不健全

□ 其他（请补充）：

29.您认为今后地方专利资助政策的改进应体现哪些原则？（可多选）

□ 更加关注专利申请的质量

□ 更加关注促进专利申请量持续增长与专利质量提高的协调发展

□ 更加关注发明专利申请

□ 更加关注发明专利权的维持

□ 更加关注对国外或 PCT 专利的申请和维持

□ 更加关注专利实施与应用

□ 更加关注对中小微企业的扶持

□ 鼓励欠发达地区购买专利或获得专利许可

□ 其他（请补充）：

30. 您认为承担国家和地方科技计划项目对贵公司专利申请的促进作用如何？

（1）国家重大科技专项的作用：□ 很大 □ 大 □ 较大 □ 一般 □ 不明显

（2）973 计划项目的作用：□ 很大 □ 大 □ 较大 □ 一般 □ 不明显

（3）863 计划项目的作用：□ 很大 □ 大 □ 较大 □ 一般 □ 不明显

（4）国家科技支撑计划项目的作用：□ 很大 □ 大 □ 较大 □ 一般 □ 不明显

（5）部门科技计划项目的作用：□ 很大 □ 大 □ 较大 □ 一般 □ 不明显

（6）地方科技计划项目的作用：□ 很大 □ 大 □ 较大 □ 一般 □ 不明显

31. 您认为高新技术企业认定制度对贵公司专利申请的促进作用如何？

□ 很大 □ 大 □ 较大 □ 一般 □ 不明显

32. 您认为地方出台的专利权质押融资政策对贵公司专利申请的促进作用如何？

□ 很大 □ 大 □ 较大 □ 一般 □ 不明显

33. 您认为地方出台的专利转化与产业化资助政策对贵单位专利申请的促进作用如何？

□ 很大 □ 大 □ 较大 □ 一般 □ 不明显

34. 您认为国家、部门和地方的科技奖励制度对贵单位专利申请的促进作用如何？

（1）国家科技奖励制度：□ 很大 □ 大 □ 较大 □ 一般 □ 不明显

（2）部门科技奖励制度：□ 很大 □ 大 □ 较大 □ 一般 □ 不明显

（3）地方科技奖励制度：□ 很大 □ 大 □ 较大 □ 一般 □ 不明显

35. 您认为国家和地方知识产权试点示范企业评选对贵公司专利申请的促进作用如何？

（1）国家知识产权试点示范企业评选：□ 很大 □ 大 □ 较大 □ 一般 □ 不明显

（2）地方知识产权试点示范企业评选：□ 很大 □ 大 □ 较大 □ 一般 □ 不明显

36. 您认为国家专利奖和地方专利奖励对贵公司专利申请的促进作用如何？

（1）国家专利奖：□ 很大 □ 大 □ 较大 □ 一般 □ 不明显

（2）地方专利奖励：□ 很大 □ 大 □ 较大 □ 一般 □ 不明显

37. 您认为贵公司所在地区专利代理机构的服务质量水平如何？

□ 很高　　□ 较高　　□ 一般　　□ 较低　　□ 很低

38. 您认为地方政府对专利申请服务质量好的专利代理机构是否应给予一定的奖励资助？

□ 应该　　□ 不应该　　□ 不知道

39. 您认为我国现行发明专利审查标准和执行效果如何？

（1）发明专利审查标准：□ 过高　　□ 较高　　□ 适中　　□ 较低　　□ 很低

（2）审查标准执行效果：□ 很好　　□ 好　　□ 较好　　□ 一般　　□ 不好

六、对我国专利质量情况进行综合判断

40. 请您对近年来我国各类专利质量水平的发展状况给出判断：

（1）发明专利：　　　　□ 显著提高　□ 提高　□ 提高不明显　□ 有所下降 □ 下降严重

（2）实用新型专利：　　□ 显著提高　□ 提高　□ 提高不明显　□ 有所下降 □ 下降严重

（3）外观设计专利：　　□ 显著提高　□ 提高　□ 提高不明显　□ 有所下降 □ 下降严重

（4）PCT/ 国际专利：□ 显著提高　□ 提高　□ 提高不明显　□ 有所下降 □ 下降严重

41. 请您对不同阶段影响专利质量的主要因素的重要程度给出判断。（在相应的数字上打"√"，1、2、3、4、5 分别代表由弱到强的 5 个不同分值）

阶段	影响因素	重要程度				
发明创造	企业技术创新能力不足，难以形成高水平成果	1	2	3	4	5
	新技术突破难度加大、技术生命周期缩短，不易形成高质量专利	1	2	3	4	5
	专利技术研发对已有技术的检索和借鉴不充分	1	2	3	4	5
	个人发明创造的比例相对较高	1	2	3	4	5
专利申请	专利申请与绩效和待遇挂钩，政府和单位考核重数量轻质量	1	2	3	4	5
	高校和科研机构的评价机制导致重申请轻维持和实施应用	1	2	3	4	5
	政府资助专利申请，申请专利成本低	1	2	3	4	5
	申请人和代理人水平低，专利申请文献撰写不好	1	2	3	4	5
	申请人根据专利战略需要，采取重数量轻质量的申请策略	1	2	3	4	5

续表

阶段	影响因素	重要程度				
专利审查	实用新型和外观设计专利不经过实质审查就授权	1	2	3	4	5
	发明专利审查标准低，导致低质量专利被不当授权	1	2	3	4	5
	专利申请过多，审查人员没有足够时间和精力进行细致审查	1	2	3	4	5
	专利审查质量管理不严格，缺乏有效的质量管理手段	1	2	3	4	5
	缺乏针对重复申请、抄袭他人专利等非正常申请行为的有效管理、监督和惩罚机制	1	2	3	4	5
	专利无效程序复杂，无法及时剔除低质量专利	1	2	3	4	5
	新技术领域审查难度加大	1	2	3	4	5
专利维持	专利侵权代价低，保护力度弱	1	2	3	4	5
	专利维权成本高，维权困难	1	2	3	4	5
	专利实施条件和环境不佳	1	2	3	4	5

42. 请您对如何促进专利申请量增长与专利质量提高协调发展提出宝贵的意见和建议。

附录 2　高校、科研机构专利申请量增长影响因素调查问卷

一、单位基本信息

单位名称：　　　　　　　　所在省（自治区、直辖市）：

单位类型：□ 985 高校　□ 211 高校　□普通高校　□ 科研事业单位

所属部门：□ 教育部　□ 中国科学院　□ 其他部委　□ 地方 □ 转制科研机构

是否为知识产权（专利）试点示范单位：□ 国家级　□ 省级 □ 市级 □ 不是

填表人：　　　　　　E-mail：　　　　　　电话（手机）：

二、贵单位专利申请、授权、获资助及实施和转让情况

1. 贵单位申请国内专利和 PCT/ 国际专利情况：

项目/件	发明专利	实用新型专利	外观设计专利	PCT/国际专利
至今累计申请数				
2011 年申请数				
2010 年申请数				
2009 年申请数				
2008 年申请数				
2007 年申请数				

2. 贵单位获得国内专利和 PCT/ 国际专利授权情况：

项目/件	发明专利	实用新型专利	外观设计专利	PCT/国际专利
至今累计授权数				
至今仍有效专利数				
2011 年授权数				
2010 年授权数				
2009 年授权数				
2008 年授权数				
2007 年授权数				

3. 贵单位国内三种专利申请、授权累计获得地方专利资助及实际费用情况：

项目	获资助量/件	获资助总额/万元	申请费/万元	实审费/万元	年费/万元	维持费/万元	代理费/万元	实际总费用/万元
发明专利申请								
发明专利授权								
实用新型专利申请								
实用新型专利授权								
外观设计专利申请								
外观设计专利授权								

4. 贵单位 PCT/ 国际专利申请、授权累计获得国家和地方财政资助情况：

项目	获国家资助量/件	获国家资助总额/万元	获地方资助量/件	获地方资助总额/万元
PCT/国际专利申请				
PCT/国际专利授权				

5. 贵单位对外专利许可、转让的基本情况:

专利类型	对外许可		对外转让	
	数量/件	收入/万元	数量/件	收入/万元
发明专利				
实用新型专利				
外观设计专利				
PCT/国际专利				

6. 贵单位获授权的中国发明专利维持有效的时间情况如何?

A. 维持时间 15 年以上的占　%　　B. 维持时间 10～15 年的占　%

C. 维持时间 5～10 年的占　%　　D. 维持时间 5 年以下的占　%

主动放弃的主要原因是:(可多选)

□ 专利技术落后,没有市场前景　　□ 专利权不稳定,可能成为无效专利

□ 资金保障不足,难以维持权利　　□ 专利管理不善,导致权利丧失

□ 其他(请补充):

7. 您认为影响贵单位专利权维持和实施应用的主要制约因素有哪些? (可多选)

□ 重申请、授权,轻维持、实施和应用　□ 专利转让/许可管理薄弱

□ 缺乏专利权维持的资金保障　　　　□ 缺乏专利成果转化应用的内在动力

□ 缺乏产学研合作的稳定机制　　　　□ 专利转让/许可的信息渠道不畅

□ 缺乏专利转让/许可的评估机构　　□ 专利技术交易市场不完善

□ 专利成果转化与产业化融资困难　　□ 激励和利益分配机制不健全

□ 其他(请补充):

8. 您认为贵单位专利对外转让/许可的受让方主要是(可多选)

□ 国外跨国公司　　　　□ 国有大型企业

　□ 内资中小企业　　　　□ 国外知识产权经营公司

　□ 其他（请补充）：

三、专利申请量增长的动机、原因及激励机制

9. 您认为贵单位申请专利的各项动机表现程度如何？（请在相应的数字上打"√"，1、2、3、4、5 分别代表由弱到强的 5 个不同分值，如果某项动机不合适，可以不作答）

1	为完成上级规定的专利数量考核指标	1	2	3	4	5
2	为完成本单位对科技人员规定的专利数量考核指标	1	2	3	4	5
3	为争取政府科技计划项目	1	2	3	4	5
4	为完成政府科技计划项目考核指标	1	2	3	4	5
5	为完成企业委托的研究项目考核指标	1	2	3	4	5
6	为申报国家和地方的科技奖励	1	2	3	4	5
7	为获得专利转让或许可收益	1	2	3	4	5
8	为获得职称晋升	1	2	3	4	5
9	为获得奖金、报酬等待遇	1	2	3	4	5
10	为评选知识产权试点示范单位	1	2	3	4	5
11	为获得国家和地方的专利资助费	1	2	3	4	5
12	为促进科研成果转化和产业化	1	2	3	4	5
13	为加强本单位的知识产权保护	1	2	3	4	5
14	为实现本单位专利战略布局	1	2	3	4	5
15	为提高本单位在学术领域的排名	1	2	3	4	5
	其他（请补充）	1	2	3	4	5

10. 您认为贵单位专利申请量增长的主要原因有哪些？（可多选）

　□ 单位知识产权意识明显提高

　□ 单位加强知识产权管理

　□ 单位自主研发投入增加

　□ 单位获得国家科技计划项目资助增加

　□ 单位获得地方科技计划项目资助增加

　□ 单位获得企业委托科研项目资助增加

□ 单位将专利产出列入科技人员考核指标

□ 单位对发明人奖励力度加大

□ 单位加强对专利产出的战略部署

□ 国家对知识产权保护加强

□ 单位科技创新能力明显提高

□ 国家和地方的专利资助政策扶持

□ 国家和地方知识产权试点示范计划推进

□ 单位加强产学研合作

□ 其他（请补充）：

11. 贵单位落实《专利法实施细则》规定的对职务发明人或设计人给予"一奖两酬"的政策情况如何？（单选）

A. 高于细则规定的奖酬标准　　B. 与细则规定的奖酬标准相当

C. 低于细则规定的奖酬标准　　D. 没有建立奖励和报酬制度

12. 贵单位鼓励研发人员申请专利的相关激励措施主要有：（可多选）

□ 专项奖金　　　　　　　　□ 岗位津贴奖励

□ 专利实施收益提成　　　　□ 专利转让收益提成

□ 专利许可收益提成　　　　□ 职称评定或人事晋升激励

□ 其他（请补充）：

上述措施对贵单位专利申请量增长的激励作用：（单选）

A. 很显著　　B. 显著　　C. 较显著　　D. 一般　　E. 不明显

四、专利申请与专利质量的表现

13. 贵单位职务专利申请的来源情况如何？

A. 国家科技计划项目产生专利占　　％

B. 部门科技计划项目产生专利占　　％

C. 地方科技计划项目产生专利占　　％

D. 企业委托项目产生专利占　　％

E. 外国或国际组织资助项目产生专利占　　％

F. 单位自筹资金支持的科研项目产生专利占　　％

G. 其他（请补充）占　%

14. 近年来，贵单位专利申请量与专利质量的综合表现如何？（单选）

A. 专利申请量增长，专利质量提高明显

B. 专利申请量增长，专利质量相对降低

C. 专利申请量增长，专利质量基本不变

D. 其他（请补充）：

15. 您认为目前国内专利申请中以下哪些非正常行为比较突出？（可多选）

☐ 重复申请

☐ 抄袭他人的专利

☐ 以获得政府专利资助为目的申请专利

☐ 将早已公开不具备专利条件的技术或产品再申请专利

☐ 为提高专利申请量而将一项发明创造拆成几项申请

☐ 只注重申请不关注授权

☐ 只申请不维持

☐ 只申请不实施应用

五、相关制度和政策对专利申请量增长以及专利质量的影响

16. 您认为我国专利申请量增长的宏观影响因素主要有哪些？（可多选）

☐ 国家自主创新战略实施　　　　☐ 国家知识产权战略推动

☐ 国家知识产权保护加强　　　　☐ 国内外市场竞争加剧

☐ 产学研知识产权意识增强　　　☐ 国家对科研投入增加

☐ 地方财政对研发投入增加　　　☐ 企业对研发投入增加

☐ 企业产品出口增加　　　　　　☐ 企业对海外投资增加

☐ 产学研合作加强　　　　　　　☐ 企业面临专利侵权风险加大

☐ 企业技术创新能力提高　　　　☐ 专利代理服务水平提高

☐ 专利融资环境改善　　　　　　☐ 专利转让和许可环境改善

☐ 专利审查管理制度改进　　　　☐ 其他（请补充）：

17. 您认为国家科技立法、科技和知识产权战略实施对专利申请量增长的影响程度如何？

2006 年发布的《国家中长期科学和技术发展规划纲要（2006—2020 年)》：

□ 很大　□ 大　□ 较大　□ 一般　□ 不明显

2007 年修订的《中华人民共和国科学技术进步法》：

□ 很大　□ 大　□ 较大　□ 一般　□ 不明显

2008 年发布的《国家知识产权战略纲要》：

□ 很大　□ 大　□ 较大　□ 一般　□ 不明显

18. 您认为国家专利费用减缓政策对贵单位国内专利申请的促进作用如何？

（1）发明专利申请：　　　□ 很大　　□ 大　　□ 较大　　□ 一般　　□ 不明显

（2）实用新型专利申请：□ 很大　　□ 大　　□ 较大　　□ 一般　　□ 不明显

（3）外观设计专利申请：□ 很大　　□ 大　　□ 较大　　□ 一般　　□ 不明显

19. 您认为国家对向国外申请专利的资助政策对贵单位国外或 PCT 专利申请的促进作用如何？

□ 很大　　□ 大　　□ 较大　　□ 一般　　□ 不明显

20. 您认为地方专利资助政策对贵单位各类专利申请的促进作用如何？

（1）发明专利申请量增长：　　□ 很大　□ 大　□ 较大　□ 一般
　　　　　　　　　　　　　　　□ 不明显

（2）实用新型专利申请量增长：□ 很大　□ 大　□ 较大　□ 一般
　　　　　　　　　　　　　　　□ 不明显

（3）外观设计专利申请量增长：□ 很大　□ 大　□ 较大　□ 一般
　　　　　　　　　　　　　　　□ 不明显

（4）PCT/ 国际专利申请量增长：□ 很大　□ 大　□ 较大　□ 一般
　　　　　　　　　　　　　　　□ 不明显

21. 您认为地方专利资助政策对贵单位各类专利质量提高的促进作用如何？

（1）发明专利质量提高：　　　□ 很大　□ 大　□ 较大　□ 一般
　　　　　　　　　　　　　　　□ 不明显

（2）实用新型专利质量提高：　□ 很大　□ 大　□ 较大　□ 一般
　　　　　　　　　　　　　　　□ 不明显

（3）外观设计专利质量提高：　□ 很大　□ 大　□ 较大　□ 一般
　　　　　　　　　　　　　　　□ 不明显

（4）PCT/ 国际专利质量提高：   □ 很大   □ 大   □ 较大   □ 一般   □ 不明显

22. 若没有获得国家和地方的专利资助，贵单位是否会减少专利申请量？

□ 是   □ 否

如果"是"，可能会减少哪类专利申请：

□ 发明专利申请   □ 实用新型专利申请   □ 外观设计专利申请

□ 国外或 PCT 专利申请

23. 现行的国家专利费用减缓政策是否削弱了专利费用作为经济杠杆剔除低质量专利申请的作用？

□ 是   □ 否

如果"是"，削弱专利费用作为经济杠杆作用的程度如何：

□ 很大   □ 大   □ 较大   □ 一般   □ 不明显

24. 现行的地方专利资助政策是否削弱了专利费用作为经济杠杆剔除低质量专利申请的作用？

□ 是   □ 否

如果"是"，削弱专利费用作为经济杠杆作用程度如何：

□ 很大   □ 大   □ 较大   □ 一般   □ 不明显

25. 为提高专利质量，贵单位认为地方专利资助政策的资助重点应该是：

（1）对获得授权之前的发明专利申请费和实审费是否应予以资助：

□ 是   □ 否

（2）对获得授权之后的发明专利申请费和实审费是否应予以资助：

□ 是   □ 否

（3）对获得授权之后的发明专利年费、维持费等是否应予以资助：

□ 是   □ 否

（4）对实用新型专利申请费是否应予以资助：□ 是   □ 否

（5）对外观设计专利申请费是否应予以资助：□ 是   □ 否

（6）对获得授权之前的 PCT/ 国际专利申请费是否应予以资助：□ 是   □ 否

（7）对获得授权之后的 PCT/ 国际专利申请费是否应予以资助：□ 是   □ 否

（8）对获得授权之后的 PCT/ 国际专利年费、维持费等是否应予以资助：

□ 是   □ 否

26. 您认为现阶段地方专利资助政策的资助范围、对象和方式应该是：

（1）资助范围：（可多选）

A. 发明专利： □ 申请费　　□ 实审费　　□ 年费

　　　　　　　　□ 维持费　　□ 代理费　　□其他

B. 实用新型专利： □ 申请费　　□ 代理费　　□ 其他

C. 外观设计专利： □ 申请费　　□ 代理费　　□ 其他

D. 国外或 PCT 专利： □ 申请费　　□ 实审费　　□ 年费

　　　　　　　　　　□ 维持费　　□ 代理费　　□其他

（2）资助对象：

A. 是否应该向中小微企业倾斜：□ 是　　□ 否

B. 是否应该向产学研合作申请专利倾斜：□ 是　　□ 否

（3）资助方式：□ 定额资助　□ 全额资助　□ 其他

27. 您认为现阶段地方专利资助政策资助的重点领域应该是：（可多选）

□ 所申请专利属于国家重点技术领域或行业

□ 所申请专利属于本地区重点技术领域或行业

□ 所申请专利属于其他技术含量高的技术产品

□ 所申请专利属于具有较好市场前景的技术产品

□ 其他（请补充）：

28. 您认为现行地方专利资助政策存在的主要问题是：（可多选）

□ 重专利申请数量，轻专利质量

□ 对本地区重点行业和技术领域的扶持力度不足

□ 缺乏对非正常专利申请和低质量专利申请的防范措施

□ 对中小微企业申请专利的扶持力度不足

□ 对产学研合作申请专利的扶持力度不足

□ 对资助对象的选择不严谨

□ 资助范围规定不够全面

□ 资助额度设置不当

□ 存在不同程度的重复资助

□ 资助审批程序设计不合理

□ 资金监管体系不健全

□ 其他（请补充）：

29. 您认为今后地方专利资助政策改进应体现哪些原则？（可多选）

□ 更加关注专利申请的质量

□ 更加关注促进专利申请量持续增长与专利质量提高的协调发展

□ 更加关注发明专利申请

□ 更加关注发明专利权维持

□ 更加关注对 PCT/ 国际专利申请和维持

□ 更加关注专利实施与应用

□ 更加关注对中小微企业的扶持

□ 更加关注对产学研合作的支持

□ 更加关注对高校和科研机构向企业转让或许可专利的支持

□ 鼓励欠发达地区购买专利或获得专利许可

□ 其他（请补充）：

30. 您认为承担国家和地方科技计划项目对贵单位专利申请的促进作用如何？

（1）国家重大科技专项的作用：　　□ 很大　□ 大　□ 较大　□ 一般　　□ 不明显

（2）973 计划项目的作用：　　□ 很大　□ 大　□ 较大　□ 一般　　□ 不明显

（3）863 计划项目的作用：□ 很大　□ 大　□ 较大　□ 一般　　□ 不明显

（4）国家科技支撑计划项目的作用：□ 很大　□ 大　□ 较大　□ 一般　　□ 不明显

（5）国家自然科学基金项目的作用：□ 很大　□ 大　□ 较大　□ 一般　　□ 不明显

（6）部门科技计划项目的作用：□ 很大　□ 大　□ 较大　□ 一般　　□ 不明显

（7）地方科技计划项目的作用：□ 很大　□ 大　□ 较大　□ 一般　　□ 不明显

31. 您认为地方出台的专利权质押融资政策对贵单位专利申请的促进作用如何？

□很大　□大　□较大　□一般　□不明显

32. 您认为地方出台的专利转化与产业化资助政策对贵单位专利申请的促进作用如何？

□很大 □大 □较大 □一般 □不明显

33. 您认为国家、部门和地方的科技奖励制度对贵单位专利申请的促进作用如何？

（1）国家科技奖励制度：□很大　□大　□较大　□一般　□不明显

（2）部门科技奖励制度：□很大　□大　□较大　□一般　□不明显

（3）地方科技奖励制度：□很大　□大　□较大　□一般　□不明显

34. 您认为国家和地方知识产权试点示范单位评选对贵单位专利申请的促进作用如何？

（1）国家知识产权试点示范企业评选：□很大 □大 □较大 □一般
　　　　　　　　　　　　　　　　　　□不明显

（2）地方知识产权试点示范企业评选：□很大 □大 □较大 □一般
　　　　　　　　　　　　　　　　　　□不明显

35. 您认为国家专利奖和地方专利奖励对贵单位专利申请的促进作用如何？

（1）国家专利奖：□很大　□大　□较大　□一般　□不明显

（2）地方专利奖励：□很大　□大　□较大　□一般　□不明显

36. 您认为贵单位所在地区专利代理机构的服务质量水平如何？

□很高　□较高　□一般　□较低　□很低

37. 您认为地方政府对专利申请服务质量好的专利代理机构是否应给予一定的奖励资助？

□应该　　□不应该　　□不知道

38. 您认为我国现行发明专利审查标准和执行效果如何？

（1）发明专利审查标准：□过高　□较高　□适中　□较低　□很低

（2）审查标准执行效果：□很好　□好　　□较好　□一般　□不好

六、对我国专利质量情况进行综合判断

39. 请您对近年来我国各类专利质量水平的发展状况给出判断：

（1）发明专利：　　　□显著提高　□提高　□提高不明显　□有所下降

　　　　　　　　　　□ 下降严重

（2）实用新型专利：　□ 显著提高　　□ 提高　　□ 提高不明显

　　　　　　　　　　□ 有所下降　　□ 下降严重

（3）外观设计专利：　□ 显著提高　　□ 提高　　□ 提高不明显

　　　　　　　　　　□ 有所下降　　□ 下降严重

（4）PCT/ 国际专利：　□ 显著提高　　□ 提高　　□ 提高不明显

　　　　　　　　　　□ 有所下降　　□ 下降严重

40. 请您对不同阶段影响专利质量的主要因素的重要程度给出判断。（在相应的数字上打"√"，1、2、3、4、5分别代表由弱到强的5个不同分值）

阶段	影响因素	重要程度				
发明 创造	自主创新能力不足，难以形成高水平成果	1	2	3	4	5
	新技术突破难度加大、技术生命周期缩短，不易形成高质量专利	1	2	3	4	5
	专利技术研发对已有技术的检索和借鉴不充分	1	2	3	4	5
	个人发明创造的比例相对较高	1	2	3	4	5
专利 申请	专利申请与绩效和待遇挂钩，政府和单位考核重数量轻质量	1	2	3	4	5
	高校和科研机构评价机制导致重申请轻维持和实施应用	1	2	3	4	5
	政府资助专利申请，申请专利成本低	1	2	3	4	5
	申请人和代理人水平低，专利申请文献撰写不好	1	2	3	4	5
	申请人根据专利战略需要，采取重数量轻质量的申请策略	1	2	3	4	5
专利 审查	实用新型和外观设计专利不经过实质审查就授权	1	2	3	4	5
	发明专利审查标准低，使低质量专利被不当授权	1	2	3	4	5
	专利申请过多，审查人员没有足够时间和精力进行细致审查	1	2	3	4	5
	专利审查质量管理不严格，缺乏有效的质量管理手段	1	2	3	4	5
	缺乏针对重复申请、抄袭他人专利等非正常申请行为的有效管理、监督和惩罚机制	1	2	3	4	5
	专利无效程序复杂，无法及时剔除低质量专利	1	2	3	4	5
	新技术领域审查难度加大	1	2	3	4	5
专利 维持	专利侵权代价低，保护力度弱	1	2	3	4	5
	专利维权成本高，维权困难	1	2	3	4	5
	专利实施条件和环境不佳	1	2	3	4	5

41. 请您对如何促进专利申请量增长与专利质量提高协调发展提出宝贵的意见和建议。

附录 3　地方知识产权管理部门专利申请量增长影响因素调查问卷

一、单位基本信息

单位名称：　　　　　　　　　所在省（自治区、直辖市）：

填表人：　　　　　E-mail：　　　　　　　电话（手机）：

二、专利资助的基本情况

1. 近 5 年来，本级知识产权管理部门提供专利资助费用的基本情况：

年份	总资助额 / 万元	申请费 / 万元	实审费 / 万元	年费 / 万元	代理费 / 万元	奖励 / 万元	其他 / 万元
2011							
2010							
2009							
2008							
2007							

2. 近 5 年来，本级知识产权管理部门对各类专利提供资助的情况：

年份	统计指标	发明专利		实用新型专利		外观设计专利		PCT 专利		非 PCT 国际专利	
		职务	非职务	职务	非职务	职务	非职务	职务	非职务	职务	非职务
2011	资助量 / 件										
	总额 / 万元										
2010	资助量 / 件										
	总额 / 万元										
2009	资助量 / 件										
	总额 / 万元										
2008	资助量 / 件										
	总额 / 万元										
2007	资助量 / 件										
	总额 / 万元										

3. 近 5 年来，本级知识产权管理部门对各类创新主体提供专利资助的情况：

创新主体	2011 年		2010 年		2009 年		2008 年		2007 年	
	总额 / 万元	数量 / 件	总额 / 万元	数量 / 件	总额 / 万元	数量 / 件	总额 / 万元	数量 / 件	总额 / 万元	数量 / 件
大型企业										
中小型企业										
高校										
科研机构										
个人										

4. 本级知识产权管理部门专利资助政策最早制定时间：　　　年，现行资助政策开始实施时间：　　年

5. 本地专利资助政策是否进行过修改？□ 是　　□ 否

如果进行过修改，修改的次数为　　次，修改的目的是（可多选）：

□ 减少或遏制非正常专利申请　　　　□ 鼓励申请发明专利

□ 鼓励向外国申请专利　　　　　　　□ 提高专利申请总量

□ 提高专利质量　　　　　　　　　　□ 向中小企业倾斜

□ 向非职务发明人倾斜　　　　　　　□ 扶持本地重点发展的技术领域

□ 简化专利资助手续和提高审批效率　　　和行业

□ 完善资助金的监督与管理　　　　　□ 其他（请补充）：

6. 如果填表单位为省级单位，是否与所辖市、区、县级单位对专利资助申请人进行联合配套资助：□ 是　　□ 否

7. 对本级知识产权管理部门目前实施的专利资助政策，拟打算在以下哪些方面做出改进？

□ 资助的受理和申报程序

□ 资助金审批和发放方式

□ 资助金额的监督与管理

□ 优化资助金资助范围和标准

□ 对本地重点发展的技术领域和行业予以倾斜

□ 对本地中小企业资助予以倾斜

□ 对专利技术产业化予以倾斜

□ 完善向外国申请专利的资助规范

□ 其他（请补充）：

8. 您认为影响本地区专利权维持和实施应用的主要制约因素有哪些？（可多选）

□ 重申请、授权，轻维持和实施应用　　　□ 专利转让 / 许可管理薄弱

□ 缺乏专利权维持的资金保障　　　　　　□ 缺乏专利成果转化应用的内在

□ 缺乏产学研合作的稳定机制　　　　　　　　动力

□ 专利转让 / 许可的信息渠道不畅　　　　□ 缺乏专利转让 / 许可的评估机构

□ 专利技术交易市场不完善　　　　　　　□ 专利成果转化与产业化融资困难

□ 激励和利益分配机制不健全　　　　　　□ 其他（请补充）：

三、专利申请量增长的影响因素、动机及质量表现

9. 请您就以下影响因素对本地区专利申请量增长的促进作用给出判断（请在相应的数字上打"√"，1、2、3、4、5 分别代表由弱到强的 5 个不同分值，如果某项因素不合适，可以不作答）

1	各级地方政府将专利列入考核指标	1	2	3	4	5
2	全社会知识产权保护意识增强	1	2	3	4	5
3	全社会研究发展经费投入增加	1	2	3	4	5
4	政府引导和鼓励专利申请的政策和措施加强	1	2	3	4	5
5	政府主导的知识产权战略实施推进	1	2	3	4	5
6	企业作为技术创新主体地位提高	1	2	3	4	5
7	企业高管对知识产权工作的认识程度提高	1	2	3	4	5
8	企事业单位知识产权制度和管理加强	1	2	3	4	5
9	企业对科技人员发明创造的考核和激励	1	2	3	4	5
10	高校、科研机构对科技人员发明创造的考核和激励	1	2	3	4	5
11	中介机构服务质量提高	1	2	3	4	5
12	知识产权保护力度加强、保护环境改善	1	2	3	4	5
13	知识产权人才质量提高	1	2	3	4	5
14	知识产权的宣传、培训加强	1	2	3	4	5
15	产学研合作加强	1	2	3	4	5
16	国家和地方科技计划项目将专利作为成果指标	1	2	3	4	5
	其他（请补充）	1	2	3	4	5

10. 您认为本地区产学研申请专利的各项动机表现程度如何？（请在相应的数字上打"√"，1、2、3、4、5 分别代表由弱到强的 5 个不同分值，如果某项动机不合适，可以不作答）

1	为完成上级规定的专利数量考核指标	1	2	3	4	5
2	为完成本单位对科技人员规定的专利数量考核指标	1	2	3	4	5
3	为争取政府科技计划项目	1	2	3	4	5
4	为完成政府科技计划项目考核指标	1	2	3	4	5
5	为完成企业委托的研究项目考核指标	1	2	3	4	5
6	为申报国家和地方的科技奖励	1	2	3	4	5
7	为获取专利转让或许可收益	1	2	3	4	5
8	为获得职称晋升	1	2	3	4	5
9	为获得奖金、报酬等待遇	1	2	3	4	5
10	为评选知识产权试点示范单位	1	2	3	4	5
11	为获得国家和地方的专利资助费	1	2	3	4	5
12	为获得高新技术企业认定	1	2	3	4	5
13	为促进科研成果转化和产业化	1	2	3	4	5
14	为加强本单位的知识产权保护	1	2	3	4	5
15	为实现本单位专利战略布局	1	2	3	4	5
16	为提高本单位的学术排名	1	2	3	4	5
	其他（请补充）	1	2	3	4	5

11. 本地区落实《专利法实施细则》规定的对职务发明人或设计人给予"一奖两酬"的政策情况如何？（单选）

□ 很好　　　□ 好　　　□ 较好　　　□ 一般　　　□ 不好

12. 近年来，本地区专利申请量与专利质量的综合表现如何？（单选）

A. 专利申请量增长，专利质量提高明显

B. 专利申请量增长，专利质量相对降低

C. 专利申请量增长，专利质量基本不变

D. 其他（请补充）：

13. 您认为目前国内专利申请中以下哪些非正常行为比较突出？（可多选）

□ 重复申请

□ 抄袭他人的专利

□ 以获得政府专利资助为目的申请专利

□ 将早已公开不具备专利条件的技术或产品再申请专利

□ 为提高专利申请量而将一项发明创造拆成几项申请

□ 只注重申请不关注授权

□ 只申请不维持

□ 只申请不实施应用

四、相关制度和政策对专利申请量增长以及专利质量的影响

14. 您认为我国专利申请量增长的宏观影响因素主要有哪些？（可多选）

□ 国家自主创新战略实施　　　□ 国家知识产权战略推动

□ 国家知识产权保护加强　　　□ 国内外市场竞争加剧

□ 产学研知识产权意识增强　　□ 国家对科研投入增加

□ 地方财政对研发投入增加　　□ 企业对研发投入增加

□ 企业产品出口增加　　　　　□ 企业对海外投资增加

□ 产学研合作加强　　　　　　□ 企业面临专利侵权风险加大

□ 企业技术创新能力提高　　　□ 专利代理服务水平提高

□ 专利融资环境改善　　　　　□ 专利转让和许可环境改善

□ 专利审查管理制度改进　　　□ 其他（请补充）：

15. 您认为国家科技立法、科技和知识产权战略实施对专利申请量增长的影响程度如何？

2006 年发布的《国家中长期科学和技术发展规划纲要（2006—2020 年）》：

□ 很大　　□ 大　　□ 较大　　□ 一般　　□ 不明显

2007 年修订的《中华人民共和国科学技术进步法》：

□ 很大　　□ 大　　□ 较大　　□ 一般　　□ 不明显

2008 年发布的《国家知识产权战略纲要》：

□ 很大　　□ 大　　□ 较大　　□ 一般　　□ 不明显

16. 您认为国家专利费用减缓政策对本地区国内专利申请的促进作用如何？

（1）发明专利申请：　　　　□ 很大　　□ 大　　□ 较大　　□ 一般　　□ 不明显

（2）实用新型专利申请：　□很大　□大　□较大　□一般　□不明显

（3）外观设计专利申请：　□很大　□大　□较大　□一般　□不明显

17. 您认为国家对向国外申请专利的资助政策对本地区国外或 PCT 专利申请的促进作用如何？

□很大　□大　□较大　□一般　□不明显

18. 您认为地方专利资助政策对本地区各类专利质量增长的促进作用如何？

（1）发明专利质量增长：　　　□很大　□大　□较大　□一般
　　　　　　　　　　　　　　　□不明显

（2）实用新型专利质量增长：　□很大　□大　□较大　□一般
　　　　　　　　　　　　　　　□不明显

（3）外观设计专利质量增长：　□很大　□大　□较大　□一般
　　　　　　　　　　　　　　　□不明显

（4）PCT/ 国际专利质量增长：　□很大　□大　□较大　□一般
　　　　　　　　　　　　　　　□不明显

19. 您认为现行的地方专利资助政策对本地区各类专利质量提高的促进作用如何？

（1）发明专利质量提高：　　　□很大　□大　□较大　□一般
　　　　　　　　　　　　　　　□不明显

（2）实用新型专利质量提高：□很大　□大　□较大　□一般
　　　　　　　　　　　　　　□不明显

（3）外观设计专利质量提高：□很大　□大　□较大　□一般
　　　　　　　　　　　　　　□不明显

（4）PCT/ 国际专利质量提高：□很大　□大　□较大　□一般
　　　　　　　　　　　　　　□不明显

20. 若没有国家和地方的专利资助政策，本地区专利申请量是否会减少？

□是　□否

如果"是"，可能会减少哪类专利申请：

□发明专利申请　　　　　□实用新型专利申请

□外观设计专利申请　　　□PCT/ 国际专利申请

21. 现行的国家专利费用减缓政策是否削弱了专利费用作为经济杠杆剔除低质量专利申请的作用？

□ 是　□ 否

如果"是"，削弱专利费用作为经济杠杆作用的程度如何？

□ 很大　　□ 大　　□ 较大　　□ 一般　　□ 不明显

22. 现行的地方专利资助政策是否削弱了专利费用作为经济杠杆剔除低质量专利申请的作用？

□ 是　　□ 否

如果"是"，削弱专利费用作为经济杠杆作用程度如何：

□ 很大　　□ 大　　□ 较大　　□ 一般　　□ 不明显

23. 为提高专利质量，您认为地方专利资助政策的资助重点应该是

（1）对获得授权之前的发明专利申请费和实审费是否应予以资助：

□ 是　□ 否

（2）对获得授权之后的发明专利申请费和实审费是否应予以资助：

□ 是　□ 否

（3）对获得授权之后的发明专利年费、维持费等是否应予以资助：

□ 是　□ 否

（4）对实用新型专利申请费是否应予以资助：□ 是　　□ 否

（5）对外观设计专利申请费是否应予以资助：□ 是　　□ 否

（6）对获得授权之前的 PCT/ 国际专利申请费是否应予以资助：□ 是　　□ 否

（7）对获得授权之后的 PCT/ 国际专利申请费是否应予以资助：□ 是　　□ 否

（8）对获得授权之后的 PCT/ 国际专利年费、维持费等是否应予以资助：

□ 是　□ 否

24. 您认为现阶段地方专利资助政策的资助范围、对象和方式应该是：

（1）资助范围：（可多选）

A. 发明专利：　　□ 申请费　　　□ 实审费　　　□ 年费　　　□ 维持费

　　　　　　　　□ 代理费　　　□ 其他

B. 实用新型专利：□ 申请费　　　□ 代理费　　　□ 其他

C. 外观设计专利：□ 申请费　　　□ 代理费　　　□ 其他

D. PCT/ 国际专利：□ 申请费　　　□ 实审费　　　□ 年费　　　□ 维持费

　　　　　　　　□ 代理费　　　□ 其他

（2）资助对象：

A. 是否应该向中小微企业倾斜？□ 是　　□ 否

B. 是否应该向产学研合作申请专利倾斜？□ 是　　□ 否

（3）资助方式：□ 定额资助　□ 全额资助　□ 其他

25. 您认为现阶段地方专利资助政策资助的重点领域应该是（可多选）

□ 所申请专利属于国家重点技术领域或行业

□ 所申请专利属于本地区重点技术领域或行业

□ 所申请专利属于其他技术含量高的技术产品

□ 所申请专利属于具有较好市场前景的技术产品

□ 其他（请补充）：

26. 您认为现行地方专利资助政策存在的主要问题是（可多选）

□ 重专利申请数量，轻专利质量

□ 对本地区重点行业和技术领域的扶持力度不足

□ 缺乏对非正常专利申请和低质量专利申请的防范措施

□ 对中小微企业申请专利的扶持力度不足

□ 对产学研合作申请专利的扶持力度不足

□ 对资助对象的选择不严谨

□ 资助范围规定不够全面

□ 资助额度设置不当

□ 存在不同程度的重复资助

□ 资助审批程序设计不合理

□ 资金监管体系不健全

□ 其他（请补充）：

27. 您认为今后地方专利资助政策改进应体现哪些原则？（可多选）

□ 更加关注专利申请的质量

□ 更加关注促进专利申请量持续增长与专利质量提高的协调发展

□ 更加关注发明专利申请

☐ 更加关注发明专利权维持

☐ 更加关注 PCT/ 国际专利申请和维持

☐ 更加关注专利实施与应用

☐ 更加关注对中小微企业的扶持

☐ 更加关注对产学研合作的支持

☐ 更加关注对高校和科研机构向企业转让或许可专利的支持

☐ 鼓励欠发达地区购买专利或获得专利许可

☐ 其他（请补充）：

28. 您认为承担国家和地方科技计划项目对本地区专利申请的促进作用如何？

（1）国家重大科技专项的作用：　☐ 很大　　☐ 大　　　☐ 较大
　　　　　　　　　　　　　　　　☐ 一般　　☐ 不明显

（2）973 计划项目的作用：　　　　☐ 很大　　☐ 大　　　☐ 较大
　　　　　　　　　　　　　　　　☐ 一般　　☐ 不明显

（3）863 计划项目的作用：　　　　☐ 很大　　☐ 大　　　☐ 较大
　　　　　　　　　　　　　　　　☐ 一般　　☐ 不明显

（4）国家科技支撑计划项目的作用：☐ 很大　　☐ 大　　　☐ 较大
　　　　　　　　　　　　　　　　☐ 一般　　☐ 不明显

（5）国家自然科学基金项目的作用：☐ 很大　　☐ 大　　　☐ 较大
　　　　　　　　　　　　　　　　☐ 一般　　☐ 不明显

（6）部门科技计划项目的作用：☐ 很大 ☐ 大 ☐ 较大 ☐ 一般 ☐ 不明显

（7）地方科技计划项目的作用：☐ 很大 ☐ 大 ☐ 较大 ☐ 一般 ☐ 不明显

29. 您认为地方出台的专利权质押融资政策对本地区专利申请的促进作用如何？

　　☐ 很大 ☐ 大 ☐ 较大 ☐ 一般 ☐ 不明显

30. 您认为地方出台的专利转化与产业化资助政策对本地区专利申请的促进作用如何？

　　☐ 很大 ☐ 大 ☐ 较大 ☐ 一般 ☐ 不明显

31. 您认为国家、部门和地方的科技奖励制度对本地区专利申请的促进作用如何？

（1）国家科技奖励制度：□ 很大　□ 大　□ 较大　□ 一般　□ 不明显

（2）部门科技奖励制度：□ 很大　□ 大　□ 较大　□ 一般　□ 不明显

（3）地方科技奖励制度：□ 很大　□ 大　□ 较大　□ 一般　□ 不明显

32. 您认为国家和地方知识产权试点示范单位评选对本地区专利申请的促进作用如何？

（1）国家知识产权试点示范单位评选：□ 很大　□ 大　□ 较大　□ 一般
　　　　　　　　　　　　　　　　　　□ 不明显

（2）地方知识产权试点示范单位评选：□ 很大　□ 大　□ 较大　□ 一般
　　　　　　　　　　　　　　　　　　□ 不明显

33. 您认为国家专利奖和地方专利奖励对本地区专利质量提高的促进作用如何？

（1）国家专利奖：　□ 很大　□ 大　□ 较大　□ 一般　□ 不明显

（2）地方专利奖励：□ 很大　□ 大　□ 较大　□ 一般　□ 不明显

34. 您认为本地区专利代理机构的服务质量水平如何？

□ 很高　　□ 较高　　□ 一般　　□ 较低　　□ 很低

35. 您认为地方政府对专利申请服务质量好的专利代理机构是否应给予一定的奖励资助：

□ 应该　　　□ 不应该　　　□ 不知道

36. 您认为我国现行发明专利审查标准和执行效果如何？

（1）发明专利审查标准：□ 过高　　□ 较高　　□ 适中　　□ 较低　　□ 很低

（2）审查标准执行效果：□ 很好　　□ 好　　□ 较好　　□ 一般　　□ 不好

五、对我国专利质量情况进行综合判断

37. 请您对近年来我国各类专利质量水平的发展状况给出判断：

（1）发明专利：　□ 显著提高　□ 提高　□ 提高不明显　□ 有所下降
　　　　　　　　　□ 下降严重

（2）实用新型专利：□ 显著提高　□ 提高　□ 提高不明显　□ 有所下降
　　　　　　　　　　□ 下降严重

（3）外观设计专利：□ 显著提高　□ 提高　□ 提高不明显　□ 有所下降
　　　　　　　　　　　□ 下降严重

（4）国外或 PCT 专利：　□ 显著提高　　□ 提高　　　□ 提高不明显
　　　　　　　　　　　　□ 有所下降　　□ 下降严重

38. 请您对不同阶段影响专利质量的主要因素的重要程度给出判断。（在相应的数字上打"√"，1、2、3、4、5 分别代表由弱到强的 5 个不同分值）

阶段	影响因素	重要程度				
发明创造	自主创新能力不足，难以形成高水平成果	1	2	3	4	5
	新技术突破难度加大、技术生命周期缩短，不易形成高质量专利	1	2	3	4	5
	专利技术研发对已有技术的检索和借鉴不充分	1	2	3	4	5
	个人发明创造的比例相对较高	1	2	3	4	5
专利申请	专利申请与绩效和待遇挂钩，政府和单位考核重数量轻质量	1	2	3	4	5
	高校和科研机构评价机制导致重申请轻维持和实施应用	1	2	3	4	5
	政府资助专利申请，申请专利成本低	1	2	3	4	5
	申请人和代理人水平低，专利申请文献撰写不好	1	2	3	4	5
	申请人根据专利战略需要，采取重数量轻质量的申请策略	1	2	3	4	5
专利审查	实用新型和外观设计专利不经过实质审查就授权	1	2	3	4	5
	发明专利审查标准低，使低质量专利被不当授权	1	2	3	4	5
	专利申请过多，审查人员没有足够时间和精力进行细致审查	1	2	3	4	5
	专利审查质量管理不严格，缺乏有效的质量管理手段	1	2	3	4	5
	缺乏针对重复申请、抄袭他人专利等非正常申请行为的有效管理、监督和惩罚机制	1	2	3	4	5
	专利无效程序复杂，无法及时剔除低质量专利	1	2	3	4	5
	新技术领域审查难度加大	1	2	3	4	5
专利维持	专利侵权代价低，保护力度弱	1	2	3	4	5
	专利维权成本高，维权困难	1	2	3	4	5
	专利实施条件和环境不佳	1	2	3	4	5

39. 请您对如何促进专利申请量增长与专利质量提高协调发展提出宝贵的意见和建议。